小麦品质多样性研究及优质资源筛选

姜小苓 等 著

科学出版社

北 京

内 容 简 介

本书系统地阐述了我国现有小麦种质资源的品质现状及分布规律，并鉴定筛选出一批优质育种材料，可为我国小麦品质育种奠定坚实的理论和材料基础。全书共分 7 章，第 1 章简单介绍了小麦品质分类及相关研究进展；第 2~3 章介绍了小麦主要品质性状，如蛋白质、面筋、面团流变学特性，淀粉糊化特性等性状的遗传变异特点及优异资源的筛选；第 4 章介绍了高分子量谷蛋白和醇溶蛋白亚基的遗传组成及与小麦品质的关系；第 5 章介绍了馒头和面片的品质及其影响因素；第 6 章介绍了小麦膳食纤维含量的遗传变异及与品质的关系；第 7 章介绍了杂交小麦品质及影响因素。

本书具有内容丰富、应用性强的特点，适合从事小麦育种、小麦栽培、粮油食品等领域的科研人员阅读，也可供作物遗传育种和作物栽培等专业的高校教师和研究生阅读参考。

图书在版编目（CIP）数据

小麦品质多样性研究及优质资源筛选 / 姜小苓等著. —北京：科学出版社，2018.9

ISBN 978-7-03-058855-5

Ⅰ. ①小⋯ Ⅱ. ①姜⋯ Ⅲ. ①小麦–粮食品质–多样性–研究–中国 ②小麦–种质资源–筛选 Ⅳ. ①S512.1

中国版本图书馆 CIP 数据核字 (2018) 第 214322 号

责任编辑：岳漫宇 / 责任校对：郑金红
责任印制：张 伟 / 封面设计：刘新新

科学出版社 出版

北京东黄城根北街 16 号
邮政编码：100717
http://www.sciencep.com

北京虎彩文化传播有限公司 印刷
科学出版社发行 各地新华书店经销

*

2018 年 9 月第 一 版 开本：720×1000 1/16
2019 年 3 月第二次印刷 印张：13 1/2
字数：270 000

定价：128.00 元
（如有印装质量问题，我社负责调换）

前　言

小麦是世界上最重要的粮食作物之一，是人体所需能量、蛋白质和膳食纤维的主要来源。我国是小麦总产量最高、消费量最大的国家，但我国人多地少、消费水平低，小麦育种长期以来都是以提高产量和改良抗病性为主要目标。直到 20 世纪 80 年代中后期，品质育种在我国才开始受到重视，相继育成了济南 17、豫麦 34、郑麦 9023、师栾 02-1、郑麦 366 和新麦 26 等一批优质强筋小麦品种。这些优质品种的育成对改善我国商品粮的整体品质发挥了重要作用，但生产上主栽品种加工品质普遍不优的矛盾依然突出。另外，随着社会经济发展和人们生活水平的进一步提高，膳食纤维等功能性物质备受关注，追求营养和健康的小麦品质已然成为当前国际小麦育种的主攻方向。因此，培育高产、优质、健康型小麦新品种是当前小麦育种的一项重要任务。

小麦优异种质资源的创新利用是小麦品质遗传改良及培育优质小麦新品种的关键。国内外小麦育种取得的每一次重大突破都与关键性种质资源的发掘和利用密切相关。例如，利用农林 10 号培育出的矮秆和半矮秆小麦品种抗倒性强且增产达 30% 以上，被誉为绿色革命；以洛夫林 10 号等 1BL/1RS 易位系为亲本培育了一大批高产、抗病的小麦品种。当前，在不断提高我国小麦产量的基础上兼顾小麦品质改良，实现产量和品质的协同提高是我国小麦育种的主要目标。鉴于此，有必要摸清我国现有小麦种质资源的品质现状，掌握不同类型小麦品种的品质变异特点，并从中筛选出综合品质性状优良且表现稳定的亲本材料，为我国小麦品质育种遗传改良奠定理论和材料基础。希望本书的出版能对我国小麦品质育种的发展起到积极的推动作用。

本书系统地阐述了我国小麦种质资源重要品质相关性状的变异特点、高分子量谷蛋白和醇溶蛋白亚基的遗传组成情况及馒头品质和面片色泽影响因素等内容，是一部较为系统地介绍小麦营养、加工和健康品质的研究专著。全书内容共分为 7 章：第一章 "绪论"；第二章 "小麦营养品质性状的多样性及优异资源筛选"；第三章 "小麦面团品质和淀粉糊化特性研究及优异资源筛选"；第四章 "小麦高分子量谷蛋白和醇溶蛋白亚基遗传多样性及与品质关系研究"；第五章 "小麦加工品质性状多样性研究及优异资源筛选"；第六章 "小麦膳食纤维含量研究及优异资源筛选"；第七章 "BNS 型杂交小麦品质研究"。本书内容是编著者近十年的研究成果，基本反映了我国当前小麦主栽品种的品质状况。相信本书可为我国小麦品质育种发展提供一定的理论和材料支撑。

本书由河南科技学院姜小苓(博士)、计红芳(副教授)、李淦(高级实验师)、李小军(副教授)和张自阳(实验师)编写。其中,姜小苓主要负责第1~4章的编写,并负责全书内容设计及统稿;计红芳主要负责第 5 章的编写,李淦主要负责第 6 章的编写;李小军和张自阳负责第 7 章的编写。本书的出版得到了国家重点研发计划项目(超高产育种新材料创制与新品种选育,2017YFD0100705)和河南省小麦现代产业技术体系项目(S2010-01-G01)的资助,同时得到科学出版社的大力帮助和支持,在此一并表示衷心的感谢。

由于编著者经验不足、业务水平有限,书中难免有疏漏和不足之处,敬请读者批评指正。

姜小苓

2018 年 6 月

目　　录

第一章　绪　　论

小麦是世界上最重要的粮食作物之一，是人体所需能量、蛋白质和膳食纤维的主要来源[1]。我国是世界上小麦总产量最高、消费量最大的国家。过去因人多地少矛盾突出，消费水平较低，小麦育种长期以提高产量和改良抗病性为主，直到 20 世纪 80 年代中后期，小麦品质改良才开始受到重视[2]。随着当今社会发展及生活水平的提高，小麦品质已成为小麦育种和生产的重要目标，以及影响产业竞争力的重要因素。因此，培育优质高产小麦新品种是当前小麦育种的重要任务之一。

一、小麦品质分类及其研究进展

小麦品质是指它对某种特定用途的适合性，与小麦的使用目的和用途密切相关[3]。小麦品质包括营养品质、加工品质和健康品质 3 个方面[4]。

营养品质是指籽粒中含有人类需要的各种营养成分的数量和质量，主要是指蛋白质含量及其氨基酸组成的平衡程度。

加工品质分为磨粉品质(一次加工品质)和食品加工品质(二次加工品质)，其中磨粉品质是指对磨粉工艺的适应性和满足程度，以籽粒容重、硬度、出粉率、灰分、面粉白度等为主要指标；食品加工品质是指各类面食品在加工工艺和成品质量上对小麦籽粒和面粉质量提出的不同要求及对这些要求的适应性和满足程度，包括烘烤品质和蒸煮品质。影响小麦食品加工性能的性状可分为两类，一类是蛋白质，包括蛋白质含量和质量及与此有关的面团流变学特性等；另一类是淀粉，主要包括淀粉含量及淀粉的糊化特性等。

健康品质主要是指小麦中微量营养元素、膳食纤维和植物生物活性物质等的含量及其对人体营养和健康的作用。近年来，随着社会经济发展和生活水平的进一步提高，小麦健康品质越来越受到人们的关注和重视，营养和健康已成为近 10 年国际小麦品质研究的重要方向。目前针对由于营养元素摄入不足导致的营养不良和由于膳食不平衡导致的营养失衡这两个严重威胁人类健康的问题，国际上启动了 2 个重大研究项目：一是旨在增加作物中与人体生长发育及健康有关的维生素、铁和锌等必需微量元素含量的生物强化(harvest plus)挑战计划；二是倡导全麦粉食品，旨在提高作物中有助于降低胆固醇含量、调节血糖代谢作用的膳食纤维、降低心脑血管等疾病发病率的酚酸等植物生物活性物质含量的健康谷物(Healthgrain)项目[4]。

(一)磨粉品质

磨粉是小麦加工过程的首要环节,其主要任务是将小麦胚乳尽可能有效地、经济地从小麦中分离出来。磨粉品质是小麦加工品质指标中的重要部分,其品质的优劣直接影响面粉企业的效益及面包、馒头等食品的品质。出粉率、面粉白度和灰分是衡量磨粉品质的重要指标,出粉率高、灰分低、白度高,且加工过程消耗能量少的小麦,受到磨粉企业的青睐。磨粉品质的优劣与小麦品种自身品质和磨粉工艺有关,改进磨粉品质应列为小麦品质改良的重要内容。

1. 出粉率

小麦出粉率是指单位重量的籽粒所磨出的面粉与籽粒重量之比,是衡量磨粉品质最重要的指标,与面粉企业的经济效益直接相关。出粉率的高低取决于两个因素,一是胚乳占籽粒的比例,二是胚乳与其他非胚乳部分分离的难易程度。前者与籽粒形状、皮层厚度、腹沟深浅及宽度、胚的大小等籽粒性状有关,后者与籽粒含水量、籽粒硬度和密度有关。小麦出粉率越高,进入面粉的皮层部分越多,营养损失越少[5]。随着出粉率升高,小麦粉中灰分、粗蛋白、脂肪、膳食纤维及植酸含量逐渐增加[6]。研究发现,出粉率达到 80%,面粉中铁、锰、锌、铜等微量元素及维生素 B1 和 B6 含量显著增加[7]。王晓曦等[8]研究发现,出粉率与面粉吸水率呈显著正相关;康恩宽等[9]认为出粉率与干、湿面筋含量呈显著负相关;雷激等[10]和 Kruger 等[11]研究表明,出粉率与面条的颜色呈显著负相关;桑伟等[12]研究了新疆春小麦磨粉品质与拉面加工品质的关系,结果表明,出粉率与适口性、光滑性,灰分与拉面表现、颗粒度、韧性、光滑性等均呈显著正相关。

2. 面粉色泽(白度)

面粉色泽(白度)是评价面粉品质的重要感官指标和市场指标,也是衡量面粉加工精度和面粉分级的重要指标,是指小麦粉所表现的外观颜色及亮度(光泽),并不是简单的颜色发白。我国面粉等级标准对色泽(R457 白度)的要求是:一级大于 76,二级大于 75,三级大于 72。馒头、面条和水饺等蒸煮类食品是我国人民的传统主食,这类食品对面粉白度有较高要求,在感官评价中,色泽占有较大的比例[13],细腻洁白的面粉及其制品备受消费者青睐,并具有良好的市场销路和较高的价格。市场上销售的面粉白度一般达到 80 以上才易被认可[14],而我国主推小麦品种的平均面粉白度为 74.8,且面粉白度高的品种多为筋力弱的品种,缺少白度高的中筋和强筋小麦品种[15]。

面粉色泽受面粉加工工艺、出粉率、蛋白质含量、面粉粗细度(颗粒度)、灰分含量、麸星含量、种皮颜色等多种因素影响。其中,小麦籽粒硬度、出粉率、灰分及蛋白质含量与面粉白度均呈显著负相关[16-18],出粉率越高,灰分和麸星含量越高，面粉白度越低；面粉颗粒度越好，破损淀粉越少，面粉白度和亮度越高[19]；在出粉率相同的条件下，白皮小麦磨出的面粉比红皮小麦磨出的面粉白，在高出粉率条件下，这种差别更为明显[20]；同时，色素(黄色素、棕色素)及类黄酮含量与面粉色泽也有密切关系[21]。有些面粉企业为了迎合消费者对面粉及面制食品"求白的喜好"，曾大量使用增白剂(主要是过氧苯甲酰，benzoyl peroxide，BPO)，而长期食用含增白剂的食品会增加肝脏的负担，导致慢性中毒，同时还会破坏维生素 A、维生素 E 等，从而降低其营养价值，严重影响人体健康[22]。很多国家已经明令禁止向面粉中添加增白剂。我国于 2011 年 5 月 1 日起禁止在面粉中使用增白剂。因此，利用遗传途径改良面粉白度，培育优质高白度小麦新品种是小麦品质育种的重要任务之一。

目前，国内一般采用 R457 白度仪测定面粉白度，其工作原理是通过测定面粉在一定波长处的光反射表示面粉色泽，但不能区分不同面粉彩度之间的差别。色彩色差计(tristimulus colormeter)则克服了这个缺点，它采用光电测定的原理，能迅速、准确地测定出面粉试样的色泽，通过积分换算成不同的色空间，不但可以精确地表示面粉的各种色调，还可方便地得到两点间的色差[20]。$L^*a^*b^*$色空间是当前国际上通用的面粉色泽表示方法，L^*称为明亮度，$L^*=0$ 表示黑色，$L^*=100$表示白色，中间共有 100 等级；a^*表示红－绿方向，b^*表示黄－蓝方向，$+a^*$方向越向圆周，颜色越接近纯红色，$-a^*$方向越向外，颜色越接近纯绿色。$+b^*$方向是黄色增加，$-b^*$方向是蓝色增加。具有高 b^*值的面粉适合做黄碱面条[23]，而高 L^*值、低 b^*值的面粉适合做馒头、饺子等蒸煮类食品[24]。

3. 灰分

灰分是小麦及其制品燃烧后剩下的无机物质，是小麦中的矿物质成分。灰分在小麦籽粒中的含量一般为 1.5%～2.2%，在籽粒的各部分分布很不均匀，主要位于小麦皮层(含量约 6%)，糊粉层中含量最高，胚乳中含量最低(中心胚乳约为 0.3%)。灰分含量是衡量面粉精度的一个重要指标。面粉的灰分含量越高说明面粉中混入的皮层成分越多，面粉的精度就越低。

一般灰分与面粉色泽呈反比，与出粉率呈正比。在相同的出粉率条件下，硬白冬麦面粉的灰分含量和面粉色泽均比硬红冬麦好，软春麦面粉灰分含量比软冬麦面粉灰分含量低。容重、出粉率和灰分含量之间也有密切的关系，即容重越高，出粉率也越高，灰分含量也越低。灰分含量的高低不仅影响面粉的色泽，也影响小麦粉和面时的均匀吸水性、面筋网络的形成，进而影响面团的物理性质和最终面制品的质量[25]。

(二)蛋白质相关品质指标

1. 蛋白质

蛋白质是人类最重要的营养物质之一。我国目前膳食蛋白质的供给主要来自谷类食物,占总摄入蛋白质的 60%以上,动物蛋白及大豆蛋白约占 20%,其他植物蛋白约占 13%[26]。因此,通过遗传改良和优质栽培等途径提高谷物蛋白质含量对满足人们食物营养需求,增强身体健康具有重要意义。

蛋白质占小麦籽粒的 12%～14%,不仅影响小麦的营养品质,而且也是小麦加工品质的基础。例如,许多研究表明,小麦蛋白质的量和质与面包烘烤品质直接相关,是决定面包品质的主要指标。面粉的吸水率、面团持气能力、耐揉性及面包体积、面包心质地、表皮颜色都与小麦蛋白质含量和质量密切相关,蛋白质含量较高的面粉制作的面包体积较大,面包心蜂窝均匀,质地优良。制作馒头的面粉则要求中等含量的蛋白质,若蛋白质含量过高,筋力过强,馒头比容大,弹性好,但由于保气性好,表皮起皱,内部结构差,制作不易成型,难以揉光,不均,吃起来像"牛皮糖",不爽口,不松散。若蛋白质和面筋含量低,筋力弱,馒头弹韧性差,体积小,形状不挺,塌陷,扁平似厚饼,没有咬劲,口味差。

普通小麦蛋白质含量在 13%左右,小麦粉为 11%左右,面粉蛋白质含量比籽粒平均低 2.5%左右。我国小麦蛋白质含量平均为 12.76%,变幅为 8.07%～20.42%。生产上应用的绝大部分小麦品种的蛋白质含量在 12%～16%,占全部品种的 80%,低于 10%和高于 16%的品种不多。小麦籽粒蛋白质不均匀地分布在籽粒中的不同部位,在胚和糊粉层含量最高,胚乳中的蛋白质含量越是接近种皮部位越高。胚蛋白质含量为 30%,糊粉层蛋白质含量为 20%,胚乳外层蛋白质含量为 13.7%,胚乳中层蛋白质含量为 8.8%,胚乳内层蛋白质含量为 6.2%。

2. 面筋

小麦粉和水揉搓制成面团后,在水中揉洗,面团中的淀粉和麸皮微粒等固体物质以悬浮状态分离出来,其他水溶性和溶于稀盐溶液的可溶性物质等被洗去,剩余的具有弹性和黏性的胶皮状的物质即为面筋。小麦之所以能加工出丰富多彩、品种繁多的食品,就是由于它具有其他禾谷类作物所不具有的独特物质——面筋[27]。小麦品质的好坏取决于面筋的质量和数量,对面粉和面团特性的影响比蛋白质更直接、更明显。面筋既是营养品质性状,又是加工品质性状。

醇溶蛋白和谷蛋白是组成面筋的主要成分,正是由于这两种蛋白成分的存在,小麦粉加水揉和后可形成面团,经发酵蒸煮或烘烤后得到各式各样的食品。醇溶蛋白的平均相对分子质量为 4×10^4,单链,水合时胶黏性极大,这类蛋白的抗延伸性小或无,是赋予面团黏合性的主要原因。谷蛋白的平均相对分子质量为 3×10^6,

多链，有弹性但无黏性，是面团具有抗延展性的主要原因。这两种蛋白共同存在，才能形成面筋。只有醇溶蛋白形成的面团只是一种没有塑性和弹性的黏稠物质；只有谷蛋白同样不能形成面筋，只是一团没有黏性和韧性的物质。

我国食品用粉行业标准SB/T10136～10144—1993规定了8种专用粉的湿面筋含量标准，面包粉大于30%、饺子粉28%～32%、面条粉大于26%、发酵饼干粉24%～30%、酥性饼干粉22%～26%、蛋糕粉和饼干粉22%～24%。我国国家标准GB/T17892—1999 中规定强筋小麦粉湿面筋含量一等≥35%，二等≥32%，弱筋小麦粉湿面筋含量≤22%。

湿面筋的含量和质量是鉴定小麦粉品质优劣的重要指标之一，决定了面团的工艺性能及蒸煮和焙烤食品的品质[28]。不同食品对面筋强度的要求差异较大，低筋面粉适合制作饼干和糕点，中、强筋面粉适合制作馒头和面条，高筋面粉适合加工优质面包。目前，我国极度缺乏制作优质面包的硬质、高蛋白强筋小麦和制作优质饼干的软质、低蛋白弱筋小麦[29]。研究表明，小麦粉湿面筋含量遗传中等（狭义遗传率44.26%），可通过遗传改良提高其含量[30]。

3. 氨基酸

氨基酸是生物体内含有氨基和羧基有机化合物的总称，是蛋白质的基本构成单位，也是蛋白质水解的最终产物。生物体生长发育对蛋白质的需要实际上是对氨基酸的需要。组成蛋白质的氨基酸有 20 种，分为必需氨基酸和非必需氨基酸。必需氨基酸在人体和单胃动物体内不能合成，必须由食物提供，包括赖氨酸、甲硫氨酸、亮氨酸、异亮氨酸、苯丙氨酸、色氨酸、苏氨酸和缬氨酸共 8 种；非必需氨基酸是指人体和单胃动物体内能够合成的氨基酸，如谷氨酸、脯氨酸等。

蛋白质的营养价值，主要因氨基酸组成和必需氨基酸含量的比例不同而异[31]。必需氨基酸含量是决定小麦营养品质的关键。小麦籽粒中含有各种必需氨基酸，是完全蛋白质；然而小麦蛋白质中的氨基酸很不平衡，是不平衡蛋白质，其中最为缺乏的是赖氨酸，其含量只能满足人体需要的45%，是小麦营养品质中第一限制性氨基酸[32-34]。小麦籽粒中赖氨酸、苏氨酸和异亮氨酸等必需氨基酸含量仅相当于鸡蛋、牛奶等优质蛋白质的42%，由此说明当前小麦不能完全满足人们的营养需求[35]。小麦籽粒蛋白质中赖氨酸的平均含量为3.0%[36]，远远低于联合国粮食及农业组织和世界卫生组织（FAO/WHO）1970 年公布的标准赖氨酸含量（5.5%），因此提高小麦蛋白质中氨基酸特别是赖氨酸的含量，对进一步提高小麦的营养品质具有重要的意义。

4. 高分子量谷蛋白亚基

贮藏蛋白是决定小麦加工品质的主要因素，由谷蛋白和醇溶蛋白组成，约占籽粒蛋白质的80%，是面筋的主要成分，其数量和比例决定了面筋的质量。其中，谷蛋白决定了面团的弹性，其分子机制是通过半胱氨酸残基形成分子内和分子间的二硫键将多条多肽链连接形成复合体；而醇溶蛋白是多肽链单体蛋白，决定了面团的黏着性和延展性[37-39]。

在十二烷基硫酸钠聚丙烯酰胺凝胶电泳图谱中，谷蛋白可分成高分子量谷蛋白亚基(high molecular weight glutenin subunit，HMW-GS)和低分子量谷蛋白亚基(low molecular weight glutenin subunit，LMW-GS)。其中，HMW-GS 被定位于普通小麦第一同源群染色体 1A、1B、1D 的长臂上，这些位点分别被命名为 *Glu-A1* 位点、*Glu-B1* 位点和 *Glu-D1* 位点(图 1-1)。每个位点都有两个相距很近紧密连锁的基因，分别控制分子量较高的 X 型亚基和分子量较低的 Y 型亚基，每个位点上的多个基因属于复等位基因。理论上，六倍体普通小麦基因组上含有 6 个编码 HMW-GS 的基因，就应该表达 6 个 HMW-GS。由于基因沉默，小麦品种的亚基数量一般为 3~5 条。多数情况下，*Glu-A1*、*Glu-B1* 和 *Glu-D1* 位点编码的亚基数量依次为 0~1 条、1~2 条、2 条，其中，Ax、Bx 和 Dx 一般都会表达，在很多小麦品种中 Ay 亚基都不表达，而 By 亚基在有些品种中不表达。在普通小麦中，*Glu-A1* 位点的等位变异最少，有 3 个等位基因，分别是 1、2*和 null 亚基；*Glu-B1* 位点的等位变异最多，有 11 个等位变异组合，分别是 7、7+8、7+9、6+8、13+16、13+19、14+15、17+18、20、21 和 22 亚基组合类型，其中较为常见的等位变异组合是 7+8、7+9、13+16、17+18 和 20；*Glu-D1* 位点的等位变异数量介于 *Glu-B1* 和 *Glu-A1* 之间，有 6 个等位变异组合，分别是 2+12、3+12、4+12、5+10、2+10 和 2.2+12 亚基组合类型，其中 2+12 和 5+10 较为常见[40-41]。

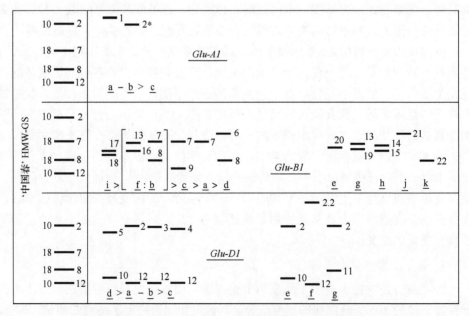

图 1-1　以中国春为基准的各种小麦 HMW-GS 的 SDS-PAGE 谱带及亚基的编号

特定 HMW-GS 与小麦的面粉品质、面包烘烤品质密切相关，Payne 等建立了 HMW-GS 的 Glu-1 评分，可以解释英国小麦品质变异的 47%～60%现象，被国内外研究者广泛研究。已有研究表明小麦高分子量谷蛋白亚基(HMW-GS)是影响小麦烘烤品质的重要因素。不同的 HMW-GS 对小麦品质贡献不同，含 5+10 亚基的品种一般有较好的面包品质，而 null、2+12 亚基则与较差的烘烤品质相关[37]，其他亚基如 7+8 和 14+15 对烘烤品质也有正向效应[42]。

5. 醇溶蛋白亚基

醇溶蛋白约占小麦籽粒蛋白质的 40%，与面团的黏性密切相关，对烘烤品质也有重要作用[43]。根据其在酸性聚丙烯酰胺凝胶电泳(A-PAGE)中迁移率的差异，可分成 α-、β-、γ-和 ω- 4 种醇溶蛋白，分别占醇溶蛋白总量的 25%、30%、30%和 15%[44]。小麦醇溶蛋白由第 1、第 6 部分同源群染色体短臂上的 Gli-1 和 Gli-2 位点编码，其中 Gli-1 位点包括 Gli-A1、Gli-B1 和 Gli-D1；Gli-2 位点包括 Gli-A2、Gli-B2 和 Gli-D2。Gli-1 编码大多数的 γ-醇溶蛋白、少数的 β-醇溶蛋白和全部的 ω-醇溶蛋白，而 Gli-2 则编码全部的 α-醇溶蛋白、多数的 β-醇溶蛋白和部分 γ-醇溶蛋白[45]。α-、β-、γ- 3 种醇溶蛋白片段结构相近，分子量范围为 30～45kDa，通过分子内二硫键结合，由于含硫氨基酸含量较多，所以将这 3 种醇溶蛋白片段称为富硫醇溶蛋白。ω-醇溶蛋白片段没有分子内二硫键，通过内部氢键进行结合，其分子量较大，为 65～80kDa[46]。

醇溶蛋白 6 个主要位点都表现出广泛的等位基因变异，不同等位基因间的差异主要表现在蛋白质带的数量、相对迁移率、染色强度和分子大小等方面[47]。迄今，在普通小麦的 Gli-1 和 Gli-2 位点上鉴定出 130 个等位变异[48]。大量研究表明，小麦醇溶蛋白在不同品种间存在显著差异，其电泳条带的数量及组合方式完全受基因调控，基本不受环境影响，被广泛用于小麦品种鉴定、纯度检测、亲缘关系分析及遗传多样性研究[49]。

近年来，研究发现醇溶蛋白的多态性与小麦品质性状有密切关系。前人在对小麦种质醇溶蛋白组成及遗传变异分析的基础上，发现了一些优质基因[50,51]，如 Gli-B1b、Gli-A2b、Gli-B2c。郎明林[52]在对我国小麦种质资源醇溶蛋白等位变异的研究中发现了有些谱带对沉降值有正向效应，有些表现负向效应。

(三)淀粉相关指标

淀粉是小麦胚乳的主要成分，占籽粒干重的 65%～70%，其中直链淀粉为 22%～35%，支链淀粉为 78%～65%。淀粉是粮食和食品等主导产品中碳水化合物的主要形式，为人类和动物提供基本的营养及能量需求。

1. 淀粉糊化特性的概念

淀粉悬浮液加热到一定温度时，淀粉粒开始不可逆转地膨胀破裂，淀粉分子均匀地分散在溶液中，形成黏度很高的半透明胶状物质的作用称为糊化作用。淀粉糊化的本质是淀粉的有序结构经加热被破坏，变为无序结构。淀粉的糊化过程分为 3 个阶段：第一阶段，水温未达到糊化温度时，水分只是由淀粉粒上的孔隙进入内部，与无定性部分的极性基相结合，或是简单吸附形成悬浊溶液。这一阶段，淀粉粒虽有膨胀，但淀粉粒粒形未变，用偏光显微镜观察仍可看到淀粉粒呈现偏光十字。此时将淀粉取出干燥脱水，淀粉粒仍恢复原有状态，未发生化学变化。第二阶段，当溶液达到糊化温度时，淀粉粒突然膨胀，大量吸水，水溶液迅速成为黏稠的胶体溶液。若以偏光显微镜跟踪观察，淀粉粒的偏光十字消失。此时虽将溶液冷却，也不能恢复原有的淀粉粒状态。第三阶段，淀粉糊化后继续加温，使膨胀淀粉粒继续分解变成淀粉糊。淀粉的晶体结构和温度是影响淀粉糊化的主要因素，晶体结构紧密的淀粉糊化温度高，晶体结构较为松散的淀粉糊化温度较低。同一种淀粉，晶体小的糊化温度较高，晶体大的糊化温度较低。直链淀粉含量多的淀粉，糊化温度较高。

2. 淀粉糊化参数

淀粉糊化参数曲线见图 1-2。

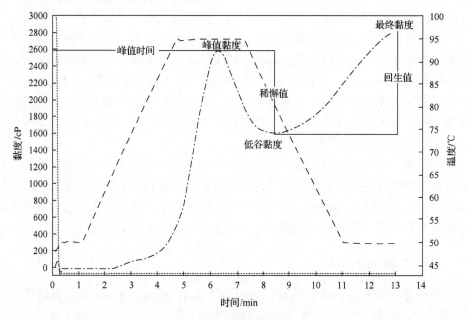

图 1-2　淀粉糊化曲线图

$1cP = 10^{-3}Pa \cdot s$

糊化时间：黏度曲线急剧上升的起点时间为糊化时间，可用来判断淀粉的质地，软质淀粉吸水较快，糊化时间短，糊化充分。

糊化温度：黏度曲线急剧上升时的测定温度。淀粉粒的大小不同，故糊化温度有一个范围。例如，大米的糊化温度为 58～61℃、小麦 65～67.5℃、玉米 64～72℃、高粱 69～75℃。

峰值黏度：淀粉糊化达最大时的黏度，发生在淀粉粒溶胀和多聚物逸出导致黏度增加与多聚物重排导致黏度降低之间的平衡点。峰值黏度显示了淀粉结合水的能力和淀粉酶活性大小，与最终产品的质量有关。峰值黏度适中，可以做面包粉或其他烘烤产品用粉；过低，说明淀粉酶活性高，用途受限。峰值黏度也与面条的弹性和韧性有关。

低谷黏度：在 95℃下持续搅拌，淀粉分子间距离拉大，黏度急剧下降，当其降至最低值时的黏度。

稀懈值：峰值黏度和低谷黏度的差值。该指标与低谷黏度是决定食品加工工艺的重要因素，尤其决定面条的滑爽性。

最终黏度：当温度重新降至 50℃时，淀粉分子，尤其是直连淀粉分子发生重排和聚合，溶液又从溶胶态变为凝胶态，黏度急剧增加，测试结束，达到最大时的黏度称为最终黏度。该现象也称为淀粉的回生。

回生值：最终黏度与低谷黏度的差值。回生和各种产品的质地密切相关。回生值高，可能与凝胶脱水或液体渗析有关。速冻水饺在加热蒸煮后仍然新鲜可口，也是由于淀粉在迅速降温情况下未来得及发生回生过程。面包在储藏过程中的老化变硬，就是淀粉的回生引起的，老化面包稍经加热即可变得柔软，解除回生作用。

糊化特性是淀粉品质的重要指标，对馒头、面条等面制品的品质具有重要影响。淀粉黏度性状不仅影响面条外观品质，对面条的质地和口感也有影响，可以把小麦淀粉的黏度值作为面条品质的评价指标[53,54]。Huang 等[55]研究认为，峰值黏度与馒头体积、比容、结构和评分间的相关系数分别达到显著和极显著水平。淀粉的糊化特性对面包烘烤品质也有一定影响[56]，淀粉糊化度与面包的口感和面包体积有关，淀粉糊化太多会使面包口感发黏，面包体积小，容易老化；而糊化太少又不能使淀粉形成连续相参与到面包气室壁中去[57]。

(四)面团品质

食品加工中所用的面团是由水、酵母、盐和其他成分组成的复杂混合物，是小麦由面粉向食品转化的一种基本过渡形态。小麦粉加水至 50%～60%并进行揉和时，便可得到黏聚在一起并有弹性的面团(加水量少，不易形成黏聚性团块，加水量多易成糊状物)。面团的结构和性质，特别是流变学特性，对小麦育种和食品加工都非常重要。

1. 面团的组成与结构

(1)面团固相

面团固相主要由淀粉、麸星、不溶性蛋白和其他不溶物料构成，占面团总体积的43%～45%。淀粉在面团固相中的比例高达50%以上，其次是面筋，占20%～32%。固相在揉和过程中的变化主要反映在面筋蛋白上，谷蛋白和醇溶蛋白的颗粒在揉和过程中互相结合在一起形成连续基质，即湿面筋。

(2)面团液相

面团液相是由面粉中固有的结合水和加入的水及溶解物中的水构成，约占面团总体积的47%。干面粉逐渐加水揉和时牢固结合到面粉组成中的水分为束缚水，面团中束缚水含量约为30%，高于此值时即有自由水存在。面团液相为揉和面团时气泡的形成和发酵期间气泡体积扩大提供了介质，也为发酵和烘烤期间许多反应提供了场所。

(3)面团气相

面团气相的气体来源主要由加入物料带进、揉和过程混入和发酵过程产生。面团气相包括大量细小的空气泡，在揉和过程中被进一步分割得更细小。气相使面团形成疏松的结构，空气中氧同蛋白质分子中含硫氨基酸的巯基发生反应，增加了面团弹性。

(4)面团脂肪相

小麦粉中约含有2%的脂肪，但所含脂肪种类超过20种。脂肪分布在面筋蛋白中及其他物质的界面上。

2. 面团流变学特性

面团是面粉加水揉和而成的具有黏弹性的半流体物质，无法用固体和液体的物理学规律进行表达和解释。在面团特殊的负载曲线中，应力、应变和时间之间的关系所导致的弹性、塑性、韧性及形变的各种特性称为面团的流变学特性。面团流变学特性是评价小麦品质的重要指标之一，是面团耐揉性和黏弹性的综合指标，是目前国内育种和品质检测单位的首要分析指标，决定着面包、馒头、面条等最终产品的加工品质[56]，可以给小麦粉的分类和用途提供一个实际的、科学的依据。通过对面团流变学特性参数的测定可以了解小麦粉的品质，对指导小麦粉制品的品质改良和加工具有十分重要的意义。

面团流变学特性具体表现在面团揉制(形成)、醒发和崩解3个阶段中。面团揉制：面团在揉和时，面粉中的面筋蛋白颗粒相互结合在一起，最后形成连续的基质从而使面团具有黏弹性。面团醒发，又称为静置，醒发的实质是恢复面团的膨胀性，调整面团的延伸性，使面团得到松弛缓和，促进酵母产气性，增加面团持气性。面团的崩解，是指在面团揉和所受的阻力达到最高值，即面团完全形成后，继续揉和，阻力又减小。崩解的原因是在过度揉和情况下，面团网络结构的缠结处开始滑移松弛，而且由于同向分子越来越多，这种滑移松弛作用即被促进致使发生崩解。

目前国内外对面团流变学特性的研究常用粉质仪、揉混仪和拉伸仪等来分析。粉质仪测定的主要是加水生面团的流变学特性；而揉混仪与加工面包的和面机在结构和性能上接近，其测定的面团流变学特性参数可直接用于面包加工[58]。刘艳玲等[58]曾针对 3 种仪器参数指标间的相互关系进行研究，结果表明，3 种不同测定方法的主要参数间存在极显著的相关性，这些指标直接或间接地影响面包的加工品质，其中最主要的因素为面团稳定时间、最大拉伸阻力、和面时间及粉质质量指数。

（1）粉质参数

面团粉质曲线见图 1-3。

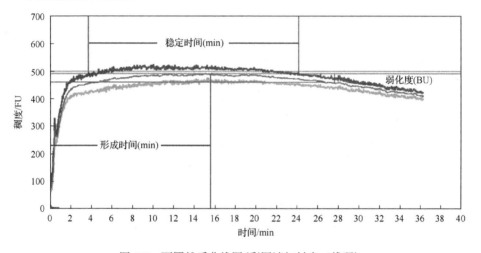

图 1-3　面团粉质曲线图（彩图请扫封底二维码）

吸水率：是以 14%水分为基准，每 100g 面粉在粉质仪中揉和，面团达到标准稠度（粉质曲线达到 500FU）时所需的加水量，以 mL/100g 表示。吸水率与面粉的原始水分、蛋白质的量和质及损伤淀粉量有关。

面团形成时间：从加水和面到曲线达到峰值（面团标准稠度）所需的时间，单位为 min。

面团稳定时间：粉质曲线到达 500FU（标准稠度）到离开 500FU 的时间，单位为 min，表示面团的耐搅性和面筋筋力强弱。

弱化度：曲线达峰值后 12min 时，谱带中心线自 500FU 标线下降的距离。弱化度越大，表示面团在过度搅揉后面筋变弱的程度大，面团变软发黏，不宜加工。

粉质质量指数：从揉面开始到曲线达到最大稠度后再下降 30FU 处的距离，是评价面粉质量的一种指标。弱筋粉弱化迅速，质量指数低；强筋粉弱化缓慢，质量指数高。

(2) 揉混参数

面团揉混曲线见图1-4。

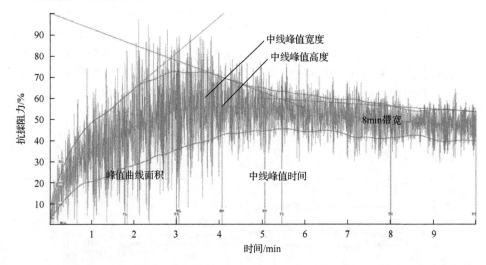

图1-4　面团揉混曲线图(彩图请扫封底二维码)

峰值时间：和面时间，是曲线峰值所对应的时间，表示面团形成所需要的搅拌时间，此时面团的流动性最小而可塑性最大，一般和面时间越长，耐揉性越好。

峰值高度：从最低点到中心最高点的距离，值越高，表示面粉对搅拌的耐受力越强。

峰值宽度：表示中线峰值处的带宽，值越大表明面筋的弹性也越大。

曲线面积：曲线所包围的面积，是形成面团所需要做功的一个量度。

8min 带宽：此带越宽表明面粉对搅拌的耐受力越强，面团的弹性也越大。

(五) 蒸煮品质

馒头和面条是我国的传统主食，在我国膳食结构中占有十分重要的地位。据统计，我国北方大约有 70%的小麦粉用于制作馒头[59]。馒头是汽蒸食品，其熟化温度为 100℃，加工过程中不会发生美拉德反应，因此不会含有大部分油炸、焙烤食品都有的丙烯酰胺[60,61]。这使得人们开始意识到采用汽蒸方法熟化的中国馒头是一种更为安全、健康的食品，更加有益于健康和安全[62]。通常把馒头分为北方馒头和南方馒头两类[63]。北方馒头质地均匀、有咬劲、爽口不粘牙；南方馒头结构松软、咬劲一般。馒头品质一直是我国小麦品质改良的重要目标，近年来，随着生活水平的提高，人们对馒头品质也提出了更高的要求。

影响馒头品质的因素很多，主要有原料、添加剂、工序和储存 4 个方面。例如，小麦粉的粗细度、蛋白质及其质量、小麦粉的温度、α-淀粉酶活性、增白剂，以及馒头制作工艺、面团发酵条件等都会对最终馒头产品的品质产生很大的影响[60]。迄今，有关馒头品质方面的研究已有很多报道。比如，范玉顶等[64]以我国黄淮麦区的 114 个小麦品种（系）为材料，探讨了 HMW-GS 与手工馒头加工品质的关系。结果表明，N 和 2+12 亚基是适合制作手工馒头的优质亚基；1、7+8 和 5+10 亚基对馒头黏性的作用较差，7+9 亚基对色泽及 14+15 亚基对馒头外观和结构的作用均较差，4+12 亚基对馒头体积、重量、黏性等均有不利影响，不是制作优质手工馒头的适宜亚基。He 等[63]研究发现，蛋白质含量、面筋强度及其延展性与馒头体积和弹性呈正相关，面粉色泽和糊化特性（RVA）也是影响馒头品质的主要性状。张春庆和李晴祺[65]研究表明，角质率、容重、湿面筋、支链淀粉含量、蛋白质含量、沉淀值、发酵成熟时间、成熟体积、面粉需水量、降落值等指标均影响馒头加工品质。由于馒头加工和品质评价方法不统一，前人研究结果存在一定差异。

目前国内实验室大多根据行业标准 SB/T10139—1993 和国标 GB/T17320—1998 采用感官品质评定方法进行馒头品质的评价。评价指标主要包括体积、比容、外观形状、色泽、内部结构等，总评分采用百分制。其缺点是方法不易标准化，不同地区、不同实验室的结果会存在较大差异[66]。近年来，借助仪器分析评定馒头品质成为该领域的常用研究手段，如用 Minolta 色度仪测定 L^*、a^*、b^*值来判断馒头颜色，用 TA-XT plus 型物性仪测定馒头的硬度、弹性和回复性等[67]。孙辉等[68]通过研究馒头感官评分与质构仪（TPA）测试指标之间的关系表明，弹性、硬度、黏着性和回复性指标对馒头总评分的影响较大。张国权等[66]研究馒头品质评价体系构建，结果表明，TPA 测试指标硬度、胶着性、弹性、回复性、咀嚼度均与馒头比容呈极显著正相关，质地性状（硬度、胶着性和咀嚼度）与外观性状和内部结构呈显著正相关，压缩张弛性（弹性、凝聚性和回复性）与气味呈显著正相关等。陈东升等[69]以 25 个不同筋力小麦品种分别种植于黑龙江、宁夏、新疆和甘肃，采用机制方法加工北方馒头，用 TPA 测试和澳大利亚面包研究所（BRI）馒头品质评价方法进行品质评分，比较两种馒头品质评价方法的异同。结果表明，BRI 馒头品质评价方法能更好区别不同筋力馒头品质间的差异，且较为客观、易操作，可以用来有效评价中国北方馒头；TPA 压缩张弛性可以较好地反映馒头的适口性，能对馒头品质进行客观量化评价。

面条也是我国的传统主食，因制作简单、食用方便、经济实惠，受到中国及亚洲其他国家人们的喜爱[70]。根据加工工艺和配方的不同，面条主要分为白盐面条（white salted noodle，WSN）、黄碱面条（yellow alkaline noodle，YAN）和方便面（instant noodle）[71]。随着生活水平提高、生活节奏加快，操作简单方便的鲜湿面条越来越受到人们的青睐。

色泽是评价面条品质的重要感官指标，是消费者对面条的第一感观印象，在面条的品质评价中占很大比重；同时面条在加工和放置过程中的褐变不仅影响面条的感观质量，使面条风味变劣，还会影响鲜湿面条的货架期，是面条加工和销售中急需开展的科研课题。前人研究表明，面条色泽与籽粒蛋白质含量、籽粒硬度、面粉色泽、灰分含量、直/支链淀粉含量、黄色素含量、多酚氧化酶(polyphenol oxidase，PPO)活性等性状有较好的相关性[71-73]。在我国，人们喜爱色泽洁白、在加工和放置过程中稳定性好、褐变较轻的面条。天然的小麦粉很难满足消费者的这种需求，所以导致一些制粉企业向小麦粉中添加增白剂(BPO)以改善小麦粉的白度。如果长期食用BPO超标的小麦粉及其制品会加重肝脏的负担，对人体造成一系列的危害。因此，国家已颁布法令禁止向小麦粉中添加增白剂。如何从根本上改善小麦粉的白度和色泽就变得十分重要。

(六) 健康品质

小麦品质包括加工、营养和健康3个方面。迄今为止，国内外学者对小麦营养品质和加工品质进行了大量研究报道，但有关健康品质的研究相对较少。近年来，随着社会经济发展和生活水平的进一步提高，人们对食品的要求越来越精细，所摄入的食物中，粗纤维的含量越来越少，现代"文明病、富贵病"，诸如肥胖症、高血压、动脉硬化等心血管疾病、糖尿病、癌症等逐年上升，严重威胁着现代人的身体健康[74]。解决这一问题的关键是改善膳食结构，逐渐转向具有合理营养和保健功能的营养保健食品。因此，谷类作物中对人体营养和健康具有重要作用的微量营养元素、功能性膳食纤维、膳食纤维和植物生物活性物质越来越受到人们的关注[75,76]。

1. 膳食纤维的概念

膳食纤维(dietary fiber，DF)是指能抗人体小肠消化吸收，而在人体大肠能部分或全部发酵的可食用的植物性成分及以多糖类为主的大分子物质的总称，主要含有纤维素、半纤维素、果胶及木质素；膳食纤维具有与已知的六大营养素(蛋白质、脂肪、糖、维生素、矿物质和水)完全不同的生理作用，被营养学家称为"第七营养素"[77]。

2. 膳食纤维的功能

越来越多的现代医学和营养学研究表明，膳食纤维在人体内有许多重要作用，它是维持健康所不可缺少的物质。有研究认为，膳食纤维有助于减少机体对糖分、脂肪的吸收，稀释肠内致癌物的浓度，缩短肠内致癌物与肠壁的接触时间，具有防治便秘、肠癌和预防糖尿病、肥胖症及心脑血管疾病的功效。世界各国对居民膳食纤维的推荐摄入量曾进行了研究和规定。联合国粮食及农业组织颁布的纤维食品指导大纲指出，健康人每日常规饮食中应有 30～50g(干重)纤维素。中国营养学会推荐我国成年人膳食纤维的适宜摄入量为30g/天左右，但根据我国2004年发布的居民营养健康调查结果表明，我国目前人均实际膳食纤维素摄入量仅为14g/天左右，摄入量严重不足，且摄入量随食品精加工水平的提高呈逐步下降趋势。因此，在人们的食物中补充膳食纤维已成为当务之急[78]，研制具有辅助治疗、预防作用的膳食纤维健康食品势在必行。

3. 膳食纤维的分类

根据溶解性，膳食纤维可分为水溶性和水不溶性膳食纤维。水溶性膳食纤维是指不被人体消化道酶消化，但可溶于热水，且其水溶液又能被其4倍体积的乙醇再沉淀的那部分膳食纤维，主要是植物细胞中的储藏物质和分泌物、化学性修饰或合成的多糖类，其组成主要是果胶、植物胶和部分半纤维素。水不溶性膳食纤维是指不被人体消化道酶消化且不溶于热水的那部分膳食纤维，主要有两类：一类是构成植物细胞壁的纤维素、半纤维素、不溶性果胶和木质素；另一类是甲壳质。

4. 膳食纤维的主要理化特性

吸附特性：膳食纤维分子表面带有很多活性基团，可以螯合吸附胆汁酸、胆固醇等有机分子，还能吸附肠道内的有毒物质，并促使它们排出体外。

吸水特性和持水作用：膳食纤维分子结构中含有很多亲水性基团，具有很强的吸水膨胀能力，其吸水后形成的纤维素，有膨润持水的特性。不同的膳食纤维的持水性不同，水溶性比水不溶性膳食纤维吸水性强，一般可溶性膳食纤维吸水后，重量能增加到约自身重量的30倍，并能形成溶胶和凝胶。

被微生物分解，改变肠道中菌群：膳食纤维在大肠内能被肠内微生物不同程度地发酵分解。一般水溶性膳食纤维几乎都能被分解，水不溶性膳食纤维只能部分被分解。肠中膳食纤维会诱导出大量好气菌群，这些好气菌群很少产生致癌物。

5. 小麦膳食纤维及其研究进展

麸皮是小麦加工过程中的大宗副产物，占小麦籽粒重量的20%～22%，含有大量膳食纤维，为35%～50%；而小麦籽粒中含10%～14%的膳食纤维，面粉中含2.5%～4.5%[79]，但由于其具有高黏度和高水合作用的特性，对小麦制粉、加工烘焙等均具有重要影响[80]。同时，小麦膳食纤维安全性高，是公认的天然食物纤维，其应用在西方历史悠久，在我国则处于起步阶段。早在1980年，国际谷物化学协会ICC大会中就指出："在一般可能取得的膳食纤维中，小麦麸皮为最浓、有效且适合人体"。Steer等[81]曾报道，英国居民20%的膳食纤维主要来源于小麦制品，其中，11%来源于白面包，5%来源于全麦面包。

在小麦膳食纤维中，阿拉伯木聚糖(arabinoxylan，AX，又名戊聚糖)是含量最多、功能特性最为重要的组分，一直以来是谷物化学领域的重要研究内容[82]。AX是小麦胚乳细胞壁的主要成分，其分子骨架由D-吡喃木糖残基通过β-1,4糖苷键连接,侧链主要为 α-L-阿拉伯呋喃糖残基,通过 C(O)-2 或 C(O)-3 位连接在木糖残基上,在氧化条件下阿魏酸通过酯键与木聚糖侧链上的阿拉伯糖残基 C(O)-5位相连(图 1-5)[83]。根据溶解性,可分为水溶性的(water-extractable arabinoxylan,WE-AX)和非水溶性的(water-unextractable arabinoxylan,WU-AX)[80]。小麦粉中AX 的含量为 1.5%～3.0%,而其 25%～30%为 WE-AX。虽然面粉中 AX 含量很少,但由于其高持水性和氧化凝胶特性会导致面团中水分的重新分配,改变面团的流变性质,从而影响到最终产品的品质[84-86]。有研究表明,面团吸水量的 23%与 AX有关[87],且其持水能力远远超过面粉中其他等量组分。由于 WE-AX 和 WU-AX 结构存在差异,导致其对小麦面团和面制品品质产生了不同的影响作用。多数研究表明,WE-AX 可增加面团吸水率、形成时间[88]和最大拉伸阻力[89],且能显著增加面包体积[90];而 WU-AX 对面筋数量[91]和面包体积却具有一定的破坏作用[80,92]。

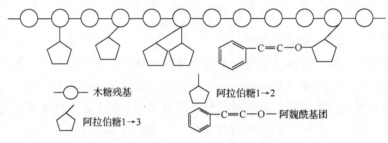

图 1-5　阿拉伯木聚糖结构示意图[83]

　　AX 不仅对小麦的营养和加工品质有重要影响,还具有降低胆固醇吸收、改善血糖代谢和调节免疫力等作用[93],是一种重要的具有一定生理活性的膳食纤维。随着当前社会发展和生活水平的提高,高血压、肥胖症等“富贵病”成为严重威胁人体健康的主要因素。因此,具有营养保健功能的 AX 再次成为众多学者研究的热点。小麦是我国的主要粮食作物,培育高 AX 含量小麦新品种将会对小麦品质改良、增加其附加值,甚至改善居民膳食结构具有重要意义。

(七)杂交小麦

　　随着世界人口持续增长及耕地面积不断减少,粮食安全问题比较突出[94],小麦是我国第二大粮食作物,因此提高小麦单位面积产量显得尤为重要。同时,随着农业生产的发展、人民生活水平的提高及优质小麦需求的增加,小麦品质日益引起人们的关注,小麦品质改良已成为小麦育种学家的一个重要育种目标。我国在“十五”期间,就提出了“超级小麦育种”计划,力求产量、品质与环境的协调提高。但发展优质小麦生产,应从我国人口众多、粮食需要量大及小麦面积逐年减少的实际情况出发,如果种植品质虽优,但产量不高、抗性差的品种,势必影响粮食总产量。因此,应该在高产、稳产、确保粮食现有总产的基础上去发展优质小麦生产。杂交水稻的成功创育及大面积的推广利用，促使我们把小麦育种突破的希望寄托在杂种优势利用，即杂交小麦上。

杂种优势是生物界普遍存在的一种现象。利用杂种优势提高农作物产量和品质是现代农业科学的主要成就之一。自 20 世纪 30 年代人们在生产上应用杂交玉米取得高产后，便开始了杂种优势在农作物生产上的大规模应用。目前除小麦外，高粱、水稻和许多蔬菜作物均广泛利用 F_1 代杂种优势并取得了显著的增产效果[95]。因此，利用杂种优势提高农作物产量和品质是作物育种的一条极其有效途径，也是作物育种发展的必然趋势。小麦作为世界主要粮食作物，同样也存在明显的杂种优势，却因自身生理因素的限制无法得到充分的利用，使得杂交小麦的研究仍处于初级阶段[96]。有研究表明，杂交小麦具有显著的增产效应及较强的抗逆性[97]，是今后小麦产量和品质大幅度提高的首选途径[98]，也是国际上农业高技术和现代种业竞争的焦点之一。

1. 我国杂交小麦现状

半个世纪以来，小麦杂种优势利用研究主要集中在核质互作雄性不育的利用（三系法）、化学杀雄技术的利用（化杀法）和温（光）敏雄性不育的利用（两系法）。三种途径的主要特点如下所述。

1）核质互作雄性不育的利用（三系法）：国内外已育成的小麦核质互作雄性不育系很多，有卵穗山羊草（Aegilops ovata）胞质的硬粒小麦和普通小麦雄性不育系、具拟斯卑尔脱山羊草（Ae. speltoides）胞质的普通小麦不育系、易变山羊草（Ae. variabilis）胞质的普通小麦不育系、T 型不育系（Triticum timopheevi 胞质）、K 型不育系（Ae. kotschyi 胞质）、V 型不育系（Ae. ventricosa 胞质）、节型不育系（Ae. squarrosa 胞质）、Q 型不育系（Avena sativa 胞质）、A 型不育系（T. aestivum 胞质）。杂交小麦"三系法"由于其遗传上存在诸如恢复程度低、制种成本高等难以克服的问题，故未能在生产上大面积推广。

2）化学杀雄技术的利用（化杀法）：由于化学杀雄避开了恢复系、保持系关系与基因型背景的影响，因此曾被认为是一种很有希望的杂交制种新技术。自 Hoagland 和 Chopra 等 20 世纪 50 年代用 MH（马来酰肼）处理小麦获得雄性不育株以来，一些发达国家如美国、英国、法国在化学杀雄剂筛选方面做了较多的研究，特别是 70 年代中后期 T 型不育系在美国及其他各国相继失败后，小麦化学杀雄剂筛选研究进入了高潮。80 年代中后期，各国相继筛选出了一些化学杀雄剂，目前其核心技术及专利主要由美国和法国的跨国公司所掌握。实践证明，"化杀法"在制种过程中存在稳定性差、制种成本高、环境污染重、药物专一性等难以克服的问题，在生产上也没有大面积的利用。

3）温（光）敏雄性不育的利用（两系法）：小麦温（光）敏雄性不育系为环境诱导型雄性不育系，利用温（光）敏不育系和不同生态区光温条件差异，在不育生态区与恢复系杂交进行制种，在可育生态区繁种，由三系变两系减少了保持系环节，有利于降低制种成本。1979 年日本的 Sasakuma 和 Ohtsuka 首次报道了 D2 型细胞质长日光敏雄性不育，由于遗传及缺乏适当的制种生态区等问题，未在生产中应用。但两系法由于制种成本低、恢复源广泛、较易获得优势组合，已逐渐成为小麦杂种优势利用研究的主流。进入 21 世纪，受两系杂交水稻研究成功的影响和启发，我国两系杂交小麦研究取得连续进展。截至目前，我国育种家们相继育成了 MS1[99]、绵杂麦 168[100]、云杂 3 号[101]、云杂 5 号[102]等两系杂种小麦并应用于生产，在我国每年的种植面积在 15 万亩①左右，并且比对照大约增产 20%[103]。

BNS 是河南科技学院茹振钢教授发现并选育的新型小麦温(光)敏雄性不育系，近年来，在全国范围内组织了协作研究。研究表明 BNS 在河南[104,105]、山东[106]、湖南[107]和陕西[108]等地均表现早播不育、晚播可育的特性，同时具有"不育彻底、转换彻底、恢复彻底"稳定育性特征，农艺性状符合黄淮麦区要求的低温敏感型雄性不育育性转换系，实现了我国黄淮麦区杂交小麦研究的新突破。

2. 杂交小麦品质优势

随着两系法杂交小麦技术的发展，育种目标逐渐从单一的产量性状转变为"高产+优质"，杂交小麦品质改良亦成为当今研究的重点。但是目前关于杂交小麦品质的基础研究很少[109]，多年来小麦杂种优势利用的研究多集中于杂交小麦的产量及农艺性状优势上[110-112]，在选配杂交小麦组合时很难兼顾高产优质两方面，而当前审定与推广的杂交小麦普遍是产量性状有突破，但品质性状多属中筋。因此，结合杂交小麦的超高产性状，进行品质性状的定向改良是一项非常迫切的任务。杂交高粱因品质问题限制了推广面积，目前杂交水稻也遇到了品质较差的问题[113]。因此，为了避免杂交小麦也会因同样的问题而成为大面积推广的障碍，对杂交小麦品质性状的研究是有必要的。

关于杂交小麦品质性状杂种优势的研究，前人主要是利用常规小麦之间配制的杂交组合进行的[114-117]，也有少量 T 型不育系的品质杂种优势的研究报道[118,119]，以及 CHA 杂种小麦品质优势的研究[120]。前人研究表明，利用杂种优势改善蛋白质含量、面筋含量和沉淀值比改善农艺和产量性状困难，但是也有一些优势表现较强的组合，说明仍有可能通过适当选配亲本获得强优势组合来达到改善小麦面筋品质的目的[120-122]。张之为等[123]对两系杂交小麦 HMW-GS 组成与品质的关系进行了初步的研究，研究表明，利用小麦温(光)敏不育系与恢复系间优质亚基的组配，可以有效提高两系杂交小麦的面筋品质。姚玮等[124]以 3 个温(光)敏雄性不育系和 17 个恢复系配置的 86 个正反交组合为材料研究了两系杂交系小麦 HMW-GS 组合与品质的关系，研究表明转育和选择优质 HMW-GS 是杂交小麦品

---

① 1 亩≈666.67m²。

质改良的重要措施。

二、目的意义与创新点

(一)研究目的与意义

现代育种方式使得作物种质资源的遗传基础越来越狭窄,不利于作物品种的改良[125]。种质资源在作物改良过程中是一个丰富的基因库,是小麦新品种选育的重要亲本来源,也是开展基础生物学研究的材料基础。国内外小麦品种演变历程中的每一次重大突破,均与关键种质资源中优异基因的发掘和利用有关,如用农林 10 号成功培育出矮秆和半矮秆小麦,抗倒伏性增强,产量提高30%以上,被誉为绿色革命;洛夫林类品种(含 1B/1R 易位系)的利用不仅提高了抗病性和适应性,而且产量潜力提高 10%以上。我国 20 世纪 80 年代以后的小麦品种中38%都含有 1B/1R 血缘[126]。90 年代初期,美国利用从我国引进的赤霉病优异抗源苏麦 3 号,使得其小麦生产每年减少损失 20 亿美元[127]。

当前生产的不断发展对小麦育种提出了更多更高的新要求,而这些新目标的实现,首先取决于所掌握的有关种质资源。目前,我国已在小麦种质创新方面做了大量的工作,获得了许多具有抗病、抗逆、大粒、多花等优异性状的新种质[128],小麦品质育种也取得了显著进展,培育出师栾 02-1、郑麦 366、新麦 26 等一批优质强筋品种,但生产上大部分主栽品种的加工品质依然较差。如何在继续提高产量潜力的同时,进一步改良小麦品质,实现产量和品质的协同改良依然是我国小麦育种的重要课题。因此,开展优质种质资源的筛选与发掘,并进行创新与育种利用,是持续提高小麦品质改良研究水平的重要技术途径。本书旨在对小麦重要品质性状多样性及分布规律进行研究,筛选优质资源,为小麦品质育种提供理论基础及重要资源材料。

(二)创新点

1)本书的试验材料来源于美国、智利、墨西哥、法国、英国等国家,以及遍布我国全国各地区的主推品种或高代品系,遗传基础变异丰富,深入挖掘其品质特性,有利于了解不同生态区小麦品种的品质特性,并筛选出小麦育种的优异亲本材料。

2)本研究连续多年,对小麦种质材料的重要品质性状进行分析鉴定,揭示小麦品质的稳定性,几乎涉及小麦所有的重要品质指标,完全可以系统全面地评价当今生产上主推或新培育小麦新品种的品质特性,对小麦品质育种的发展具有重要的推动作用。

3)本书首次较全面地分析了 BNS 型两系杂交小麦的品质,为今后杂交小麦大面积推广应用及品质改良提供了重要的理论参考。

参 考 文 献

[1] Abdel-Aal E-S M, Huclw P. Amino acid composition and *in vitro* protein digestibility of selected ancient wheats and their end products [J]. J Food Compos Anal, 2002, 15: 737-747

[2] 何中虎, 晏月明, 庄巧生, 等. 中国小麦品种品质评价体系建立与分子改良技术研究[J]. 中国农业科学, 2006, 39(6): 1091-1101

[3] 孙辉, 尹成华, 赵仁勇, 等. 我国小麦品质评价与检验技术的发展现状[J]. 粮食与食品工业, 2010, 17(5): 14-18

[4] 张勇, 郝元峰, 张艳, 等. 小麦营养和健康品质研究进展[J]. 中国农业科学, 2016, 49(22): 4284-4298

[5] 王才才. 小麦出粉率与剥皮率对馒头品质及风味的影响[D]. 河南工业大学硕士学位论文, 2016

[6] 曹强. 小麦面粉营养成分与出粉率之间的关系[J]. 郑州粮食学院学报, 1993, (3): 69-72

[7] 贾爱霞. 小麦加工过程中营养组分的变化和富集工艺的研究[D]. 河南工业大学硕士学位论文, 2011

[8] 王晓曦, 贾爱霞, 于中利. 不同出粉率小麦粉的品质特性及营养组分研究[J]. 中国粮油学报, 2012, 27(1): 6-9

[9] 康恩宽, 张爱芳, 许喜棠. 小麦品种品质性状与农艺性状的相关性分析[J]. 北京农学院学报, 2011, 16(3): 27-30

[10] 雷激, 张艳, 王德森. 中国干白面条品质评价方法研究[J]. 中国农业科学, 2004, 37(12): 2000-2005

[11] Kruger J E, Anderson M H, Dexter J E. Effect of flour refinement on raw cantonese noodle color and texture [J]. Cereal Chemistry, 1994, 71(2): 177-182

[12] 桑伟, 穆培源, 徐红军, 等. 新疆春小麦品种磨粉品质与拉面加工品质的关系[J]. 西北农业学报, 2012, 21(4): 54-59

[13] He Z H. Wheat quality requirements in China [J]. Wheat in a Global Environment, 2001, 9: 279-284

[14] 辛庆国, 王江春, 殷岩, 等. 高白度小麦遗传育种研究进展[J]. 山东农业科学, 2009, 2: 15-18

[15] 刘建军, 何中虎, 姜善涛, 等. 目前推广小麦品种面粉白度概况及其相关因素的研究[J]. 山东农业科学, 2002, (2): 10-12

[16] 李宗智, 孙馥亭, 张彩英, 等. 不同小麦品质性状及其相关性的初步研究[J]. 中国农业科学, 1990, 23(6): 35-41

[17] 林作楫, 雷振声. 中国挂面对面粉品质的要求[J]. 作物学报, 1996, 22(2): 152-155.

[18] Hatcher D W, Kruger J E. Distribution of polyphenol oxidase in flour millstreams of Canadian common wheat classes milled to three extraction rate [J]. Cereal Chemistry, 1993, 70(1): 51-55

[19] Miskelly D M. Flour components affecting paste and noodle color [J]. Journal of Agriculture and Food Chemistry, 1984, 35: 463-471

[20] 胡瑞波. 小麦面粉与面条色泽的影响因素及其稳定性分析[D]. 山东农业大学硕士学位论文, 2004

[21] Oliver J R, Blakeney A B, Allen H M. Measurement of flour color in color space parameters [J]. Cereal Chemistry, 1992, 69(5): 546-551

[22] 赵岩. 小麦全粉色泽相关性状的QTL定位和PDS基因的系统发育分析[D]. 山东农业大学博士学位论文, 2012

[23] Kruger J E, Matsuo R R, Preston K. A comparison of methods for the prediction of Cantonese noodle colour [J]. Can. J. Plant Sci., 1992, 72: 1021-1029

[24] 张晓, 田纪春, 朱冬梅. 小麦RIL群体中小麦粉及面片色泽与主要品质性状的相关分析[J]. 中国粮油学报, 2009, 24(6): 1-6

[25] 王永吉. 小麦灰分形成及其与加工品质的关系[D]. 扬州大学硕士学位论文, 2005

[26] 田纪春, 陈建省, 胡瑞波, 等. 谷物品质测试理论与方法[M]. 北京: 科学出版社, 2006

[27] 王亚平, 安艳霞. 小麦面筋蛋白组成、结构和功能特性[J]. 粮食与油脂, 2011, 1: 1-4

[28] 王灵昭, 陆启玉. 面筋蛋白组分在制面过程中的变化及与面条质地差异的关系[J]. 河南工业大学学报(自然科学版), 2005, 26(1): 11-14

[29] 何中虎, 林作楫, 王龙俊, 等. 中国小麦品质区划的研究[J]. 中国农业科学, 2002, 35(4): 359-364

[30] 唐建卫, 殷贵鸿, 王丽娜, 等. 小麦湿面筋含量和面筋指数遗传分析[J]. 作物学报, 2011, 37(9): 1701-1706

[31] 李卫华, 张东海. 小麦籽粒形成期间氨基酸含量的平衡性分析[J]. 种子, 2000, 2: 21-23

[32] 余桂红, 孙晓波, 张旭, 等. 高赖氨酸蛋白基因导入小麦的研究[J]. 麦类作物学报, 2013, 33(1): 1-5

[33] 刘玉平, 权书月, 李杏普. 蓝、紫粒小麦蛋白质含量、氨基酸组成及其品质评价[J]. 华北农学报, 2002, 17(增刊): 103-107

[34] Abdel-Aal E-S M, Sosulski F W. Bleaching and fractionation of dietary fiber and proteinfrom wheat based stillage [J]. Lebensm. Wiss. U. Technol., 2001, 34: 159-167

[35] Myer R O, Brendemuhl J H, Barnett R D. Crystalline lysine and threonine supplementation of soft red winter wheat or triticale, low-Protein diets for growing-finishing swine [J]. Aminal Science, 1996, 74: 577-583

[36] Bright S W J, Shewry P R. Improvement of protein quality in cereals [J]. CRC Crit. Rev, 1983, 1: 49-93

[37] Gianibelli M C, Larroque O R, MacRitchie F, et al. Biochemical, genetic, and molecular characterization of wheat glutenin and its component subunits [J]. Cereal Chemistry, 2001, 78(6): 635-646

[38] Shewry P R, Halford N G, Lafiandra D. Genetics of wheat gluten proteins [J]. Adv Genet, 2003, 49: 111-184

[39] Mohan D, Gupta R K. Gluten characteristics imparting bread quality in wheats differing for high molecular weight glutenin subunits at $Glu\,D_1$ locus [J]. Physiol Mol Biol Pla, 2015, 21(3): 447-451

[40] Shewry P R, Halford N G, Tatham A S. The high molecular weight subunits of wheat glutenin [J]. J Cereal Sci, 1992, 15: 105-120

[41] 张大乐. 野生二粒小麦的遗传多样性及高分子量谷蛋白亚基基因的克隆与进化分析[D]. 河南大学博士学位论文, 2014

[42] 张学勇, 董玉琛. 过去50年中国小麦品种在Glu-A1、Glu-B1和Glu-D1位点上等位基因的变化[J]. 遗传, 2001, (1): 53-54

[43] Cox T S, Lookhart G L, Walker D E, et al. Genetic relationships among hard red winter wheat cultivars as evaluated by pedigree analysis and gliadin polyacrylamide gel eletrophretic patterns [J]. Crop Science Society of America, 1985, 25: 1058-1063

[44] 朱利霞. 小麦醇溶蛋白遗传多样性研究[D]. 河南农业大学硕士学位论文, 2009

[45] Payne P I. 1987. Genetics of wheat storage proteins and the effect of allelic variation on bread making quality [J]. Annu. Rev. Plant Physiol., 38: 141-153

[46] 潘治利, 罗元奇, 艾志录, 等. 不同小麦品种醇溶蛋白的组成与速冻水饺面皮质构特性的关系[J]. 农业工程学报, 2016, 32(4): 242-248

[47] Metakosky E V, Branlard G. Genetic diversity of French common wheat germplasm based on gliadin alleles [J]. Theroretical and Applied Genetics, 1998, 96: 209-218

[48] Metakovsky E V. Gliadin allele identification in common wheat. II Catalogue of gliadin alleles in common wheat [J]. Journal of Genetics and Breeding, 1991, 45: 325-344

[49] 张学勇, 杨欣明, 董玉琛. 醇溶蛋白电泳在小麦种质资源遗传分析中的应用[J]. 中国农业科学, 1995, 28(4): 25-32

[50] Metakovsky E V, Ng P K W, Chernakov V M, et al. Gliadin alleles in Canadian western red spring wheat cultivars: use of two different procedures of acid polyacrylamide gel electrophoresis for gliadin separation [J]. Genome, 1993, 36: 743-749

[51] Metakovsky E V, Pogna N E, Biancardi A M, et al. Gliadin allelecomposition of common wheat cultivars grown in Italy [J]. J Genet Breeding, 1994, 48: 55-66

[52] 郎明林, 卢少源, 张荣芝. 中国北方冬麦区主栽品种醇溶蛋白组成的演变分析[J]. 作物学报, 2001, 27(6): 958-966

[53] He Z H, Yang J, Zhang Y, et al. Pan bread and dry white Chinese noodle quality in Chinese winter wheats [J]. Euphytica, 2004, 139: 257-267

[54] 姚大年, 李保云, 朱金宝, 等. 小麦品种主要淀粉性状及面条品质预测指标的研究[J]. 中国农业科学, 1999, 32(6): 84-88

[55] Huang S, Yun S H, Quail K, et al. Establishment of flour quality guidelines for northern style Chinese steamed bread [J]. Journal of Cereal Science, 1996, 24(2): 179-185

[56] Patel B K, Waniska R D, Seetharaman K. Impact of different baking processes on bread firmness and starch properties in breadcrumb [J]. Journal of Cereal Science, 2005, 42: 173-184

[57] 陈建省, 邓志英, 吴澎, 等. 添加面筋蛋白对小麦淀粉糊化特性的影响[J]. 中国农业科学, 2010, 43(2): 388-395

[58] 刘艳玲, 田纪春, 韩祥铭, 等. 面团流变学特性分析方法比较及与烘烤品质的通径分析[J]. 中国农业科学, 2005, 38(1): 45-51

[59] 魏益民. 谷物品质与食品品质[M]. 西安: 陕西人民出版社, 2002

[60] Stadler R H. Acryl amide from Millard reaction products [J]. Nature, 2002, 419: 449-450

[61] Huang S, Quail K, Moss R, et al. Objective methods for the quality assessment of northern style Chinese steamed bread [J]. Journal of Cereal Science, 1995, 21: 49-55

[62] 吴澎, 周涛, 董海洲, 等. 影响馒头品质的因素[J]. 中国粮油学报, 2012, 27(5): 107-117

[63] He Z H, Liu A H, Peña R J, et al. Suitability of Chinese wheat cultivars for production of northern style Chinese steamed bread [J]. Euphytica, 2003, 131: 155-163.

[64] 范玉顶, 李斯深, 孙海艳, 等. HMW-GS 与北方手工馒头加工品质关系的研究[J]. 作物学报, 2005, 31 (1): 97-101

[65] 张春庆, 李晴祺. 影响普通小麦加工馒头质量的主要品质性状的研究[J]. 中国农业科学, 1993, 26(2): 39-46

[66] 张国权, 叶楠, 张桂英, 等. 馒头品质评价体系构建[J]. 中国粮油学报, 2011, 26(7): 10-16

[67] 苏东民. 中国馒头分类及主食馒头品质评价研究[D]. 中国农业大学博士学位论文, 2005

[68] 孙辉, 姜薇莉, 田晓红, 等. 利用物性测试仪分析小麦粉馒头品质[J]. 中国粮油学报, 2005, 20(6): 121-125

[69] 陈东升, 张艳, 何中虎, 等. 北方馒头品质评价方法的比较[J]. 中国农业科学, 2010, 43(11): 2325-2333

[70] Li M, Zhu K X, Wang B W, et al. Evaluation the quality characteristics of wheat flour and shelf-life of fresh noodles as affected by ozone treatment [J]. Food Chemistry, 2012, 135(4): 2163-2169

[71] 胡瑞波, 田纪春, 邓志英, 等. 中国白盐面条色泽影响因素的研究[J]. 作物学报, 2006, 32(9): 1338-1343.

[72] 华为, 马传喜, 何中虎, 等. 小麦鲜面片色泽的影响因素研究[J]. 麦类作物学报, 2007, 27(5): 816-819

[73] 胡新中, 张国权, 张正茂, 等. 小麦面粉、面条色泽与蛋白质组分的关系[J]. 作物学报, 2005, 31(4): 515-518

[74] 赵文华, 李书国, 陈辉, 等. 麦麸膳食纤维对面团特性及中式面条品质的影响[J]. 粮食与饲料工业, 2008, 11: 9-11

[75] Andersson A A M, Dimberg L, Åman P, et al. Recent findings on certain bioactive components in whole grain wheat and rye [J]. Journal of Cereal Science, 2014, 59: 294-311.

[76] Jones J M, Peña R J, Korczak R, et al. Carbohydrates, grains, and wheat in nutrition and health: an overview Part II. Grain terminology and nutritional contributions [J]. Cereal Foods World, 2015, 60: 260-271

[77] 刘成梅, 李资玲, 梁瑞红, 等. 膳食纤维的国内外研究现状与发展趋势[J]. 粮食与食品工业, 2003, (4): 25-27

[78] 郑建仙. 现代功能性粮油制品开发[M]. 北京: 科学技术文献出版社, 2003

[79] Shewry P R, Saulnier L, Gebruers K, et al. Optimising the content and composition of dietary fibre in wheat grain for end-use quality. In: Tuberosa R, Graner A, Frison E. Genomics of Plant Genetic Resources [M]. Berlin: Springer, 2014: 455-466

[80] Courtin C M, Delcour J A. Arabinoxylans and endoxy-lanases in wheat flour bread-making [J]. J Cereal Sci, 2002, 35: 225-243

[81] Steer T, Thane C, Stephen A, et al. Bread in the diet: consumption and contribution to nutrient intakes of British adults [J]. Proc Nutr Soc, 2008, 67: E363

[82] 苏东民, 邢丽艳, 苏东海, 等. 响应面法优化小麦面粉水溶性阿拉伯木聚糖提取条件[J]. 中国农学通报, 2012, 28(33): 290-295

[83] 李娟, 王莉, 李晓瑄, 等. 阿拉伯木聚糖对小麦面筋蛋白的作用机理研究[J]. 粮食与饲料工业, 2012, 1: 39-41

[84] Rakszegi M, Balázs G, Békés F, et al. Modelling water absorption of wheat flour by taking into consideration of the soluble protein and arabinoxylan components [J]. Cereal Res Commun, 2014, 42: 629-639

[85] Li J, Kang J, Wang L. et al. Effect of water migration between arabinoxylans and gluten on baking quality of whole wheat bread detected by magnetic resonance imaging (MRI) [J]. J Agr Food Chem, 2012, 60: 6507-6514

[86] 周素梅, 向波, 王璋, 等. 小麦面粉中阿拉伯木聚糖研究进展[J]. 粮油食品科技, 2001, 9(2): 20-22

[87] Delcour J, Vanhamel S, Hoseney R C. Physicochemical and funational properties of rye nostarchy phlyscaaharides. II. Impact of a fraction containing water-soluble pentosan and proteins on gluten-starch loaf volumes [J]. Cereal Chem, 1991, 68: 72-76

[88] Biliaderis C G, Izydorczyk M S, Rattan O. Effect of arabinoxylans on bread-making quality of wheat flours [J]. Food Chem, 1995, 53: 165-171

[89] Wang M W, Hamer R J, vanVliet T, et al. Interaction of water extractable pentosans with gluten protein: effect on dough properties and gluten quality [J]. J Cereal Sci, 2002, 36: 25-37

[90] Garófalo L, Vazquez D, Ferreira F, et al. Wheat flour non-starch polysaccharides and their effect on dough rheological properties [J]. Ind Crop Prod, 2011, 34: 1327-1331

[91] Wang M, Hamer R J, vanVliet T, et al. Effect of water unextractable solids on gluten formation and properties: mechanistic considerations [J]. J Cereal Sci, 2003, 37: 55-64

[92] Gomez M, Ronda F, Blanco C A, et al. Effect of dietary fibre on dough rheology and bread quality [J]. Eur Food Res Technol, 2003, 216: 51-56

[93] Döring C, Nuber C, Stukenborg F, et al. Impact of arabinoxylan addition on protein microstructure formation in wheat and rye dough [J]. J Food Eng, 2015, 154: 10-16

[94] Melchinger A E. The international conference on "Heterosis in Plants" [J]. Theor App Genet, 2010, 120: 201-203

[95] 卢瑶. 籼型杂交水稻品质性状的遗传效应及分子预测研究[D]. 西南大学博士学位论文, 2008: 5

[96] 乔晓琳, 高庆荣, 刘正斌, 等. 分子标记技术在杂交小麦研究中的应用[J]. 分子植物育种, 2005, 3(3): 388-392

[97] Dreisigacker S, Melchinger A E, Zhang P, et al. Hybrid performance and heterosis in spring bread wheat, and their relations to SSR-based genetic distances and coefficients of parentage [J]. Euphytica, 2005, 144: 51-59

[98] 黄铁城. 杂种小麦研究进展——问题与展望[M]. 北京: 中国农业大学出版社, 1990: 10-31

[99] 庞启华, 黄光永, 彭慧儒, 等. 温光型两系杂交小麦 MS1 及其高产制种技术研究[J]. 西北农业学报, 2002, 11(1): 37-40

[100] 李生荣, 杜小英, 陶军, 等. 小麦温光型两系恢复系 MR168 的选育与利用初报[J]. 植物遗传资源学报, 2009, 10(2): 306-308

[101] 杨木军, 顾坚, 周金生. 温光敏两系杂交小麦新组合——"云杂 3 号"[J].麦类作物学报, 2003, 23 (3): 152-152

[102] 刘琨, 田玉仙, 李绍祥, 等. 温光敏两系杂交小麦云杂 5 号的选育及丰产性、稳定性、适应性分析[J]. 江苏农业科学, 2008, 2: 38-39

[103] Song X, Ni Z F, Yao Y Y, et al. Identification of differentially expressed proteins between hybrid and parents in wheat (*Triticum aestivum* L.) seedling leaves [J]. Theor Appl Genet, 2009, 118: 213-225

[104] 姬俊华, 茹振钢, 张改生, 等. 小麦温敏雄性不育系 BNY 的花粉育性及自交结实性研究[J]. 麦类作物学报, 2004, 24(2): 24-26

[105] 薛香, 茹振刚. 播期对温敏不育系 BNY 育性的影响[J]. 河南职业技术师范学院学报, 2004, 32(1): 12-14

[106] 李罗江, 茹振刚, 高庆荣, 等. BNS 小麦的雄性不育性及其温光特性[J]. 中国农业科学, 2009, 42(9): 3019-3027

[107] 周美兰, 茹振刚, 骆叶青, 等. 两系小麦不育系 BNS 雄性育性的转换[J]. 核农学报, 2010, 24(5): 887-894

[108] 宁江权. 温光敏雄性不育小麦 BNS 的育性研究[D]. 西北农林科技大学硕士学位论文, 2011

[109] 栗现芳, 马守才, 张改生, 等. 杂交小麦品质改良技术体系的建立[J]. 西北植物学报, 2007, 27(9): 1759-1766

[110] 陈晓文, 马守才, 王志军, 等. 15 个化杀杂交小麦亲本配合力和杂种优势群的初步研究[J]. 麦类作物学报, 2011, 31(4): 630-636

[111] 李伯群, 余国东, 石有明, 等. 两系杂交小麦杂种优势、配合力及遗传距离分析[J]. 麦类作物学报, 2003, 23(3): 17-21

[112] 李万昌, 刘曙东, 李桂双. 强优势杂交小麦产量结构模式的研究[J]. 西北植物学报, 2003, 23(1): 75-81

[113] 李桂萍. 杂种小麦品质性状遗传规律的研究[D]. 西北农林科技大学硕士学位论文, 2003: 1-2

[114] 潘栋梁, 张改生, 牛娜, 等. 杂交小麦 F_1 与 F_2 品质组配规律及高分子量谷蛋白亚基组成规律的研究初报[J]. 麦类作物学报, 2008, 28(5): 994-998

[115] 张明, 王岳光, 刘广田. 小麦品质杂种优势及其配合力研究[J]. 麦类作物学报, 2006, 26(3): 63-66

[116] 高庆荣, 刘传福, 王瑞霞. 杂种小麦面包烘焙品质的优势效应[J]. 中国粮油学报, 2004, 19(5): 20-22

[117] 刘广田, 张树榛, 候广云, 等. 普通小麦农艺及品质性状的杂种优势和性状相关研究[J]. 北京农业大学学报, 1993, 19(增刊): 53-57

[118] 王明理, 张爱民, 黄铁城. T 型杂种小麦品质及农艺性状的研究Ⅰ: 杂种优势和配合力[J]. 作物学报, 1985, (3): 148-158

[119] 王明理, 张爱民, 黄铁城, 等. T 型杂种小麦品质及农艺性状的研究Ⅱ. 亲子相关和性状相关[J]. 作物学报, 1987, 3(13): 235-238

[120] 赵永国, 孙兰珍, 高庆荣, 等. CHA 杂种小麦品质优势的多代利用研究[J]. 麦类作物学报, 2005, 25(5): 104-108

[121] 柏峰, 刘植义, 沈银柱, 等. 两个化杀(CHA)杂种小麦及其亲本品质分析[J]. 河北师范大学学报(自然科学版), 1998, 22 (2): 257-257

[122] 张彩英, 李宗智, 常文锁, 等. 小麦种质资源沉淀值的研究[J]. 河北农业大学学报, 1991, 14(2): 1-4

[123] 张之为, 张立平, 赵昌平, 等. 二系杂交小麦 HMW-GS 组成与品质关系的初步研究[J]. 华北农学报, 2009, 24(1): 149-153

[124] 姚玮, 庞斌双, 张立平, 等. 二系杂交小麦 HWM-GS 组合与品质关系的研究[J]. 中国粮油学报, 2012, 27 (4): 9-19

[125] Reif J C, Zhang P, Dreisigacker S, et al. Wheat genetic diversity trends during domestication and breeding [J]. Theoretical and Applied Genetics, 2005, 110(5): 859-864

[126] 周阳, 何中虎, 张改生, 等. 1BL/1RS易位系在我国小麦育种中的应用[J]. 作物学报, 2004, 30(6): 531-535

[127] 胡琳, 许为钢, 张磊, 等. 小麦种质资源鉴定、优异基因发掘及创新利用研究概述[J]. 河南农业科学, 2009, 9: 22-25

[128] 张玲丽, 李秀全, 杨欣明, 等. 小麦优良种质资源高分子量麦谷蛋白亚基组成分析[J]. 中国农业科学, 2006, 39(12): 2406-2414

第二章　小麦营养品质性状的多样性及优异资源筛选

随着人们生活水平的提高和对身体健康的关注,小麦营养品质的改良越来越受到重视,其主要取决于小麦籽粒中蛋白质含量及必需氨基酸组成的平衡程度[1-4]。其中,蛋白质是小麦籽粒的重要组分,不仅影响营养品质,同时也是小麦加工品质的基础[5]。在发达国家,蛋白质可从肉类、豆类和谷类等多种食物源获得;而在发展中国家,膳食蛋白质主要由谷物提供[6]。因此,提高蛋白质含量一直是我国小麦品质育种的重要目标。前人研究表明,现有小麦种质资源的籽粒蛋白质含量为10.9%~19.2%,平均变幅为13.0%~16.4%[7-8],变异幅度较大,可通过育种途径进行改良。

小麦蛋白质中氨基酸的组成很不平衡,特别是赖氨酸、苏氨酸、异亮氨酸等必需氨基酸的含量较低,仅相当于鸡蛋、牛奶等优质蛋白质的42%,远远不能满足人体对氨基酸平衡的需要,因此赖氨酸、苏氨酸等称为小麦的限制性氨基酸,尤其是赖氨酸含量最低,是小麦的第一限制性氨基酸[1,9]。同时,小麦籽粒蛋白质中各氨基酸含量极不平衡,属于不平衡蛋白质。王渭玲等[10]曾报道,小麦籽粒氨基酸组成以谷氨酸(占种子氨基酸总量的28.7%~33.7%)、脯氨酸(占总量的16.0%)最高,亮氨酸和天冬氨酸(分别占6.1%~7.0%和4.7%~5.3%)次之,甲硫氨酸(0.68%~0.81%)、半胱氨酸(1.06%~1.6%)、赖氨酸(2.45%~3.6%)、异亮氨酸(2.79%~3.36%)含量最低。因此,小麦品质育种应提高籽粒蛋白质的必需氨基酸含量,特别是赖氨酸和含硫氨基酸含量(含硫氨基酸与小麦的加工品质有关)[11]。

在食物中,一种氨基酸的缺乏会影响其他氨基酸的吸收,使摄取的蛋白质不能充分利用而造成营养不良。小麦籽粒蛋白质中赖氨酸的平均含量(3.0%)[12],远远低于联合国粮食及农业组织和世界卫生组织(FAO/WHO)公布的标准赖氨酸含量(5.5%)[13]。因此,改良小麦籽粒蛋白质中各氨基酸的含量及其平衡程度是改良小麦营养品质的一项重要任务。由此可知,提高小麦的蛋白质含量,特别是从氨基酸组成方面改进蛋白质品质,对人类食物营养和生活水平的提高具有十分重要的意义。

第一节　小麦蛋白质和面筋含量的变异特点及优质资源筛选

小麦蛋白质按溶解度分为清蛋白、球蛋白、醇溶蛋白和谷蛋白,其中醇溶蛋白和谷蛋白是主要的贮藏蛋白,是组成面筋的主要成分,正是由于这两种蛋白成分的存在，小麦粉加水揉和后可形成面团，经发酵蒸煮或烘烤后得到各式各样的食品[14-16]。湿面筋的含量和质量是鉴定小麦粉品质优劣的重要指标之一，决定了面团的工艺性能及蒸煮和焙烤食品的品质[17-21]。研究表明，小麦粉湿面筋含量遗传率中等(狭义遗传率 44.26%)，可通过遗传改良提高其含量[22]。

近些年，关于小麦蛋白质和面筋含量的研究报道较多，大多集中于两者与面粉和面制品品质的关系研究。张树华等[23]利用国内外 60 份小麦种质材料研究了小麦蛋白质组分含量与面团流变学性状的关系，结果表明谷蛋白含量与面团形成时间、稳定时间和吸水率呈极显著正相关。唐建卫等[24]以近几年北方冬麦区育成的优质品种和高代品系及山东省主栽品种为材料，研究了贮藏蛋白组分与面团流变学特性及面包、面条和馒头加工品质的关系，结果表明谷蛋白总量、高分子量谷蛋白亚基(HMW-GS)含量和低分子量谷蛋白亚基(LMW-GS)含量与面团和面时间、稳定时间、拉伸曲线面积和最大抗延阻力呈 1%显著正相关，与面包品质均呈显著正相关；醇溶蛋白总量及各组分含量与馒头的总评分呈显著负相关。然而，目前关于小麦蛋白质和面筋含量变异和分布的研究报道较少。

因此，河南科技学院小麦中心课题组以来源于不同种植区的小麦品种(系)为材料，分析研究小麦蛋白质和干、湿面筋含量的变异及分布特点，以期为发掘优异种质资源及改良小麦品种品质提供参考依据。

一、研究方法概述

(一)试验材料

用于分析研究蛋白质含量的试验材料为 143 个小麦品种(系)，其中，国外引进品种 19 个、北方冬麦区 8 个、黄淮冬麦区 76 个、长江中下游冬麦区 25 个、西南冬麦区 15 个。参试材料于 2014～2015 年度种植于河南科技学院试验基地(河南省辉县市)。每份材料种植 2 行，行距 25 cm，行长 4 m，每行播种 80 粒，田间管理同一般大田。成熟后，分行收获，脱粒，晾晒，室温储藏备用。

用于分析研究面筋含量的试验材料为 246 个小麦品种(系)，其中国外引进品种 25 个、北方冬麦区 18 个、黄淮冬麦区 141 个、长江中下游冬麦区 40 个、西南冬麦区 22 个，均由河南科技学院小麦中心提供。试验材料分别于 2010～2011 年度(简称 2011 年)和 2011～2012 年度(简称 2012 年)种植于河南科技学院试验基地(河南省辉县市)。

(二)试验方法

每个参试材料取籽粒 1kg，利用实验磨粉机(LRMM8040-3-D，江苏无锡锡粮机械制造有限公司）磨粉，出粉率约 62%；依据 GB5009.3—1985 方法测定面粉水分含量；利用全自动凯氏定氮仪（UDK159，意大利 VELP 公司）测定面粉的含氮量；参照 GB/T5506.1—2008 测定湿面筋含量，参照 GB/T5506.3—2008 测定干面筋含量和面筋持水率。

（三）数据分析

利用 DPS7.05、SPSS17.0 软件和 Excel 数据处理系统分析数据。

二、小麦籽粒和面粉蛋白质含量的变异分布

由表 2-1 可看出，参试材料籽粒和面粉蛋白质含量的变异系数均小于 10%，其中，面粉蛋白质含量的变异系数较高，为 9.65%，籽粒蛋白质含量的变异系数较低，仅为 8.17%；2 个目标性状在品种（系）间差异均较大，达极显著水平。籽粒蛋白质的平均含量为 13.24%，变异幅度为 9.50%~16.78%，高于平均值的有 70 个品种（系），占总数的 49.0%；面粉蛋白质的平均含量为 10.31%，变异幅度为 8.28%~13.27%，高于平均值的也是 70 个品种（系），占总数的 49.0%。

表 2-1　小麦品种（系）籽粒蛋白质和面粉蛋白质含量

品质性状	平均值/%	变幅/%	极差/%	F 值	变异系数/%	标准差
籽粒蛋白质	13.24	9.50~16.78	7.28	22.49**	8.17	1.08
面粉蛋白质	10.31	8.28~13.27	4.99	250.34**	9.65	0.99

**表示 1%相关显著性。下同

由图 2-1 和图 2-2 可看出，参试材料籽粒蛋白质和面粉蛋白质含量基本呈正态分布，且同时存在含量极高和极低的材料，可作为培育优质专用小麦品种的首选亲本。其中，籽粒蛋白质含量主要集中在 12.0%~14.0%，约有 98 个品种（系）含量处在此范围，占总数的 68.5%；高于 15%的仅有 9 个品种（系），占总品种（系）的 6.3%，来自智利的小麦品系智矮早的籽粒蛋白质含量最高，为 16.98%；低于 11.0%的材料有 4 个，占总数的 2.8%，来自四川的川育 55871 籽粒蛋白质含量最低，为 9.50%。面粉蛋白质含量主要集中于 9.0%~11.5%，约有 111 个小麦品种（系），占总材料数的 77.6%；高于 12.0%的仅有 6 个品种（系），占总材料数的 4.20%，来自北京的品系农大 8P593 面粉蛋白质含量最高，为 13.27%；低于 9.0%的品种（系）有 15 个，占总材料数的 10.5%，来自山东的小麦品系 Yan-1 面粉蛋白质含量最低，为 8.28%。

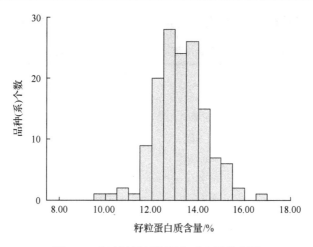

图 2-1　参试材料籽粒蛋白质含量分布图

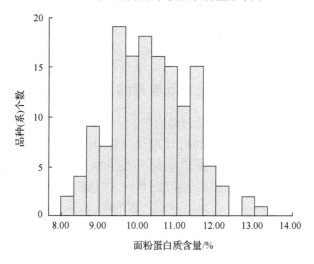

图 2-2　参试材料面粉蛋白质含量分布图

三、不同来源小麦品种(系)籽粒蛋白质和面粉蛋白质含量的差异

由不同麦区和来源小麦品种(系)的籽粒蛋白质和面粉蛋白质含量差异分析(表 2-2)可看出,2 个性状在不同来源的材料间均存在显著差异($P<0.05$)。其中,国外引进品种的籽粒蛋白质含量最高,平均为 13.69%,变幅为 12.30%~16.78%,显著高于西南冬麦区,但与其他麦区间差异不显著;来源于西南冬麦区材料的籽粒蛋白质含量最低,平均为 13.12%,变幅为 9.50%~15.65%。北方冬麦区面粉蛋白质含量最高,平均为 10.80%,变幅为 9.27%~13.27%,显著高于长江中下游冬麦区,来源于此麦区的材料面粉蛋白质含量最低,平均为 10.19%,变幅为 8.29%~

11.63%，国外引进材料的面粉蛋白质含量也较高，平均为 10.71%。

表 2-2　不同来源小麦品种(系)的均值及多重比较

来源		籽粒蛋白质/%	面粉蛋白质/%
黄淮冬麦区	平均值	13.13ab	10.21ab
	变异幅度	10.56~15.38	8.28~12.80
西南冬麦区	平均值	13.12b	10.25ab
	变异幅度	9.50~15.65	9.04~11.49
长江中下游冬麦区	平均值	13.22ab	10.19b
	变异幅度	10.31~14.82	8.29~11.63
北方冬麦区	平均值	13.47ab	10.80a
	变异幅度	12.73~15.51	9.27~13.27
国外材料	平均值	13.69a	10.71ab
	变异幅度	12.30~16.78	8.44~12.87

注：每列不同小写字母表示 0.05 显著水平($P<0.05$)

四、参试小麦品种(系)干、湿面筋含量的分布

由表 2-3 可看出，2011 年参试材料的干、湿面筋含量和面筋持水率的平均值、最小值和最大值均低于 2012 年。2011 年参试材料湿面筋含量的平均值为 27.83%，变异幅度为 15.01%~40.03%，变异系数为 12.62%，品种间差异达极显著水平($P<0.01$)，低于平均值的有 131 个品种(系)，占总品种(系)数的 53.25%，高于平均值的有 115 个品种(系)，占总品种(系)数的 46.75%。2012 年参试材料湿面筋含量的平均值为 33.60%，变异幅度为 21.43%~48.56%，变异系数为 12.66%，品种间差异达极显著水平($P<0.01$)，低于平均值的有 135 个品种(系)，占总品种(系)数的 54.88%，高于平均值的有 111 个品种(系)，占总品种(系)数的 45.12%。2011年参试材料干面筋含量的平均值为 9.87%，变异幅度为 5.63%~15.04%，变异系数为 11.98%，品种间差异达极显著水平($P<0.01$)，低于平均值的有 133 个品种(系)，占总品种(系)数的 54.07%，高于平均值的有 113 个品种(系)，占总品种(系)数的 45.93%。2012 年参试材料干面筋含量的平均值为 11.69%，变异幅度为 8.19%~16.84%，变异系数为 11.45%，品种间差异达极显著水平($P<0.01$)，低于平均值的有 126 个品种(系)，占总品种(系)数的 51.22%，高于平均值的有 120 个品种(系)，占总品种(系)数的 48.78%。两年参试材料面筋持水率的平均值分别为64.47%和65.07%，变异系数均较小，分别为 2.64%和 3.60%，但品种间差异也均达到极显著水平($P<0.01$)。

表 2-3 参试材料干、湿面筋含量及面筋持水率的方差分析

年度	性状	平均值/%	变幅/%	极差/%	F 值	变异系数/%
2010~2011 年	湿面筋含量	27.83	15.01~40.03	25.02	43.556**	12.62
	干面筋含量	9.87	5.63~15.04	9.41	18.197**	11.98
	面筋持水率	64.47	56.16~68.57	12.41	3.046**	2.64
2011~2012 年	湿面筋含量	33.60	21.43~48.56	27.13	29.117**	12.66
	干面筋含量	11.69	8.19~16.84	8.65	9.845**	11.45
	面筋持水率	65.07	57.27~75.09	17.82	3.782**	3.60

相关分析表明(表 2-4),年份间干、湿面筋含量和面筋持水率的相关性均达极显著水平,相关系数分别为 0.682**、0.621** 和 0.396**,表明两年品种间差异顺序基本一致。

表 2-4 246 份小麦品种(系)两年干、湿面筋含量和面筋持水率的相关分析

性状	相关系数	线性方程
湿面筋含量	0.682**	$y = 0.5616x + 8.961$
干面筋含量	0.621**	$y = 0.5481x + 3.4582$
面筋持水率	0.396**	$y = 0.288x + 45.727$

由表 2-5 可看出,246 个小麦品种(系)两年干、湿面筋含量的平均值变化范围均很大,面筋持水率的变化范围较小。其中,70.73%的品种(系)湿面筋含量在28.0%~36.0%的范围内,而高于 41.0%的品种只有 1 个;筛选出湿面筋含量较高的材料有:农大 8P593(40.03%)、抗条温 6s(40.49%)和 H08-680(41.29%),湿面筋含量较低的材料有漯麦 3116(18.22%)、郑 2441(21.64%)和才智 9998 早(21.94%)。干面筋含量在 10.0%~12.0%的品种(系)有 153 个,占总品种(系)数的62.20%,高于 14.0%的品种(系)只有 2 个,占总品种(系)数的 0.81%;筛选出干面筋含量较高的材料有:抗条温 6s(13.69%)、莫斯科 39(14.27%)和 H08-680(14.56%),干面筋含量较低的材料有:漯麦 3116(6.91%)、郑 2441(8.09%)和才智9998 早(8.11%)。参试材料中,75.2%的品种(系)面筋持水率在 63.0%~67.0%,高于 67.0%的品种(系)有 23 个,占总数的 9.35%,低于 63.0%的品种(系)有 38 个,占总数的 15.44%;筛选出面筋持水率较高的材料有:周麦 18(68.42%)、川育 40109(68.43%)和泛麦 5 号(69.75%),面筋持水率较低的材料有:云麦 56(59.64%)、藁2018(60.59%)和南农 03I-57(61.21%)。

表 2-5　246 个小麦品种(系)两年干、湿面筋含量和面筋持水率的分布

湿面筋含量/%	品种数	占总数比例/%	干面筋含量/%	品种数	占总数比例/%	面筋持水率/%	品种数	占总数比例/%
18.0~23.0	3	1.22	6.0~8.0	1	0.41	59.0~61.0	2	0.81
23.0~28.0	50	20.33	8.0~10.0	55	22.36	61.0~63.0	36	14.63
28.0~31.0	88	35.77	10.0~12.0	153	62.20	63.0~65.0	99	40.24
31.0~36.0	86	34.96	12.0~14.0	35	14.23	65.0~67.0	86	34.96
36.0~41.0	18	7.32	>14.0	2	0.81	67.0~69.0	22	8.94
>41.0	1	0.41	—	—	—	>69.0	1	0.41

五、不同来源小麦品种(系)干、湿面筋含量及面筋持水率的差异

不同来源小麦品种(系)的干、湿面筋含量均存在显著差异($P<0.05$),面筋持水率的差异较小(表 2-6)。方差分析结果表明,国外引进品种的湿面筋含量最高,平均为 31.85%,变幅为 24.72%~39.22%,长江中下游冬麦区的湿面筋含量次之,平均为 31.74%,变幅为 24.38%~38.16%,西南冬麦区的湿面筋含量最低,平均为 29.21%,变幅为 23.18%~37.48%。不同来源小麦品种(系)干面筋含量的差异趋势与湿面筋含量相似,国外引进品种的干面筋含量最高,平均为 11.20%,变幅为 9.11%~14.27%,长江中下游冬麦区的干面筋含量次之,平均为 11.17%,变幅为 9.11%~13.50%,西南冬麦区的干面筋含量最低,平均为 10.36%,显著低于国外引进品种和长江中下游冬麦区品种(系)($P<0.05$)。不同来源小麦品种(系)面筋持水率的差异较小,其中北方冬麦区品种(系)的面筋持水率最高,为 65.20%,西南冬麦区品种(系)的面筋持水率最低,平均为 64.35%。

表 2-6　不同来源小麦品种(系)的干、湿面筋含量和面筋持水率(%)

品种来源	品种数	湿面筋		干面筋		面筋持水率	
		平均值	变幅	平均值	变幅	平均值	变幅
国外引进品种	25	31.85a	24.72~39.22	11.20a	9.11~14.27	64.70a	62.14~68.27
北方冬麦区	18	30.55ab	24.02~40.03	10.60bc	8.26~12.60	65.20a	63.45~68.32
黄淮冬麦区	141	30.48ab	18.22~41.29	10.68bc	6.91~14.56	64.82a	60.59~69.75
长江中下游冬麦区	40	31.74a	24.38~38.16	11.17ab	9.11~13.50	64.69a	61.29~67.97
西南冬麦区	22	29.21b	23.18~37.48	10.36c	8.73~13.08	64.35a	59.64~68.43

注:每列中字母不同者表示差异达显著水平($P<0.05$)

六、讨论

蛋白质的质和量与小麦烘焙品质密切相关,尤其是贮藏蛋白(面筋蛋白)的组成和结构是影响小麦面团黏弹性和烘焙品质的主要因素[25]。面筋蛋白通过赋予面

团持水性、黏结性、黏弹性等来对面团流变学特性和烘烤品质起着决定性的作用[3]。因此，分析研究小麦湿面筋含量的遗传变异及筛选优良的品种(系)，进而通过育种途径改良当前小麦品种品质是当前育种的重要任务。

小麦的主要用途是加工成各式各样的食品，不同的面制品因加工工艺和产品质量等方面的差异，对小麦粉的性能和质量的要求也各不相同。强筋小麦适合制作面包，中筋小麦适合制作馒头和面条，弱筋小麦适合制作饼干。强中弱筋小麦粉对蛋白质、湿面筋含量、面筋指数、稳定时间、降落值等均有特定要求。其中，强筋小麦粉要求湿面筋含量大于 32.0%，弱筋小麦粉湿面筋含量要小于 24.0%(参照 GB1355—2005)。有研究表明优质面包小麦的湿面筋含量应大于 30%，而制作馒头和饼干要求分别在 25%～30% 和 22%～26%，制作糕点则需要湿面筋含量小于 24%[26]。本研究根据上面制作面包、馒头和饼干对面筋含量要求统计的结果得出，56.50% 的参试品种(系)的湿面筋含量高于 30%，38.62% 的品种(系)湿面筋含量在 25.0%～30.0% 范围内，5.28% 的品种(系)的湿面筋含量在 22.0%～26.0%，而低于 24.0% 的品种(系)只有 4 个，对实际应用具有一定参考价值。从本试验结果可以看出，大多数品种可满足制作面包对面筋含量的要求，而缺乏制作饼干和糕点的弱筋面粉材料。本试验中出现的部分湿面筋含量极高或极低的品种(系)可作为小麦品质改良的资源材料。

年份间干、湿面筋含量和面筋持水率的相关性均达极显著水平，与前人[27]研究结果一致。因此，通过育种途径对干、湿面筋含量进行改良是可行的。不同来源小麦品种(系)干、湿面筋含量间比较，国外引进品种(系)的干、湿面筋含量均最高，西南冬麦区小麦品种(系)的干、湿面筋含量均最低。因此，可以初步认为品种选择对小麦粉干、湿面筋含量影响较大。

大量研究表明[18,20,28-31]不同食品质量不仅受到面筋含量的影响，而且受到面筋质量的影响。面粉中面筋数量和质量是独立存在的两个因素，两者没有必然的关联[32]。单纯地按干、湿面筋含量的多少来评价面粉的品质是完全不够准确的，法国小麦优于我国小麦主要是由于其面筋的品质好[33]。本研究主要是对不同小麦品种(系)的干、湿面筋含量进行了分析，并未考虑面筋质量的遗传变异。因此，有关小麦面筋质量的遗传变异和分布特点还有待于进一步研究，以期为小麦品种品质改良提供更有力的参考依据。

七、结论

参试材料籽粒和面粉蛋白质的平均含量分别为 13.24% 和 10.31%；湿面筋平均含量为 30.72%，年份间均呈极显著正相关；国外引进品种(系)的籽粒蛋白质和湿面筋含量最高，西南冬麦区材料最低；大多数参试品种可满足制作面包对面筋含量的要求，而缺乏制作饼干和糕点的弱筋面粉材料；筛选出一批蛋白质和面筋含量高的优质材料。

第二节　我国小麦微核心种质籽粒赖氨酸含量分析

种质资源在作物改良过程中是一个丰富的基因库，无论是通过传统的育种方式还是现代的基因工程等，作物种质资源都具有很大的利用潜力[34]。没有好的种质资源就不可能育成好的品种。现代育种方式使得作物种质资源的遗传基础越来越狭窄，不利于作物品种的改良[35]。例如，新中国成立以来育成的小麦品种数百个，其亲本大都离不开 11 个骨干亲本[36]，20 世纪 80 年代中期以来生产上使用的小麦品种约有 70%都有 1B/1R 代换系的血统[37]。目前，小麦种质资源中的很多优良基因，如矮化基因[38]和抗病基因[39]，已分别用来改良普通小麦相应的性状，并取得了很大成绩[40]，但许多诸如高蛋白、高赖氨酸等优良品质基因尚未发掘和利用。我国现保存小麦种质资源 4 万余份，其中本国农家品种、本国选育品种（系）和国外引进品种（系）各约占 1/3[41]，如此巨大的种质资源数量使得育种工作者很难对其进行深入研究并加以有效利用。为了解决这一难题，澳大利亚学者 Frankel[42]于 1984 年首次提出核心种质的概念，其含义是指采用一定方法，从某种作物种质资源的总收集品中遴选出能最大限度代表其遗传多样性而数量又尽可能最少的种质材料作为核心收集品（core collection），即核心种质，以方便种质资源的保存、管理及进一步的评价、利用。中国小麦微核心种质由中国农业科学院作物科学研究所张学勇课题组构建完成，包括 231 份材料，占整体种质的 1%，遗传代表性估计值接近 70%[43]。因此，可以通过分析研究中国小麦微核心种质资源性状的变异及分布情况，来了解我国种质资源的性状，并发掘出许多有利基因。目前已有中国小麦微核心种质的籽粒蛋白质[44-45]、矿质元素[46]、SDS 沉降值[44]、PPO 基因[47]、溶剂保持力特性[48]、农艺性状[34]及面条品质[49]等方面的研究报道，然而尚未见关于小麦微核心种质赖氨酸含量的报道。因此，山东农业大学小麦品质育种课题组以 225 份小麦微核心种质为材料，分析其赖氨酸含量的变异及分布情况，鉴定出高赖氨酸含量的特异资源，为核心种质的进一步应用提供参考，在我国对小麦营养品质育种的亲本选择及有利基因的发掘和利用方面也有重要意义。

一、研究方法概述

（一）试验材料

225 份中国小麦微核心种质由中国农业科学院作物科学研究所农业部作物种质资源与生物技术重点开放实验室张学勇研究员和周荣华研究员提供。所有材料于 2007~2008 年种植于山东农业大学泰安教学基地，采用完全随机设计，3 次重复，每个品种种植 2 行，行长 2m，行距 25cm，每行播种 80 粒。生长期间肥水管理同一般大田，收获后统一脱粒，并在安全水分（水分含量≤13%）下储存。

（二）试验方法

1. 制粉

挑选饱满、无虫蛀的籽粒，用瑞典 Perten 公司生产的 3100 型旋风磨制取全麦粉。

2. 赖氨酸含量的测定

采用茚三酮显色法测定赖氨酸含量[50]。

3. 改良潜力的计算

供试材料的最大值减去平均值之差除以平均值。

（三）数据处理

采用 Microsoft Excel 和 DPS 7.05 软件对微核心种质赖氨酸含量进行差异显著性分析。

二、中国小麦微核心种质赖氨酸含量的变异

方差分析表明（表 2-7），225 份中国小麦微核心种质的赖氨酸含量品种间存在极显著差异（$P<0.01$）。赖氨酸的平均含量为 0.44%，变幅为 0.28%～0.79%，其中高赖氨酸品种是低赖氨酸品种的 2.8 倍，其中 55.11%的品种赖氨酸含量在 0.4%～0.5%（图 2-3），而高于 0.6%的品种仅有 7 个，占微核心种质的 3.11%。我国小麦微核心种质赖氨酸的改良潜力为 77.46%，说明通过育种途径大约可提高小麦籽粒赖氨酸含量 0.77 倍。

表 2-7　中国小麦微核心种质赖氨酸含量的方差分析

变异来源	平方和	自由度	均方	F 值	P 值	平均值/%	变幅/%
品种间	2.3289	224	0.0104	40.862	0.0001	0.44	0.28～0.79
随机误差	0.0573	225	0.0003				
总变异	2.3862	449					

我国小麦微核心种质中赖氨酸含量最高的大多数为地方品种，其中老秃头赖氨酸含量为 0.79%，其次是阳麦和红麦，其赖氨酸含量分别为 0.70%和 0.66%，同家坝小麦、白火麦、江东门、木宗卓嘎等农家品种籽粒的赖氨酸含量也较高，其赖氨酸含量分别为 0.64%、0.61%、0.60%、0.59%，现代品种赖氨酸含量较高的有矮丰 3 号、温麦 6 号和烟农 15 等，其赖氨酸含量分别为 0.63%、0.58%和 0.58%。这些高赖氨酸小麦品种可作为优良亲本，来提高我国普通小麦品种籽粒的赖氨酸含量。

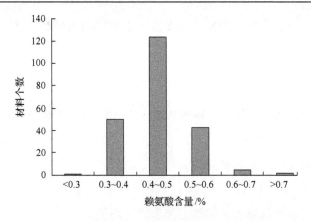

图 2-3 中国微核心种质赖氨酸含量的频数分布图

三、不同麦区和来源小麦种质赖氨酸含量的差异

由不同麦区和来源小麦品种的赖氨酸含量及其方差分析(表 2-8)可看出,西北

表 2-8 不同来源小麦品种赖氨酸含量的差异

来源	样本数	赖氨酸含量/%	变幅/%
西北春麦区	18	0.48±0.10a	0.38～0.79
长江中下游冬麦区	28	0.46±0.06ab	0.34～0.60
西南冬麦区	28	0.45±0.08ab	0.36～0.70
青藏春冬麦区	14	0.45±0.08ab	0.31～0.59
华南冬麦区	8	0.45±0.06ab	0.38～0.54
黄淮冬麦区	59	0.44±0.07ab	0.31～0.63
国外引进品种	16	0.44±0.05ab	0.34～0.55
东北春麦区	12	0.43±0.06b	0.35～0.51
北部春麦区	30	0.43±0.08b	0.28～0.66
新疆冬春麦区	12	0.42±0.04 b	0.33～0.49
冬麦区	123	0.45±0.07a	0.31～0.70
春麦区	60	0.44±0.08a	0.28～0.79
国内品种	209	0.44±0.07a	0.28～0.79
国外引进品种	16	0.44±0.05a	0.34～0.55
农家品种	139	0.45±0.07a	0.31～0.79
育成品种	70	0.44±0.07a	0.28～0.63
国外引进品种	16	0.44±0.05a	0.34～0.55

注:每列中字母不同者表示差异达显著水平($P<0.05$)

春麦区小麦籽粒的赖氨酸含量最高，平均含量为0.48%，且变异幅度（0.38%～0.79%）最大。新疆冬春麦区小麦籽粒的赖氨酸含量最低，平均含量仅为 0.42%，且变异幅度（0.33%～0.49%）也最小。

方差分析结果表明，西北春麦区小麦的赖氨酸含量显著高于东北春麦区、北部春麦区和新疆冬春麦区（$P<0.05$），其他麦区小麦籽粒的赖氨酸含量之间的差异不显著。4个冬麦区小麦品种籽粒的赖氨酸平均含量为0.45%，高于3个春麦区小麦品种赖氨酸的平均含量（0.44%），但差异不显著（$P<0.05$）。

209份国内小麦品种和16份国外小麦品种赖氨酸的平均含量都为0.44%，没有显著差异（$P<0.05$）。但国内小麦品种赖氨酸含量的变异幅度大，为 0.28%～0.79%，改良潜力为79.55%；国外引进品种的变异幅度（0.34%～0.55%）较小。

农家品种、育成品种和国外引进品种赖氨酸平均含量之间的差异不显著（$P<0.05$），但赖氨酸的变异范围农家品种远远大于育成品种，分别为 0.31%～0.79% 和0.28%～0.63%，说明农家品种中有优异的高赖氨酸种质。

四、不同年代育成品种赖氨酸含量的差异

根据小麦品种的育成年代，将小麦微核心种质分为6组，其赖氨酸平均含量的变化趋势见图2-4。随着育种年代的推移，小麦籽粒赖氨酸含量呈"V"形变化。其中，20世纪60年代育成品种赖氨酸的平均含量最低，70年代育成品种的赖氨酸含量有所上升，80年代品种的赖氨酸含量最高，90年代育成品种的赖氨酸含量有下降趋势。方差分析结果表明，不同年代育成品种赖氨酸含量间的差异不显著（表2-9）。

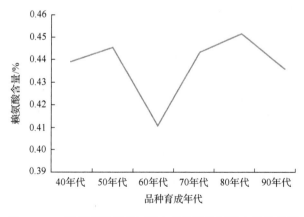

图2-4　20世纪不同育成年代小麦品种赖氨酸含量的差异

表 2-9　20 世纪不同育成年代小麦品种赖氨酸含量的差异

育种年代	样本数	赖氨酸含量/%	变幅/%
40 年代	6	0.44±0.05a	0.37~0.52
50 年代	10	0.45±0.06 a	0.31~0.51
60 年代	20	0.41±0.06 a	0.31~0.55
70 年代	19	0.44±0.09 a	0.28~0.63
80 年代	6	0.45±0.07 a	0.34~0.53
90 年代	3	0.44±0.12 a	0.36~0.58

注：每列中字母不同者表示差异达显著水平($P<0.05$)

通过计算赖氨酸含量高于 0.50%的品种数占该年代总品种数的比例得出，70 年代、80 年代和 90 年代育成品种中高赖氨酸含量的品种较多，分别占总数的 31.6%、50.0%和 33.3%，其他年代中高赖氨酸含量品种较少。由此说明，随着育种年代的推移，高赖氨酸小麦品种有逐渐增加的趋势。

五、讨论

小麦是人类的主要食物之一，小麦品质主要包括营养品质和加工品质两大方面，随着人们生活水平的提高和对身体健康的关注，小麦营养品质的改良越来越受到重视。前人关于小麦营养品质的研究多集中在籽粒蛋白质含量等方面[40,51-52]。众所周知，氨基酸是蛋白质合成的原料和分解产物，也是人类和其他动物吸收利用蛋白质的主要形式。因此，氨基酸的种类和比例是评价蛋白质含量的主要指标。

大多数粮食作物蛋白质的氨基酸比例对人体需要来说都是不平衡的，小麦籽粒中的赖氨酸含量最低，被称为第一限制氨基酸，因此，小麦蛋白质的品质改良最有效的方法就是培育赖氨酸高的品种。培育高赖氨酸品种必须有高赖氨酸亲本，微核心种质的构建有利于提高优异种质的利用率，有利于育种工作者寻找优异基因。而且，由于核心种质能代表整个种质资源的遗传多样性，因此包含了有待发掘的多种优异基因。本研究结果表明，我国小麦微核心种质的赖氨酸含量品种之间差异极显著($P<0.01$)。由于试验所用材料是在相同年份相同地点种植的，从而消除了环境对小麦籽粒赖氨酸含量的影响，因此不同小麦品种籽粒赖氨酸含量之间的差异来源于基因型的差异。赖氨酸的平均含量为 0.44%，变幅为 0.28%~0.79%，与李鸿恩等[53]测定的我国小麦种质资源的结果基本一致。225 份小麦微核心种质中，赖氨酸含量高于 0.6%的小麦材料只有 7 个，其中农家品种老秃头籽粒中的赖氨酸含量达 0.79%，为低含量品种的 2.8 倍，比平均值高出 80%，农家品种同家坝小麦、白火麦、江东门的赖氨酸含量也都在 0.6%以上，因此是很宝贵的高赖氨酸种质。另外，令人感兴趣的是在微核心种质中也鉴定出一些赖氨酸含量高的现代育成品种，如矮丰 3 号是 20 世纪 70 年代我国推广面积最大的品种之一，

具有矮秆、高产等优良性状；烟农 15 是至今在山东省仍有较大种植面积的优质、高产小麦栽培品种，用此作杂交亲本，可以培育出营养价值优、产量高的新品种。因此，在兼顾高产的前提下，通过育种途径对赖氨酸含量进行改良是可行的。

张彩英和李宗智[54]曾对我国 1959~1989 年推广的 81 个主要冬麦育成品种的 13 个品质性状的研究表明，随着冬麦产量的大幅提高，新中国成立以来，我国不同年代育成品种的降落值、湿面筋含量差异显著，但其他品质性状无显著变化。本研究结果表明，20 世纪 60 年代育成品种的赖氨酸含量最低，80 年代育成品种的赖氨酸含量最高，90 年代育成品种的赖氨酸含量又有降低的趋势，但各年代小麦品种赖氨酸含量间没有显著差异。因此，在今后的小麦育种工作中，在提高产量和品质的同时，要重视籽粒赖氨酸含量的改良。

六、结论

我国小麦微核心种质资源品种间赖氨酸含量差异显著（$P<0.01$），赖氨酸的平均含量偏低，变异幅度大，筛选出老秃头、阳麦和红麦等 6 个赖氨酸含量高的农家品种，矮丰 3 号、温麦 6 号和烟农 15 3 个赖氨酸含量高的现代育成品种，在育种中可作为培育营养价值优、产量高的新品种的杂交亲本；不同麦区的小麦品种赖氨酸含量之间没有明显差异；随着育种年代的推移，小麦籽粒赖氨酸含量呈"V"形变化，但各年代育成品种间没有显著差异。

第三节　小麦 DH 群体氨基酸含量的遗传变异及相关性分析

对小麦籽粒氨基酸间的相关分析，国内外的研究报道不多，得出的结论也不一致[55-56]，并且所用的材料大多都是小麦品种，无法排除遗传因素对结果的影响。因此，山东农业大学小麦品质育种课题组利用小麦 DH 群体，即加倍单倍体(doubled haploid)，是单倍体通过染色体加倍形成的。因此，品系内个体是完全同质的，而且个体的基因型是完全纯合的。DH 群体是永久性群体，可以进行多年多点的重复试验，是研究基因型和环境互作的理想材料，但重组只来自形成花粉时的一次减数分裂，故重组信息量相对较少[57]。通过对小麦 DH 群体籽粒 17 种氨基酸、必需氨基酸、非必需氨基酸及总氨基酸之间的相关性进行分析，以期为小麦籽粒氨基酸含量的改良提供理论参考依据。

一、研究方法概述

(一)试验材料

本试验材料为花培 3 号和豫麦 57 杂交得到的 168 个家系的 DH 群体，分别于

2007 年和 2008 年秋季种植在山东农业大学实验农场(山东泰安),随机区组设计,3 次重复,行长 2 m,行距 25 cm,4 行区。土壤肥力均匀,田间管理同大田,成熟时按小区收获脱粒,每小区抽取籽粒样本进行测定分析。

(二)试验方法

1. 制粉

挑选饱满、无虫蛀的籽粒,用瑞典 Perten 公司生产的 3100 型旋风磨制取全麦粉。

2. 水分测定

样品中水分含量的测定参照 GB5009.3—1985 的方法。

3. 氨基酸含量测定

天冬氨酸等 17 种氨基酸含量采用英国安玛西亚公司生产的 Biochrom30 型氨基酸自动分析仪测定(用此法色氨酸被破坏,不能测出),样品前处理参照 GB7649—1987,结果校正到干基。

(三)数据处理

数据处理采用 Excel 和 SPSS 统计软件。

二、小麦 DH 群体籽粒氨基酸含量的综合表现

亲本及 DH 群体籽粒的 17 种氨基酸含量、必需氨基酸、非必需氨基酸及氨基酸总量,共 20 个性状两年的表现列于表 2-10。在两个年份中,20 个性状在 DH 群体后代中均存在较大差异,并表现为连续分布,属于典型的数量性状,同时存在明显的双向超亲分离,说明控制小麦籽粒氨基酸含量的增效基因和减效基因在两个亲本基因组中呈分散分布,通过基因重组产生了正、负两个方向的超亲基因型。

表 2-10　小麦 DH 群体籽粒氨基酸两年的平均表现(%)

氨基酸	亲本		DH 群体			
	花培 3 号	豫麦 57	平均值	变异幅度	标准差	变异系数
赖氨酸	2.66[a]	2.38	2.80	1.86~3.66	0.23	8.15
	2.59[b]	2.38	2.53	1.58~3.12	0.23	9.09
苏氨酸	3.04	2.82	3.20	2.15~3.90	0.24	7.63
	3.06	2.82	2.92	1.77~3.78	0.28	9.59
异亮氨酸	6.72	6.14	6.68	3.69~7.99	0.71	10.58
	6.68	6.14	6.20	3.04~9.46	1.58	25.48

氨基酸	亲本		DH 群体			
	花培 3 号	豫麦 57	平均值	变异幅度	标准差	变异系数
苯丙氨酸	4.47	4.27	4.93	3.36～6.27	0.54	11.03
	4.80	4.27	4.61	2.52～8.69	1.33	28.85
缬氨酸	8.02	6.79	7.86	4.66～9.27	0.90	11.47
	7.61	6.79	6.86	2.42～9.95	1.34	19.53
甲硫氨酸	7.42	5.87	6.59	2.16～8.11	1.26	19.08
	6.67	5.87	6.45	2.21～11.81	1.72	26.67
亮氨酸	10.65	9.01	10.28	6.28～12.26	1.09	10.58
	10.38	9.01	9.76	6.53～12.99	1.30	13.32
谷氨酸	29.28	26.27	32.23	22.72～40.03	2.61	8.09
	28.72	26.27	28.40	17.85～36.39	2.43	8.56
脯氨酸	10.88	11.17	10.58	6.98～15.10	1.36	12.86
	10.48	11.17	8.40	4.23～12.55	2.33	27.74
半胱氨酸	7.15	5.24	6.85	3.20～8.90	1.18	17.27
	5.44	5.24	5.99	2.87～10.62	1.74	29.05
天冬氨酸	5.85	5.23	6.28	4.24～7.40	0.49	7.73
	5.53	5.23	5.73	3.31～6.99	0.43	7.50
丝氨酸	4.42	4.08	4.67	3.05～6.13	0.42	9.01
	4.47	4.08	4.56	2.63～5.97	0.40	8.77
甘氨酸	4.16	4.17	4.34	2.81～5.08	0.33	7.51
	4.28	4.17	4.19	2.43～5.15	0.38	9.07
丙氨酸	4.46	4.36	4.43	2.82～5.53	0.42	9.48
	4.68	4.36	4.60	2.62～5.83	0.60	13.04
酪氨酸	3.66	2.47	3.60	2.34～4.43	0.37	10.20
	2.70	2.47	3.41	1.71～5.66	0.85	24.93
组氨酸	2.54	2.22	2.73	1.80～4.96	0.35	12.99
	2.46	2.22	2.21	1.36～3.15	0.32	14.48
精氨酸	5.25	4.91	5.48	3.38～6.64	0.51	9.38
	4.71	4.91	4.61	2.68～6.23	0.57	12.36

续表

氨基酸	亲本		DH 群体			
	花培 3 号	豫麦 57	平均值	变异幅度	标准差	变异系数
必需氨基酸	42.98	37.28	42.33	26.77～49.07	4.22	9.98
	41.79	41.12	39.33	24.00～54.88	6.77	17.21
非必需氨基酸	77.65	70.12	81.19	56.62～98.21	6.29	7.75
	73.47	76.53	72.10	40.34～97.42	7.39	10.18
总氨基酸	120.63	107.40	123.50	83.39～146.29	9.83	7.96
	115.25	107.40	111.43	70.34～147.37	13.27	11.91

a 为 2008 年测得数据，b 为 2009 年测得数据

所有氨基酸含量在两个环境中的变异系数均较大(均大于 7%)，半胱氨酸、甲硫氨酸和脯氨酸两个环境中的平均变异系数最大，分别为 23.16%、22.88%和20.30%；异亮氨酸、苯丙氨酸、缬氨酸、亮氨酸、丙氨酸、酪氨酸、组氨酸、精氨酸和必需氨基酸含量的平均变异系数也较大，均在 10%以上；天冬氨酸、甘氨酸和赖氨酸的平均变异系数最小，分别为 7.62%、8.29%和 8.62%。说明该 DH 群体的籽粒氨基酸含量分离大，适合用于进一步的 QTL 定位研究。同时，在不同年份中，籽粒氨基酸含量之间也存在差异，说明小麦籽粒氨基酸含量受环境条件影响比较大。

17 种氨基酸中，谷氨酸在籽粒总氨基酸中平均所占比例最高，达 25.81%，亮氨酸和脯氨酸次之，分别占 8.53%和 8.08%；赖氨酸和组氨酸所占比例最低，分别为 2.27%和 2.10%。小麦籽粒中必需氨基酸含量占总氨基酸含量的 34.76%。非必需氨基酸含量占总氨基酸含量的 65.24%。

三、小麦 DH 群体籽粒氨基酸之间的相关性

对两年的数据分别进行相关分析(表 2-11)，结果表明群体籽粒氨基酸含量间的相关性在两个年份中表现基本一致，个别氨基酸之间的相关性存在差异。由表 2-11 可看出，大多数氨基酸之间在两个年份中均存在极显著正相关，个别氨基酸在两个年份中的相关性不显著。

必需氨基酸中，除苏氨酸与甲硫氨酸在 2008 年存在显著正相关，赖氨酸与甲硫氨酸在 2009 年不存在相关性外，其他必需氨基酸之间以及各必需氨基酸与必需氨基酸总量间在两个年份中均存在极显著正相关关系。

表 2-11 小麦 DH 群体籽粒氨基酸间的相关性

	Lys	Thr	Ile	Phe	Val	Met	Leu	Glu	Pro	Cys	Asp	Ser	Gly	Ala	Tyr	His	Arg	EAA	NEAA
Thr	0.777**a																		
	0.867**b																		
Ile	0.506**	0.540**																	
	0.591**	0.673**																	
Phe	0.635**	0.642**	0.566**																
	0.552**	0.596**	0.741**																
Val	0.517**	0.500**	0.896**	0.606**															
	0.567**	0.649**	0.931**	0.692**															
Met	0.238*	0.178*	0.746**	0.396**	0.818**														
	0.145	0.271*	0.701**	0.587**	0.687**														
Leu	0.526**	0.597**	0.855**	0.599**	0.801**	0.676**													
	0.540**	0.656**	0.854**	0.651**	0.843**	0.705**													
Glu	0.668**	0.929**	0.495**	0.648**	0.458**	0.085	0.544**												
	0.758**	0.864**	0.466**	0.472**	0.448**	0.189*	0.581**												
Pro	0.493**	0.721**	0.588**	0.533**	0.594**	0.317**	0.552**	0.747**											
	0.400**	0.508**	0.479**	0.440**	0.461**	0.390**	0.527**	0.503**											
Cys	0.092	0.094	0.344**	0.410**	0.556**	0.667**	0.383**	0.025	0.272**										
	0.075	0.200*	0.460**	0.725**	0.446**	0.734**	0.489**	0.159*	0.306**										
Asp	0.830**	0.879**	0.527**	0.678**	0.543**	0.223**	0.594**	0.823**	0.647**	0.144									
	0.714**	0.773**	0.307*	0.376**	0.321*	0.181	0.445**	0.789**	0.417**	0.197*									

续表

	Lys	Thr	Ile	Phe	Val	Met	Leu	Glu	Pro	Cys	Asp	Ser	Gly	Ala	Tyr	His	Arg	EAA	NEAA
Ser	0.640**	0.929**	0.482**	0.541**	0.408**	0.129	0.579**	0.907**	0.688**	0.059	0.747**								
	0.328**	0.501**	0.008	0.210*	0.018	0.155*	0.319**	0.731**	0.406**	0.260**	0.720**								
Gly	0.774**	0.901**	0.657**	0.598**	0.600**	0.244**	0.641**	0.884**	0.740**	0.011	0.862**	0.836**							
	0.723**	0.841**	0.650**	0.606**	0.652**	0.492**	0.762**	0.826**	0.641**	0.403**	0.775**	0.647**							
Ala	0.564**	0.741*	0.722**	0.462**	0.652**	0.324**	0.637**	0.734**	0.711**	-0.001	0.680**	0.702**	0.897**						
	0.572**	0.683**	0.723**	0.444**	0.764**	0.524**	0.766**	0.596**	0.564**	0.182*	0.548**	0.332**	0.787**						
Tyr	0.662**	0.779**	0.790**	0.587**	0.660**	0.421**	0.792**	0.734**	0.747**	0.14	0.693**	0.761**	0.822**	0.791**					
	0.456**	0.524**	0.652**	0.757**	0.579**	0.547**	0.606**	0.437**	0.343**	0.569**	0.430**	0.276**	0.578**	0.571**					
His	0.822**	0.553**	0.466**	0.651**	0.523**	0.278**	0.439**	0.484**	0.429**	0.14	0.618**	0.394**	0.550**	0.402**	0.556**				
	0.855**	0.813**	0.693**	0.691**	0.669**	0.289**	0.626**	0.713**	0.441**	0.219**	0.552**	0.266**	0.694**	0.576**	0.541**				
Arg	0.721**	0.739**	0.636**	0.666**	0.661**	0.422**	0.658**	0.662**	0.546**	0.295**	0.788**	0.621**	0.726**	0.623**	0.667**	0.592**			
	0.666**	0.601**	0.286**	0.094	0.268**	-0.124	0.281*	0.561**	0.114	-0.281**	0.478**	0.195*	0.439**	0.365**	0.050	0.547**			
EAA	0.582**	0.586**	0.932**	0.696**	0.948**	0.845**	0.913**	0.519**	0.598**	0.537**	0.606**	0.513**	0.646**	0.653**	0.759**	0.546**	0.710**		
	0.569**	0.668**	0.953**	0.824**	0.934**	0.821**	0.911**	0.511**	0.525**	0.629**	0.396**	0.179**	0.730**	0.735**	0.708**	0.686**	0.208**		
NEAA	0.729**	0.921**	0.677**	0.736**	0.689**	0.364**	0.702**	0.924**	0.871**	0.313**	0.865**	0.867**	0.901**	0.790**	0.836**	0.586**	0.784**	0.737**	
	0.690**	0.827**	0.664**	0.695**	0.643**	0.528**	0.754**	0.845**	0.783**	0.504**	0.752**	0.667**	0.924**	0.735**	0.655**	0.709**	0.355**	0.755**	
TAA	0.716**	0.842**	0.833**	0.770**	0.847**	0.601**	0.841**	0.814**	0.815**	0.431**	0.814**	0.776**	0.854**	0.786**	0.861**	0.608**	0.806**	0.902**	0.956**
	0.674**	0.801**	0.856**	0.807**	0.835**	0.713**	0.885**	0.731**	0.704**	0.602**	0.621**	0.463**	0.887**	0.785**	0.726**	0.745**	0.304**	0.931**	0.942**

a 为 2008 年的相关系数，b 为 2009 年的相关系数

* 和 ** 分别表示相关显著（P<0.05）和极显著（P<0.01）。下同

非必需氨基酸中，天冬氨酸、甘氨酸、丙氨酸、组氨酸、精氨酸在两个年份中两两之间的相关性均达到极显著水平；丝氨酸与精氨酸，半胱氨酸与脯氨酸、天冬氨酸和丙氨酸在 2008 年相关性均不显著，但在 2009 年均存在显著正相关关系；精氨酸与脯氨酸和组氨酸在 2008 年存在极显著正相关，但在 2009 年相关性不显著；半胱氨酸与丝氨酸、甘氨酸、酪氨酸和组氨酸在 2008 年相关性均不显著，在 2009 年均存在极显著正相关；同时，各非必需氨基酸与非必需氨基酸总量在两年中的相关性均达到极显著水平。

必需氨基酸和非必需氨基酸间进行相关分析，赖氨酸和半胱氨酸在两年中的相关性均不显著；苏氨酸与半胱氨酸，甲硫氨酸与谷氨酸和天冬氨酸在 2008 年相关性不显著，在 2009 年呈显著正相关；丝氨酸与异亮氨酸和缬氨酸，精氨酸与苯丙氨酸和甲硫氨酸在 2008 年正相关性达极显著水平，在 2009 年没有相关性；其余必需氨基酸与非必需氨基酸之间在两年中均存在极显著正相关。

除丝氨酸与必需氨基酸总量在 2009 年呈显著正相关外，17 种氨基酸、必需氨基酸总量、非必需氨基酸总量及氨基酸总量之间在两年中均表现极显著正相关。

四、讨论

作物的营养品质改良是当前小麦育种的主要目标之一。前人关于小麦营养品质的研究多集中于籽粒蛋白质的含量、遗传分析和 QTL 定位等方面[58-61]，关于小麦氨基酸方面的研究相对较少。氨基酸是蛋白质的合成原料和分解产物，也是人类和其他动物吸收利用蛋白质的主要形式，因此，籽粒蛋白质的营养品质主要体现在氨基酸的种类及比例。小麦籽粒蛋白质中各种氨基酸的含量不平衡，其中最缺乏的是赖氨酸，严重影响了小麦蛋白质的吸收利用。因此，小麦氨基酸组分的遗传改良在小麦育种中具有十分重要的意义。由于氨基酸组分的分析比起蛋白质含量的测定，需要更精密的仪器，且花费多、步骤复杂，前人很少利用遗传群体进行小麦籽粒氨基酸含量的研究。本研究选用具有 168 个株系的 DH 群体，分别种植于两个年份，研究小麦籽粒氨基酸间的相关性。本研究结果表明，谷氨酸在籽粒总氨基酸中平均所占比例最高，亮氨酸和脯氨酸次之；赖氨酸和组氨酸所占比例最低。这与王渭玲等[10]的研究结果基本一致，说明小麦籽粒氨基酸含量的不平衡性，在以后育种过程中，应注意改良氨基酸组分间的不平衡性。

本研究中所有氨基酸含量在两个年份中的变异系数均较大(均大于 7%)，半胱氨酸、甲硫氨酸和脯氨酸两个环境中的平均变异系数最大，分别为 23.16%、22.88% 和 20.30%；天冬氨酸、甘氨酸和赖氨酸的平均变异系数最小，分别为 7.62%、8.29% 和 8.62%。王晓燕和荣广哲[56]曾对小麦籽粒氨基酸的变异系数进行分析得出：甲硫氨酸、脯氨酸的变异系数最大，赖氨酸的变异系数最小，与本研究结果基本一致。具有较大变异系数的氨基酸，为通过育种手段改良小麦籽粒氨基酸提供了可能性。

各种氨基酸间相关分析结果表明，除赖氨酸和半胱氨酸在两个环境中均不存在相关性外，其余氨基酸之间的相关性均达到显著或极显著正相关水平，多数氨基酸在两个环境中均存在极显著的正相关性，与前人[57,62]研究结果略有差异，原因可能是材料和环境不同所致。多数氨基酸的正相关性，说明小麦籽粒中各种氨基酸可以同时得到改良。同时两年结果存在一定差异，说明小麦氨基酸含量同时受遗传和气候条件共同调控，在改良过程中还要注意环境等因素的影响。

五、结论

小麦籽粒氨基酸含量组成不平衡，谷氨酸在籽粒总氨基酸中所占比例最高，亮氨酸和脯氨酸次之；赖氨酸和组氨酸所占比例最低；所有氨基酸在两个环境中的变异系数均较大（均大于 7%），半胱氨酸、甲硫氨酸和脯氨酸两个环境中的平均变异系数最大，分别为 23.16%、22.88%和 20.30%；天冬氨酸、甘氨酸和赖氨酸的平均变异系数最小，分别为 7.62%、8.29%和 8.62%；除赖氨酸和半胱氨酸在两个环境中均不存在相关性外，其余氨基酸之间的相关性均达到显著或极显著正相关水平，多数氨基酸在两个环境中均存在极显著的正相关性。

第四节　小麦主要近缘种籽粒蛋白质含量、氨基酸组分及其评价

为了培育高产优质小麦品种，国内外研究者十分重视小麦种质资源的收集、保存和评价利用工作，特别是小麦起源、进化或人工改良过程中涉及的一些亲缘种的农艺和品质性状越来越受到人们的重视。现在世界上广泛栽培的是普通小麦（AABBDD），其起源过程[63]大致为，野生的乌拉尔图小麦（AA）与拟斯卑尔脱山羊草组（BB）类型杂交，产生的野生二粒小麦（AABB），进一步进化为栽培二粒小麦（AABB），栽培二粒小麦再和粗山羊草（DD）杂交形成斯卑尔脱小麦（AABBDD），六倍体普通小麦就是由它进化而来的。小麦亲缘种的一些有利基因，如抗病基因[64]等已应用在普通小麦中，但还有许多诸如高蛋白、高赖氨酸等优良品质基因尚未发掘和利用。因此，山东农业大学小麦品质育种课题组以 17 份小麦主要亲缘种和普通小麦为材料，测定并比较了其蛋白质含量及氨基酸组分，为发掘小麦主要亲缘种中的有利基因，提高现代小麦品种的蛋白质和必需氨基酸含量提供材料和依据。

一、研究方法概述

(一) 试验材料

本研究所用的 17 份小麦亲缘种(表 2-12)由中国农业科学院作物科学研究所提供，普通小麦由国家小麦改良中心泰安分中心种质库提供。所有供试材料均于 2005～2006 年度种植于山东农业大学泰安教学基地，小区面积为 12m² (6m×2m)，3 次重复，随机排列，生长期间肥水管理同一般大田，收获后统一脱粒，备用。

表 2-12　供试材料的名称、染色体组及编号

染色体组	物种	编号
AA	乌拉尔图小麦 *Triticum urartu* Tum.	UR1
	野生一粒小麦 *Triticum boeoticum* Boiss.	BO1
	栽培一粒小麦 *Triticum monococcum* L.	DM45
AABB	野生二粒小麦 *Triticum dicoccoides* Koern.	—
	栽培二粒小麦 *Triticum dicoccum* Schulb.	DS7
	波斯小麦 *Triticum carthlicum* Nevski	PS4
	波兰小麦 *Triticum polonicum* L.	PO6
	硬粒小麦 *Triticum durum* Desf.	DR65
	圆锥小麦 *Triticum turgidum* L.	TG44
AABBDD	斯卑尔脱小麦 *Triticum spelta* L.	SP4
	密穗小麦 *Triticum compactum* L.	CO12
	印度圆粒小麦 *Triticum sphaerococcum* Perc.	SM1
AAGG	阿拉拉特小麦 *Triticum araraticum* Jakubz	AR1
	提莫菲维小麦 *Triticum timopheevii* Zhuk.	TI1
	茹科夫斯基小麦 *Triticum zhukovskyi* Menabde et Ericzjan	ZH1
SS	拟斯卑尔脱山羊草 *Aegilops speltoides* Tausch.	Y162
DD	粗山羊草 *Aegilops tauschii* Coss.	Y121
AABBDD	中国春 *Triticum aestivum* cv. Chinese spring	—
	云南小麦 *Triticum aestivum* ssp.*yunnanense* King.	—
	西藏半野生小麦 *Triticum aestivum* ssp. *tibetanum* Shao.	—

(二) 试验方法

1. 制粉

挑选饱满、无虫蛀的籽粒，用瑞典 Perten 公司生产的 3100 型旋风磨制取全麦粉。

2. 蛋白质的测定

半微量凯氏定氮法，采用瑞士 BUCHI 公司生产的 B-324 型凯氏定氮仪测定。

3. 氨基酸的测定

每份材料称取 50mg 全麦粉于平底试管中，加入 6mol/L HCl 10mL，封管，置于(110±1)℃的烘箱中水解 24h，取出后定容 25mL，吸取 1mL 放入离心管中进行离心，待其蒸干后用 1mL pH2.2 的柠檬酸缓冲液溶解。天冬氨酸等 17 种氨基酸含量用英国安玛西亚公司生产的 Biochrom30 型氨基酸自动分析仪测定。

4. 氨基酸评分值

将必需氨基酸换算成每百克蛋白质中的克数，以联合国粮食及农业组织和世界卫生组织(FAO/WHO)联合推荐的必需氨基酸暂定标准模式做参比，计算出氨基酸评分值(amino acid score，AAS)，其中比值最小的氨基酸为该材料的限制性氨基酸。

(三)数据处理

采用 Microsoft Excel 软件计算供试材料蛋白质、氨基酸含量的平均值、改良潜力等指标；采用 DPS 3.01 软件对供试材料的蛋白质、氨基酸含量进行差异性分析。

二、小麦主要近缘种的蛋白质含量

(一)蛋白质含量的变幅及改良潜力

由表 2-13 可以看出，小麦主要近缘种籽粒的蛋白质含量差异较大，变幅为 13.07%～19.21%。阿拉特小麦的蛋白质含量最高，拟斯卑尔脱山羊草(19.04%)、斯卑尔脱小麦(18.76%)、野生一粒小麦(18.61%)和栽培二粒小麦(18.02%)次之；密穗小麦的蛋白质含量最低，为 13.07%。小麦主要近缘种蛋白质的改良潜力为 15.24%，说明通过育种途径可使其蛋白质含量提高 0.15 倍。

表 2-13　供试材料籽粒的蛋白质含量(g/100g 籽粒)及必需氨基酸组分(g/100g 蛋白质)

材料	蛋白质	赖氨酸	苏氨酸	苯丙氨酸	异亮氨酸	亮氨酸	缬氨酸	甲硫氨酸
乌拉尔图小麦	16.52g	3.20ab	2.79d	3.89gh	2.64i	4.96k	3.64ghi	1.05defg
野生一粒小麦	18.61b	2.88e	3.00c	5.34a	3.66d	6.23e	3.97d	1.06def
栽培一粒小麦	14.70k	3.10bc	3.39a	4.85b	4.35a	7.62a	3.95d	1.13cde
野生二粒小麦	17.47d	2.69f	3.13bc	4.47c	3.29gh	5.80hi	4.90a	1.28b
栽培二粒小麦	18.02c	2.67f	2.74d	4.03efg	3.20h	5.64i	3.42j	0.91hijk
波斯小麦	15.32j	3.26a	3.54a	3.96fgh	3.33fgh	6.27de	2.80k	0.81k

续表

材料	蛋白质	赖氨酸	苏氨酸	苯丙氨酸	异亮氨酸	亮氨酸	缬氨酸	甲硫氨酸
波兰小麦	15.57i	2.33g	2.43fgh	4.05ef	3.57de	5.93gh	3.88de	1.19bc
硬粒小麦	16.77f	2.99cde	3.00c	3.27i	3.61d	6.18ef	4.01d	0.93ghijk
圆锥小麦	15.93h	3.04cd	3.17b	3.36i	3.85c	6.40cd	3.77efg	1.14cd
斯卑尔脱小麦	18.76b	2.28g	2.57ef	3.86h	2.52i	4.90k	3.48ij	0.84jk
密穗小麦	13.07c	3.00cde	3.01c	4.42c	3.91c	6.55c	4.58b	1.49a
印度圆粒小麦	15.13j	2.58f	2.56efg	3.29i	4.10b	7.20b	3.84def	1.10cde
阿拉拉特小麦	19.21a	2.32g	2.40h	4.19d	3.46ef	5.83h	3.71fgh	1.01efgh
提莫菲维小麦	16.39g	3.09bc	2.68de	3.86h	2.55i	4.89k	3.58hij	0.95fghij
茹科夫斯基小麦	17.18e	2.93de	2.41gh	4.14de	3.19h	5.38j	3.86def	1.02efgh
拟斯卑尔脱山羊草	19.04a	2.15h	2.67de	4.92b	3.41fg	5.96gh	4.55b	0.85ijk
粗山羊草	15.69i	2.04h	2.55efgh	4.91b	3.58de	6.04fg	4.34c	0.97fghi
平均值	16.67	2.74	2.83	4.17	3.42	5.99	3.90	1.04
改良潜力(%)	15.24	18.98	25.09	28.06	27.19	27.21	25.64	43.27
对照	13.53	2.64	2.78	4.02	3.11	6.12	3.43	1.15

注：每列中字母不同者表示差异达显著水平($P<0.05$)

(二)不同染色体组组成和倍数材料的蛋白质含量

不同染色体组材料的蛋白质平均含量存在显著差异(表2-14)。染色体组为SS的材料蛋白质含量(19.04%)显著高于其他材料。染色体组为AAGG和AAAAGG的材料蛋白质平均含量也较高，分别为17.80%和17.18%。染色体组为DD的材料蛋白质含量最低，为15.69%。

表2-14　不同染色体组材料的蛋白质(g/100g 籽粒)及必需氨基酸含量(g/100g 蛋白质)

染色体组	蛋白质	赖氨酸	苏氨酸	苯丙氨酸	异亮氨酸	亮氨酸	缬氨酸	甲硫氨酸
AA	16.61d	3.06a	3.06a	4.69b	3.55a	6.27a	3.85cd	1.08ab
SS	19.04a	2.15bc	2.67bc	4.92a	3.41b	5.96b	4.55a	0.85d
DD	15.69e	2.04c	2.55cd	4.91a	3.58a	6.04b	4.34b	0.97c
AABB	16.51d	2.83ab	3.00a	3.86e	3.48ab	6.04b	3.80de	1.04bc
AABBDD	15.65e	2.62a	2.71b	3.86e	3.51ab	6.22a	3.97c	1.14a
AAGG	17.80b	2.71abc	2.54cd	4.03d	3.00d	5.36c	3.65e	0.98bc
AAAAGG	17.18c	2.93a	2.41d	4.14c	3.19c	5.38c	3.86cd	1.02bc

注：每列中字母不同者表示差异达显著水平($P<0.05$)

根据染色体组倍数将供试材料分为4类(表2-15)，二倍体材料蛋白质的平均含量(16.91%)和四倍体材料(16.84%)之间没有显著差异。六倍体材料蛋白质的平均含量(16.04%)显著低于其他材料($P<0.05$)。

表 2-15　不同倍数染色体组材料的蛋白质(g/100g 籽粒)及必需氨基酸含量(g/100g 蛋白质)

染色体组倍数	蛋白质	赖氨酸	苏氨酸	苯丙氨酸	异亮氨酸	亮氨酸	缬氨酸	甲硫氨酸
二倍体	16.91a	2.67a	2.88a	4.78a	3.53a	6.16a	4.09a	1.01b
四倍体	16.84a	2.80a	2.89a	3.90b	3.36b	5.87c	3.76b	1.03b
六倍体	16.04b	2.70b	2.64b	3.93b	3.43ab	6.01b	3.94a	1.11a

注：每列中字母不同者表示差异达显著水平(P<0.05)

三、小麦主要近缘种的必需氨基酸含量

(一)必需氨基酸含量的变幅及改良潜力

由表 2-13 得出，小麦主要近缘种籽粒蛋白质中赖氨酸含量的变幅为 2.04%~3.26%，平均含量为 2.74%，其中波斯小麦的赖氨酸含量最高，粗山羊草的赖氨酸含量最低。苏氨酸含量的变幅为 2.40%~3.54%，平均含量为 2.83%，其中波斯小麦的苏氨酸含量最高，阿拉拉特小麦的苏氨酸含量最低。苯丙氨酸含量的变幅为 3.27%~5.34%，平均含量为 4.17%，其中野生一粒小麦的苏氨酸含量最高，硬粒小麦的苏氨酸含量最低。异亮氨酸含量的变幅为 2.52%~4.35%，平均含量为 3.42%，栽培一粒小麦的异亮氨酸含量最高，斯卑尔脱小麦的异亮氨酸含量最低。亮氨酸含量的变幅为 4.89%~7.62%，栽培一粒小麦的亮氨酸含量最高，提莫菲维小麦的亮氨酸含量最低。缬氨酸含量的变幅为 2.80%~4.90%，野生二粒小麦的缬氨酸含量最高，波斯小麦的缬氨酸含量最低。甲硫氨酸含量的变幅为 0.81%~1.49%，密穗小麦的甲硫氨酸含量最高，波斯小麦的甲硫氨酸含量最低。综上所述，小麦主要近缘种的大多数必需氨基酸含量(赖氨酸、苏氨酸、苯丙氨酸、异亮氨酸和缬氨酸)均高于普通小麦，亮氨酸和甲硫氨酸却分别比普通小麦低 2.12%和 9.57%。

通过比较小麦主要近缘种各种必需氨基酸的改良潜力得出，甲硫氨酸的改良潜力(43.27%)最高，赖氨酸含量的改良潜力最低，为 18.98%，说明通过育种途径可使其甲硫氨酸和赖氨酸含量分别提高 0.43 和 0.19 倍。

(二)不同染色体组组成和倍数材料的必需氨基酸含量

不同染色体组材料间赖氨酸的平均含量没有明显差异(表 2-14)，染色体组为 AA 的材料赖氨酸含量最高，为 3.06%；染色体组为 DD 的材料赖氨酸含量最低，为 2.04%。染色体组为 AA 材料的苏氨酸平均含量最高(3.06%)，染色体组为 AAAAGG 材料的苏氨酸含量最低，为 2.41%。染色体组为 SS 材料的苯丙氨酸(4.92%)和缬氨酸含量(4.55%)均最高，显著高于其他材料(P<0.05)，DD 染色体组除外。染色体组为 DD 材料的异亮氨酸含量最高，为 3.58%；染色体组为 AABBDD 材料的甲硫氨酸含量最高，为 1.14%。染色体组为 AA 的材料籽粒蛋白

质的各种必需氨基酸含量均较高，特别是赖氨酸(3.06%)、苏氨酸(3.06%)和亮氨酸(6.27%)含量均高于其他材料。

不同倍数染色体组材料间的必需氨基酸含量均存在显著差异，赖氨酸除外(表 2-15)。二倍体材料的苯丙氨酸(4.78%)、异亮氨酸(3.53%)、亮氨酸(6.16%)和缬氨酸含量(4.09%)均高于其他材料。四倍体材料的赖氨酸(2.80%)和苏氨酸含量(2.89%)最高。六倍体材料的甲硫氨酸含量(1.11%)显著高于其他材料。

四、小麦主要近缘种的非必需氨基酸含量

小麦主要近缘种籽粒蛋白质的非必需氨基酸含量列于表 2-16。各种非必需氨基酸含量的变幅分别为，精氨酸 1.30%～5.31%、组氨酸 2.37%～3.94%、谷氨酸24.79%～37.05%、脯氨酸 6.83%～14.33%、甘氨酸 2.43%～6.65%、丙氨酸 2.69%～5.22%、半胱氨酸 1.03%～3.45%、酪氨酸 0.61%～2.22%、天冬氨酸 2.84%～5.48%、丝氨酸 2.75%～4.39%。小麦主要近缘种籽粒蛋白质的大多数非必需氨基酸的平均含量均高于普通小麦(精氨酸、酪氨酸、天冬氨酸和丝氨酸除外)。

表 2-16　供试材料非必需氨基酸含量(g/100g 蛋白质)

材料	精氨酸	组氨酸	谷氨酸	脯氨酸	甘氨酸	丙氨酸	半胱氨酸	酪氨酸	天冬氨酸	丝氨酸
乌拉尔图小麦	4.83b	3.09b	34.64d	11.20b	4.68b	4.19b	3.00b	1.92cde	4.48def	3.17g
野生一粒小麦	4.72bc	3.04b	36.04b	14.20a	3.43ef	3.15d	1.07h	1.96cd	5.16b	3.56de
栽培一粒小麦	1.30i	3.04b	29.63i	7.85fg	2.91gh	2.95ef	1.24defg	2.03bc	4.63cd	4.39a
野生二粒小麦	4.03f	2.59e	31.81f	7.09ij	2.99g	3.52c	1.25defg	1.58h	4.74c	3.54de
栽培二粒小麦	1.48h	2.39f	26.63k	7.92fg	2.72hi	2.69g	1.03h	1.62h	4.05i	3.69d
波斯小麦	5.24a	3.94a	33.58e	6.83k	6.65a	5.22a	3.45a	0.61i	5.48a	4.18b
波兰小麦	4.13ef	2.37f	25.15m	8.29e	2.55ij	3.01de	1.13efgh	1.70jh	3.66j	2.75h
硬粒小麦	4.38d	2.64de	24.79n	7.19hi	3.99c	2.73g	1.28de	2.22a	4.34fg	2.76h
圆锥小麦	4.69bc	2.69cde	25.74l	7.83g	4.14c	3.46c	1.35d	2.15ab	4.26gh	3.25fg
斯卑尔脱小麦	4.61c	2.78cd	24.82n	8.84c	4.03c	2.79fg	1.27def	1.72fgh	4.11hi	3.39ef
密穗小麦	5.31a	3.06b	30.33h	6.91jk	3.36ef	3.45c	1.20defg	1.87de	4.45ef	3.98c
印度圆粒小麦	4.21e	2.78cd	24.95mn	7.32h	4.05c	2.95ef	1.10fgh	2.13ab	4.09hi	2.80h
阿拉拉特小麦	4.06f	2.39f	31.24g	8.27e	2.43j	2.94ef	1.08gh	1.62h	3.57j	2.84h
提莫菲维小麦	4.79b	2.83c	30.32h	8.04f	3.79d	4.23b	2.91b	1.85def	4.39efg	3.26fg
茹科夫斯基小麦	4.26de	2.59e	27.39j	8.61d	3.24f	4.36b	2.05a	1.90cde	4.55ef	3.18g
拟斯卑尔脱山羊草	3.73g	2.72cde	35.15c	14.33a	3.47e	2.77fg	1.24defg	1.80efg	2.84k	2.94h
粗山羊草	3.78g	2.80c	37.05a	14.29a	2.68i	2.84efg	1.11fgh	1.87de	2.96k	2.76h
平均值	4.09	2.81	29.96	9.12	3.59	3.37	1.57	1.80	4.22	3.32
改良潜力(%)	29.83	40.21	23.67	57.13	85.24	54.90	119.75	23.33	29.86	32.23
对照	4.21	2.73	25.98	7.38	3.09	3.06	1.45	1.89	4.28	3.71

注：每列中字母不同者表示差异达显著水平($P<0.05$)

小麦主要近缘种非必需氨基酸的改良潜力普遍高于其蛋白质和必需氨基酸，其中半胱氨酸的改良潜力最高，为119.75%，说明通过育种途径可提高1.20倍。甘氨酸、脯氨酸和丙氨酸的改良潜力也较高，分别为85.24%、57.13%和54.90%。酪氨酸的改良潜力最低，为23.33%，说明通过育种途径能提高0.23倍。

五、小麦主要近缘种的氨基酸评分

由小麦近缘种籽粒蛋白质的各必需氨基酸评分(表2-17)可看出，大多数氨基酸评分均小于100%，说明小麦近缘种籽粒蛋白质的必需氨基酸含量较低。波斯小麦籽粒蛋白质的赖氨酸(59.3%)、苏氨酸(88.5%)和含硫氨基酸(127.1%)的评分均高于其他材料。栽培一粒小麦的异亮氨酸(108.8%)和亮氨酸(108.9%)的评分高于其他材料。小麦近缘种芳香族氨基酸的评分中，野生一粒小麦(121.7%)的最高。野生二粒小麦籽粒蛋白质的缬氨酸评分(98.0%)高于其他材料。不同氨基酸评分间比较，赖氨酸(49.8%)评分最低，苏氨酸(70.7%)和含硫氨基酸(74.8%)次之；芳香族氨基酸的评分最高，为100.5%。

表 2-17　小麦主要近缘种的必需氨基酸评分(%)

材料	赖氨酸	苏氨酸	芳香族氨基酸	异亮氨酸	亮氨酸	缬氨酸	含硫氨基酸
乌拉尔图小麦	58.2	69.8	96.8	66.0	70.9	72.8	115.7
野生一粒小麦	52.4	75.0	121.7	91.5	89.0	79.4	60.9
栽培一粒小麦	56.4	84.8	114.7	108.8	108.9	79.0	67.7
野生二粒小麦	48.9	78.3	100.8	82.3	82.9	98.0	72.3
栽培二粒小麦	48.5	68.5	94.2	80.0	80.6	68.4	55.4
波斯小麦	59.3	88.5	96.2	83.3	89.6	56.0	121.7
波兰小麦	42.4	60.8	95.8	89.3	84.7	77.6	66.3
硬粒小麦	54.4	75.0	91.5	90.3	88.3	80.2	63.1
圆锥小麦	55.3	79.3	91.8	96.3	91.4	75.4	71.1
斯卑尔脱小麦	41.5	64.3	93.0	63.0	70.0	69.6	60.3
密穗小麦	54.5	75.3	104.8	97.8	93.6	91.6	76.9
印度圆粒小麦	46.9	64.0	90.3	102.5	102.9	76.8	62.9
阿拉拉特小麦	42.2	60.0	96.8	86.5	83.3	74.2	59.7
提莫菲维小麦	56.2	67.0	95.2	63.8	69.9	71.6	110.3
茹科夫斯基小麦	53.3	60.3	100.7	79.8	76.9	77.2	87.7
拟斯卑尔脱山羊草	39.1	66.8	112.0	85.3	85.1	91.0	59.7
粗山羊草	37.1	63.8	113.0	89.5	86.3	86.8	59.4
平均值	49.8	70.7	100.5	85.6	85.5	78.0	74.8

六、讨论

李鸿恩等[53]曾对我国 2 万多份小麦种质资源的蛋白质含量进行测定，结果表明蛋白质平均值为 15.1%，并确定蛋白质含量≥18.0%为高蛋白优质源，蛋白质含量<11.2%为低蛋白种质材料，11.2%≤蛋白质含量<18.0%的为中蛋白材料。由此得出，小麦主要近缘种中的阿拉拉特小麦、拟斯卑尔脱山羊草、斯卑尔脱小麦、野生一粒小麦和栽培二粒小麦均为高蛋白材料。研究表明，小麦主要近缘种中有很多优良基因，并可用于改良普通小麦的品质性状[65]，同时小麦主要近缘种的某些物种可与普通小麦进行杂交[66]。因此，小麦主要近缘种的高蛋白质优良基因可用于改良普通小麦的蛋白质含量。

氨基酸的营养价值分析目前常用的指标是必需氨基酸与联合国粮食及农业组织和世界卫生组织(FAO/WHO)制定的氨基酸标准模式的比值[67-68]。若某种必需氨基酸比值大于 100%，表明蛋白质中被测氨基酸含量高于标准要求；若氨基酸比值小于 100%，表明蛋白质中被测氨基酸含量低于标准要求[69]。

小麦主要近缘种的不同氨基酸评分间比较，赖氨酸(49.8%)评分最低，苏氨酸(70.7%)次之；芳香族氨基酸的评分最高，为 100.5%，与王渭玲等[10]研究结果基本一致。

Anjum 等[2]和 Jood 等[70]研究指出，评分值最低的氨基酸为其限制性氨基酸，并得出赖氨酸是普通小麦的第一限制性氨基酸。本研究结果表明，小麦近缘种赖氨酸的评分均低于其他必需氨基酸，是其第一限制性氨基酸。

七、结论

小麦近缘种籽粒的蛋白质和大多数氨基酸(如赖氨酸、苏氨酸、异亮氨酸、苯丙氨酸、组氨酸和谷氨酸等)含量均高于普通小麦。赖氨酸和苏氨酸是小麦近缘种的主要限制性氨基酸。栽培一粒小麦、波斯小麦和圆锥小麦籽粒蛋白质的必需氨基酸(赖氨酸、苏氨酸和甲硫氨酸)含量均较高，这些材料可应用在普通小麦品质育种工作中，以期培育出高必需氨基酸含量的小麦新品种。不同染色体组成和倍数材料间比较，染色体组为 AA 和 SS 的材料的蛋白质和必需氨基酸含量较高。二倍体材料的蛋白质、苯丙氨酸、异亮氨酸、亮氨酸和缬氨酸含量均高于其他材料。

第五节　磨粉和馒头加工过程中蛋白质和氨基酸
含量的变化规律研究

在小麦加工制作过程中，蛋白质、氨基酸含量会因品种、加工工艺和食品类型的不同而发生不同的变化。Prabhasankar 和 Rao[71]曾报道，磨粉过程中产生的高温会导致小麦蛋白质和氨基酸含量的损失。Abdel-Aal 和 Hucl[72]曾报道，小麦全粉加工成一种意大利面食后，其赖氨酸、甲硫氨酸、色氨酸及组氨酸含量分别比原来减少了 8%、6%、13%和 11%。Anjum 等[2]曾报道烘烤一种巴基斯坦薄饼时，赖氨酸的损失可达到 18.05%。在面包[73]和比萨[74]加工过程中赖氨酸的损失可超过 20%。

目前关于小麦营养品质[75-76]和加工品质[77-79]的报道很多，然而关于制粉和食品加工过程中，面粉营养成分的变化特别是馒头加工过程中蛋白质和氨基酸含量变化的研究报道较少。因此，山东农业大学小麦品质育种课题组以两个小麦品种为材料，测定了制粉和馒头加工过程中氨基酸含量、蛋白质含量和质量的变化，从而为完善制粉和馒头加工工艺，减少加工过程中蛋白质和氨基酸的损失提供参考。

一、研究方法概述

（一）试验材料

供试材料为小麦品种山农 11 和山农 12，均由农业部谷物品质监督检验测试中心（泰安）提供。根据硬度指数（表 2-18），山农 11 和山农 12 分别属于软麦和硬麦[80]。

表 2-18　供试材料的品质指标

材料	硬度指数(SKCS)	蛋白质/%	湿面筋/%	面筋指数/%	稳定时间/min
山农 11	22.0	13.2	24.8	47.7	2.8
山农 12	59.0	16.1	32.0	91.4	8.1

（二）试验方法

1. 制粉

全麦粉：利用瑞典 Perten 公司 3100 型旋风磨制取。

面粉：Brabender 公司生产的 BUHLER（MLU-202）磨制取面粉，参照 AACC 26—21A。山农 11 和山农 12 面粉的出粉率分别为 68.9%和 70.2%，灰分含量分别为 0.67%和 0.73%，破损淀粉含量分别为 3.82%和 4.25%（14%湿基）。

2. 蛋白质的测定

半微量凯氏定氮法，采用瑞士 BUCHI 公司生产的 B-324 型凯氏定氮仪测定，蛋白质含量=氮含量×5.70，参照 GB2905—1982。

3. 氨基酸的测定

每份材料称取 30mg 全麦粉于平底试管中，加入 6mol/L HCl 10mL，封管，置于(110±1)℃的烘箱中水解24h,取出后定容25mL,吸取1mL放入离心管中进行离心,待其蒸干后用1mL pH2.2的柠檬酸缓冲液溶解。天冬氨酸等17种氨基酸含量用英国安玛西亚公司生产的 Biochrom30 型氨基酸自动分析仪测定(GB7649—1987)。

4. 氨基酸评分

将必需氨基酸换算成每百克蛋白质中的克数,以联合国粮食及农业组织和世界卫生组织(FAO/WHO)联合推荐的必需氨基酸暂定标准模式[81]做参比,计算出氨基酸评分值(AAS),其中比值最小的氨基酸为该材料的限制性氨基酸[2,82]。

5. 必需氨基酸指数

必需氨基酸指数由以下公式计算:

$$EAAI=\sqrt[n]{\frac{100a}{A}\times\frac{100b}{B}\times\cdots\cdots\times\frac{100g}{G}}$$

式中,a,b,…,g 为小麦蛋白质中的必需氨基酸含量(g/100g);A,B,…,G分别为鸡蛋蛋白质中的必需氨基酸含量(g/100g)。n 为必需氨基酸个数,本书 n 为7[83]。

6. 馒头制作

称取100g小麦粉,加入含有1g干酵母的温水(38℃)约48mL,用玻璃棒混合成面团后,手工和面3min,38℃恒温箱中发酵1h,再手工和面3min成型,在恒温箱(醒发温度38℃,相对湿度85%)中醒发15min,置已煮沸并垫有纱布的蒸车上蒸20min(方法参照SB/T10139—1993的附录A)。待馒头自然风干后将其磨碎并过80目筛,然后分别测定其蛋白质和氨基酸含量。

(三)数据处理

所有材料的蛋白质和氨基酸含量均为两次数值的平均值±标准差,其差异显著性采用LSD方法,利用DPS3.01数据处理软件进行分析。

二、磨粉中小麦氨基酸和蛋白质含量的变化

(一)磨粉中氨基酸含量的变化

供试材料全麦粉各氨基酸含量均高于面粉,并且部分氨基酸含量之间的差异达到了显著水平(表2-19)。山农11全麦粉的赖氨酸、苏氨酸、异亮氨酸、缬氨酸、亮氨酸、谷氨酸、脯氨酸、天冬氨酸、必需氨基酸总量和氨基酸总量均显著高于面粉。山农12全麦粉的苯丙氨酸、缬氨酸、亮氨酸、谷氨酸、脯氨酸、丝氨酸、精氨酸、必需氨基酸总量和氨基酸总量均显著高于面粉。

表2-19　供试材料全麦粉、面粉及馒头的蛋白质（%）和氨基酸含量（g/100g 蛋白质）

氨基酸和蛋白质	山农11					山农12				
	全麦粉	面粉	馒头	损失[1]	损失[2]	全麦粉	面粉	馒头	损失[1]	损失[2]
赖氨酸	2.40±0.11a	2.17±0.02b	2.04±0.01b	9.6	6.0	2.59±0.25a	2.34±0.09a	2.16±0.06a	9.7	7.7
苏氨酸	2.64±0.13a	2.21±0.07b	1.98±0.16b	16.3	10.4	2.25±0.30a	1.81±0.16a	1.60±0.23a	19.6	11.6
异亮氨酸	4.21±0.13a	3.73±0.19b	3.51±0.08b	11.4	5.9	4.23±0.21a	3.52±0.21ab	3.29±0.28b	16.8	6.5
亮氨酸	4.56±0.22a	4.22±0.27ab	3.86±0.13b	7.5	8.5	5.12±0.21a	4.29±0.04b	4.00±0.08b	16.2	6.8
缬氨酸	4.12±0.12a	3.58±0.16b	3.25±0.13b	13.1	9.2	4.40±0.27a	3.84±0.09b	3.47±0.10b	12.7	9.6
甲硫氨酸	1.42±0.22a	1.27±0.08a	1.10±0.10a	10.6	13.4	1.64±0.25a	1.32±0.12ab	1.10±0.02b	19.5	16.7
苯丙氨酸	7.37±0.18a	6.45±0.23b	6.23±0.17b	12.5	3.4	5.77±0.25a	5.07±0.03b	4.81±0.03b	12.1	5.1
谷氨酸	31.32±0.24a	27.50±0.48b	24.57±0.58c	12.2	10.7	30.76±0.28a	26.99±0.22b	24.43±0.36c	12.3	9.5
脯氨酸	6.74±0.28a	5.78±0.15b	5.26±0.11b	14.2	9.0	6.27±0.10a	5.22±0.21b	4.73±0.22b	16.7	9.4
半胱氨酸	2.12±0.21a	1.86±0.16a	1.66±0.18a	12.3	10.8	2.43±0.23a	2.09±0.12ab	1.81±0.07b	14.0	13.4
天冬氨酸	4.21±0.20a	3.61±0.17b	3.50±0.10b	14.3	3.0	4.27±0.32a	3.76±0.19ab	3.33±0.07b	11.9	11.4
丝氨酸	3.73±0.23a	3.36±0.24a	3.24±0.08a	9.9	3.6	3.73±0.13a	3.30±0.11b	3.10±0.08b	11.5	6.1
甘氨酸	3.40±0.17a	3.06±0.15ab	2.64±0.23b	10.0	13.7	2.68±0.19a	2.35±0.11ab	2.14±0.14b	12.3	8.9
丙氨酸	2.54±0.32a	2.24±0.29a	1.90±0.03a	11.8	15.2	3.11±0.19a	2.70±0.08a	2.19±0.16b	13.2	18.9
酪氨酸	2.39±0.15a	2.17±0.09ab	1.90±0.04b	9.2	12.4	2.73±0.17a	2.54±0.09ab	2.22±0.18b	7.0	12.6
组氨酸	3.08±0.21a	2.63±0.19ab	2.47±0.13b	14.6	6.1	2.91±0.20a	2.46±0.10ab	2.28±0.13b	15.5	7.3
精氨酸	4.68±0.16a	4.15±0.16ab	3.79±0.23b	11.3	8.7	4.92±0.11a	4.33±0.07b	4.23±0.11b	12.0	2.3
必需氨基酸	26.69±0.05a	23.62±0.06b	21.96±0.62c	11.5	7.0	25.99±1.75a	22.17±0.32b	20.41±0.01b	14.7	7.9
总氨基酸	90.86±2.11a	79.95±0.15b	72.87±1.39c	12.0	8.9	89.76±3.11a	77.88±0.84b	70.84±1.03c	13.2	9.0
蛋白质	13.92±0.08a	12.81±0.10b	12.87±0.06b	8.0	—	16.58±0.13b	15.72±0.06	15.79±0.06b	5.2	—

注：1.磨粉过程中的损失量；2.馒头加工过程中的损失量；数据为平均值±标准差（n=2）；每份材料分别进行差异性分析，字母不同表示5%水平差异显著

由表 2-19 可看出磨粉过程中各种氨基酸的平均损失量分别为：赖氨酸平均损失 9.7%、苏氨酸 18.0%、异亮氨酸 14.1%、苯丙氨酸 11.9%、缬氨酸 12.9%、甲硫氨酸 15.1%、亮氨酸 12.3%、谷氨酸 12.3%、脯氨酸 15.5%、半胱氨酸 13.2%、天冬氨酸 13.1%、丝氨酸 10.7%、甘氨酸 11.2%、丙氨酸 12.5%、酪氨酸 8.1%、组氨酸 15.1%、精氨酸 11.7%、必需氨基酸 13.1%、以及氨基酸总量损失 12.6%。山农 12 的缬氨酸、亮氨酸、天冬氨酸和酪氨酸在磨粉过程中的损失量低于山农 11，其他氨基酸的损失均较高。不同氨基酸损失量比较，苏氨酸在磨粉过程中的损失最多，脯氨酸、甲硫氨酸和组氨酸次之，酪氨酸的损失最少。氨基酸含量在磨粉过程中会减少的原因有两个，一是磨粉时种皮、胚和糊粉层被混入麸皮丢弃了；二是磨粉时产生的高温导致氨基酸含量的损失[71]。要减少磨粉过程中氨基酸的损失，一是在育种上要注意培育胚乳蛋白质和氨基酸含量高的品种；二是在满足食品加工要求的前提下，尽量提高出粉率；三是在润麦、进料速率和磨辊间距调节等制粉技术上调节到最适程度，从而尽量减少磨粉过程中产生的高温导致的蛋白质和氨基酸损失。

（二）磨粉中蛋白质含量和质量的变化

供试材料全麦粉的蛋白质含量显著高于面粉（表 2-19）。蛋白质在磨粉过程中平均损失 6.6%，其中山农 11 蛋白质损失 8%，山农 12 蛋白质损失 5.2%。供试材料全麦粉各必需氨基酸的评分均高于面粉（表 2-20），即相对于面粉，全麦粉蛋白质的氨基酸组分更接近 FAO/WHO 氨基酸标准模式。供试材料全麦粉赖氨酸、苏氨酸、异亮氨酸、苯丙氨酸、缬氨酸、甲硫氨酸及亮氨酸评分的平均值分别为 45.4、61.2、105.6、123.3、85.2、108.7 和 93.9；而面粉各必需氨基酸评分的平均值分别为 41、50.3、90.7、110.2、74.2、93.4 和 82.3。不同氨基酸之间比较，赖氨酸和苏氨酸评分在全麦粉和面粉中都是最低，表明赖氨酸和苏氨酸分别是第一和第二限制性氨基酸，与前人研究结果一致[10]。供试材料中全麦和面粉的必需氨基酸指数的平均值分别为 62.5 和 54.4。

小麦的营养品质主要取决于小麦籽粒的蛋白质含量和氨基酸的平衡程度。不同的蛋白质和氨基酸组分在小麦籽粒中的分布不同，小麦胚中主要含有清蛋白和球蛋白，这两种蛋白质中含有较高的赖氨酸和苏氨酸等人体必需氨基酸；而胚乳蛋白质主要是谷蛋白和醇溶蛋白，这两种蛋白质中主要为谷氨酸和脯氨酸，而赖氨酸含量很少。由于磨粉时含赖氨酸和苏氨酸较高的胚大部分进入了麸皮，所以全麦粉的必需氨基酸评分和指数均高于面粉，本研究所得的结果与小麦籽粒中的蛋白质和氨基酸组分的分布理论完全一致。

本研究表明，磨粉过程中山农 11 蛋白质含量的损失高于山农 12。硬麦的出粉率一般高于软麦[80]。本研究中，山农 11 和山农 12 的种皮和胚的含量分别为

13.59%和13.24%。这说明磨粉过程中蛋白质的损失量还可能与小麦种皮和胚的含量有关。

表 2-20　供试材料全麦粉、面粉及馒头的氨基酸评分和必需氨基酸指数

氨基酸评分	山农 11			山农 12		
	全麦粉	面粉	馒头	全麦粉	面粉	馒头
赖氨酸	43.6	39.5	37.1	47.1	42.5	39.3
苏氨酸	66.0	55.3	49.5	56.3	45.3	40.0
异亮氨酸	105.3	93.3	87.8	105.8	88.0	82.3
苯丙氨酸	115.8	106.5	96.0	130.8	113.8	103.7
缬氨酸	82.4	71.6	65.0	88.0	76.8	69.4
甲硫氨酸	101.1	89.4	78.9	116.3	97.4	83.1
亮氨酸	105.3	92.1	89.0	82.4	72.4	68.7
必需氨基酸指数	62.5	55.1	50.6	62.5	53.6	48.6

三、馒头加工过程中氨基酸和蛋白质的变化

(一)馒头加工过程中氨基酸含量的变化

馒头加工过程中，各种氨基酸含量均减少了(表 2-19)。山农 11 面粉和馒头的谷氨酸、必需氨基酸总量、氨基酸总量之间的差异显著；山农 12 面粉和馒头的谷氨酸、丙氨酸、氨基酸总量之间的差异显著。馒头加工过程中赖氨酸平均损失6.9%、苏氨酸 11.0%、异亮氨酸 6.2%、苯丙氨酸 7.7%、缬氨酸 9.4%、甲硫氨酸15.1%、亮氨酸 4.3%、谷氨酸 10.1%、脯氨酸 9.2%、半胱氨酸 12.1%、天冬氨酸7.2%、丝氨酸 4.9%、甘氨酸 11.3%、丙氨酸 17.1%、酪氨酸 12.5%、组氨酸 6.7%、精氨酸 5.5%、必需氨基酸总量 7.5%和氨基酸总量 9.0%。不同氨基酸间比较，丙氨酸和甲硫氨酸在馒头加工过程中损失最多；酪氨酸和半胱氨酸次之；亮氨酸在馒头加工过程中的损失量最少。

本研究结果表明，除苯丙氨酸、谷氨酸、甘氨酸和精氨酸外，山农 11 大多数氨基酸的损失量都低于山农 12。这些差异可能与供试材料不同的基因型和物理品质指标有关，还可能与其本身营养成分含量不同有关。至于各种氨基酸在馒头加工过程中损失量不同的原因目前还不是很清楚，还可能与不同氨基酸的分子量大小及分子结构差异有关，需进一步研究。

人体中的氨基酸不能像脂肪和淀粉一样，能在人体中储存起来供以后利用，它们必须每天从食物中获得[84]，特别是人体不能合成的必需氨基酸，必须从食物中摄取。在食品加工过程中，小麦粉中的蛋白质、氨基酸含量会因处理过程和品种的不同而发生不同的变化。本研究结果表明，馒头加工过程中赖氨酸的平均损

失为 6.9%，低于面包烘焙过程中赖氨酸的损失量(大于 10%)[85]。这些差异可能与试验材料本身的遗传组成和不同的加工工艺有关。加工馒头时主要的工艺是蒸，而加工面包主要是烘烤。一般烘烤时产生的温度要高于蒸。赖氨酸是对热最敏感的一种氨基酸[86]，因此，馒头加工过程中产生的高温也能导致赖氨酸的损失。氨基酸参与美拉德反应[87,88]，因此，美拉德反应也可能是导致馒头和面包氨基酸含量降低不同的原因。从加工过程中营养损失方面讲，馒头的营养价值高于面包。

(二)馒头加工过程中蛋白质含量和质量的变化

供试材料面粉的蛋白质含量都略低于馒头中的蛋白质含量，但其差异不显著(表 2-19)。蛋白质在馒头加工过程中平均增加 0.45%，其中山农 11 的蛋白质增加 0.5%，山农 12 的蛋白质在馒头加工过程中增加 0.4%。山农 11 和山农 12 面粉各必需氨基酸评分均高于馒头的氨基酸评分(表 2-20)，即面粉蛋白质的氨基酸组分较馒头更接近 FAO/WHO 氨基酸标准模式。供试材料面粉赖氨酸、苏氨酸、异亮氨酸、苯丙氨酸、缬氨酸、甲硫氨酸及亮氨酸评分的平均值分别为 41.0、50.3、90.7、110.2、74.2、93.4 和 82.3；而馒头各必需氨基酸评分的平均值分别为 38.2、44.8、85.1、99.9、67.2、81.0 和 78.9。不同氨基酸之间比较，馒头中赖氨酸和苏氨酸评分也是最低，是馒头的主要限制性氨基酸。供试材料面粉和馒头的必需氨基酸指数的平均值分别为 54.4 和 49.6。

本试验表明，馒头加工过程中氨基酸含量降低了，但蛋白质的含量却有所增加。制作馒头时加入的酵母可能是导致蛋白质含量增加的原因[72]。本研究用的是中筋软质和强筋硬质小麦的两种面粉，按国家标准方法添加速效活性干酵母制作加工馒头，体积正常，质地和口味都较好，所以在此基础上进行的蛋白质和氨基酸含量变化的测定能提供较好的依据。

四、结论

在小麦磨粉过程中，小麦蛋白质和所有氨基酸含量都有损失，其中苏氨酸在磨粉过程中损失最多，脯氨酸、甲硫氨酸及组氨酸次之。酪氨酸和赖氨酸在磨粉过程中平均损失最少。在馒头加工过程中，蛋白质含量会略有增加，但所有氨基酸含量均降低。其中丙氨酸和甲硫氨酸在馒头加工过程中平均损失最多；酪氨酸和半胱氨酸次之。亮氨酸和丝氨酸在馒头加工过程中的损失量最少。第一限制性氨基酸——赖氨酸的评分在小麦全麦粉、面粉和馒头中依次降低。两个小麦品种的蛋白质和氨基酸含量在磨粉和馒头加工过程的变化趋势基本一致。

参 考 文 献

[1] 翟凤林. 作物品质育种[M]. 北京: 中国农业出版社, 1991: 44-45

[2] Anjum F M, Ahmad I, Butt M S, et al. Amino acid composition of spring wheats and losses of lysine during chapati baking [J]. Journal of Food Composition and Analysis, 2005, 18: 523-532

[3] 刘玉平, 权书月, 李杏普. 蓝、紫粒小麦蛋白质含量、氨基酸组成及其品质评价[J]. 华北农学报, 2002, 17(增刊): 103-107

[4] 李卫华, 张东海. 小麦籽粒形成期间氨基酸含量的平衡性分析[J]. 种子, 2000, 2: 21-23

[5] 姜朋, 张平平, 张旭, 等. 弱筋小麦宁麦 9 号及其衍生系的蛋白质含量遗传多样性及关联分析[J]. 作物学报, 2015, 41(12): 1828-1835

[6] Shewry P R. Improving the protein content and composition of cereal grain [J]. J Cereal Sci, 2007, 46: 239-250

[7] Morgounov A I, Belan I, Zelenskiy Y, et al. Historical changes in grain yield and quality of spring wheat varieties cultivated in Siberia from 1900 to 2010 [J]. Can J Plant Sci, 2013, 93: 425-433

[8] Peltonen-Sainio P, Jauhiainen L, Nissila E. Improving cereal protein yields for high latitude conditions [J]. Eur J Agron, 2012, 39: 1-8

[9] Myer R O, Brendemuhl J H, Barnett R D. Crystalline lysine and threonine supplementation of soft red winter wheat or triticale, low-protein diets for growing-finishing swine [J]. Journal of Animal Science, 1996, 74: 577-583

[10] 王渭玲, 赵文明, 李鸿恩. 不同小麦品种籽粒氨基酸组成及其营养品质评价[J]. 西北农业学报, 1995, 4(3): 17-21

[11] 李宗智, 孙馥亭, 张彩英, 等. 不同小麦品种品质特性及其相关性的初步研究[J]. 中国农业科学, 1990, 23(6): 35-41

[12] 姜小苓, 关西贞, 茹振钢, 等. 中国小麦微核心种质籽粒赖氨酸含量分析[J]. 中国粮油学报, 2012, 27(11): 1-5

[13] Bright S W J, Shewry P R. Improvement of protein quality in cereals [J]. Critical Reviews in Plant Sciences, 1983, 1: 49-93

[14] 王亚平, 安艳霞. 小麦面筋蛋白组成、结构和功能特性[J]. 粮食与油脂, 2011, 1: 1-4

[15] Kolster P, Krechting C F, Van Gelder W M J. Quantification of individual high Molecular Weight subunits of wheat gluten in SDS-PAGE and scanning densitometry [J]. Journal of Cereal Science, 1991, 15: 49-61

[16] 王怡然, 王金水, 赵谋明, 等. 小麦面筋蛋白的组成、结构和特性[J]. 食品工业科技, 2007, 10: 228-231

[17] 王灵昭, 陆启玉. 面筋蛋白组分在制面过程中的变化及与面条质地差异的关系[J]. 河南工业大学学报(自然科学版), 2005, 26(1): 11-14

[18] 路建龙, 尚勋武, 张莹花, 等. 面筋含量与面筋指数在拉面小麦品种品质育种中的应用[J]. 甘肃农业大学学报, 2004, 39(2): 154-158

[19] 刘传富, 董海洲, 万本屹, 等. 面粉面筋及其对焙烤食品影响[J]. 粮食与油脂, 2002, 1: 35-37

[20] 朱小乔, 刘通讯. 面筋蛋白及其对面包品质的影响[J]. 粮油食品科技, 2001, 9(4): 18-21

[21] 李志西, 魏益民, 张建国, 等. 小麦蛋白质组分与面团特性和烘焙品质关系的研究[J]. 中国粮油学报, 1998, 13(3): 1-5

[22] 唐建卫, 殷贵鸿, 王丽娜, 等. 小麦湿面筋含量和面筋指数遗传分析[J]. 作物学报, 2011, 37(9): 1701-1706

[23] 张树华, 杨学举, 张彩英. 小麦蛋白质组分含量与面团流变学性状的关系[J]. 甘肃农业大学学报, 2011, 46(2): 65-70

[24] 唐建卫, 刘建军, 张平平, 等. 贮藏蛋白组分对小麦面团流变学特性和食品加工品质的影响[J]. 中国农业科学, 2008, 41(10): 2937-2946

[25] Pomeranz Y. Advances in Cereal Science and Technology [M]. Minnesota: AACC, 1976: 158-236

[26] 张华文, 田纪春, 刘艳玲. 小麦品种间籽粒品质性状表现及其相关性分析[J]. 山东农业科学, 2004, 6: 10-28

[27] 孙彩玲, 田纪春, 彭波. 不同基因型和环境影响小麦主要品质的研究[J]. 中国粮油学报, 2010, 25(3): 6-21

[28] 林作楫. 食品加工与小麦品质改良[M]. 北京: 中国农业出版社, 1994: 5-34

[29] 杨学举, 荣广哲, 卢桂芬. 优质小麦重要性状的相关分析[J]. 麦类作物学报, 2001, 21(2): 35-37

[30] 康志钰. 手工拉面评分指标与面筋数量和质量的关系[J]. 麦类作物学报, 2003, 23(2): 3-6

[31] 王宪泽, 李菡. 影响馒头质量的小麦品质性状[J]. 种子, 1998, (3): 40-42

[32] 李硕碧, 高翔, 单明珠, 等. 小麦高分子量谷蛋白亚基与加工品质[M]. 北京: 中国农业出版社, 2001

[33] 王恕. 从湿面筋含量和面筋指数来评价中国河南和法国小麦面筋[J]. 中国粮油学报, 1999, 14(6): 5-7

[34] 舒凯. 中国小麦核心种质在西南生态区的生理学、生物化学及农艺性状评价[D]. 四川农业大学硕士学位论文, 2007: 1

[35] Reif J C, Zhang P, Dreisigacker S, et al. Wheat genetic diversity trends during domestication and breeding [J]. Theor Appl Genet, 2005, 110: 859-864

[36] 金善宝. 中国小麦品种及其系谱[M]. 北京: 农业出版社, 1983

[37] 胡延吉. 植物育种学[M]. 北京: 高等教育出版社, 2003: 22-23

[38] Kihara H. Origin and history of 'Daruma': a parental variety of Norin 10. In: Sakamoto S. Proc. 6th Int. Wheat Genetics Symp., Plant Germplasm Institute [M]. Beijing: China Agricultural Science and Technology Press, 1983

[39] Moghaddam M, Ehdaine B, Waines J G. Genetic variation for and interrelationships among agronomic traits in landraces of bread wheat from south-western Iran [J]. J Genet Breed, 1998, 52: 73-81

[40] Bordes J, Branlard G, Oury F X, et al. Agronomic characteristics, grain quality and flour rheology of 372 bread wheats in a worldwide core collection [J]. J Cereal Sci, 2008, 48: 569-579

[41] 郑殿升, 刘三才, 宋春华, 等. 中国小麦遗传资源农艺性状鉴定、编目和繁种入库概况[J]. 植物遗传资源科学, 2000, 1(1): 11-14

[42] Frankel O H. Genetic perspectives of germplasm conservation. In: Arber W K, Llimensee K, Peacock W J, et al. Genetic Manipulation: Impact on Man and Society [M]. Cambridge: Cambridge University Press, 1984: 161-170

[43] 郝晨阳, 董玉琛, 王兰芬, 等. 我国普通小麦核心种质的构建及遗传多样性分析[J]. 科学通报, 2008, 53(8): 908-915

[44] 吕国锋, 张伯桥, 张晓祥, 等. 中国小麦微核心种质中弱筋种质的鉴定筛选[J]. 中国农学通报, 2008, 24(10): 260-263

[45] 李冬梅, 田纪春, 齐世军, 等. 国内小麦核心种质籽粒蛋白质含量的分析研究初报[J]. 德州学院学报, 2007, 23(2): 19-22

[46] 石荣丽, 邹春琴, 芮玉奎, 等. ICP-AES 测定中国小麦微核心种质库籽粒矿质养分含量[J]. 光谱学与光谱分析, 2009, 29(4): 1104-1107

[47] 王晓波, 马传喜, 司红起, 等. 中国小麦微核心种质资源 PPO 基因的等位变异[J]. 中国农业科学, 2009, 42(1): 28-35

[48] 夏云祥, 马传喜, 司红起. 中国小麦微核心种质溶剂保持力特性分析[J]. 安徽农业大学学报, 2008, 35(3): 336-339

[49] 邓万洪. 中国核心小麦种质资源与面条品质相关的生物化学特性分析[D]. 四川农业大学硕士学位论文, 2007

[50] 何照范, 张迪清. 保健食品化学及其检测技术[M]. 北京: 中国轻工业出版社, 1998: 142-143

· 62 ·

小麦品质多样性研究及优质资源筛选

[51] Nelson J C, Andreescu C, Breseghello F, et al. Quantitative trait locus analysis of wheat quality traits [J]. Euphytica, 2006, 149: 145-159

[52] 蒲至恩, 李伟, 郑有良. 小麦品种川农16后代品系营养品质分析. 四川农业大学学报, 2006, 24(1): 13-19

[53] 李鸿恩, 孙玉良, 吴秀琴, 等. 我国小麦种质资源主要品质特性鉴定结果及评价[J]. 中国农业科学, 1995, 28(5): 29-37

[54] 张彩英, 李宗智. 建国以来我国冬小麦主要育成品种加工品质的演变及评价[J]. 中国粮油学报, 1994, 9(3): 9-13

[55] FAO/WHO. Energy and Protein Requirements [M]. Technical Report Series No. 522, World Health Organization, Rome, 1973

[56] 王晓燕, 荣广哲. 小麦品种16种氨基酸的遗传变异研究[J]. 河北农业大学学报, 1989, 12(2): 74-78

[57] 陈华萍, 魏育明, 郑有良. 四川地方小麦品种蛋白质和氨基酸间的相关研究[J]. 麦类作物学报, 2005, 25(5): 113-116

[58] Yang J, Zhu J. Predicting superior genotypes in multiple environments based on QTL effects [J]. Theoretical and Applied Genetics, 2005, 110: 1268-1274

[59] Cavanagh C R, Taylor J L, Larroque O, et al. Sponge and dough bread making: genetic and phenotypic relationships with wheat quality traits [J]. Theoretical and Applied Genetics, 2010, 121: 815-828

[60] Hristov N, Mladenov N, Djuric V, et al. Genotype by environment interactions in wheat quality breeding programs in southeast Europe [J]. Euphytica, 2010, 174: 315-324

[61] Zlatska A V. Grain protein content in wheat: genetics of the character and some predictions for its improvement in common wheat [J]. Russian Journal of Genetics, 2005, 41: 823-834

[62] 王晓燕, 荣广哲. 对48个小麦品种营养品质的研究[J]. 河北农业大学学报, 1996, 19(2): 15

[63] Hoisington D, Khairallah M, Reeves T, et al. Plant genetic resources: What can they contribute toward increased crop productivity?[J] Proceedings of the National Academy of Sciences of the USA, 1999, 96: 5937-5943

[64] Li Q, Ye H Z. Studies on resistance of wild relatives in Triticeae to oatBird-cherry aphids (Homoptera: Aphididae) [J]. Scientia Agricultural Sinica, 2002, 35(6): 719-723

[65] Li L H, Yang X M, Li X Q, et al. Study and utilization of wild relatives of wheat in China [J]. Review of China Agricultural Science and Technology, 2000, 2(6): 73-76

[66] Wang L M, Lin X H, Zhao F T, et al. Genome configuration of *Elytrigia* intermedium and its valuable genes transferred into wheat [J]. Grassland of China, 2005, 27(1): 57-63

[67] Pelleit P L, Young V R. Evaluation of the use of amino acid composition data in assessing the protein quality of meat and poultry products [J]. The American Journal of Clinical Nutrition, 1984, 40: 718-736

[68] Schaafsma G. The protein digestibility-corrected aminoacid score [J]. The Journal of Nutrition, 2000, 130: 1865-1867.

[69] 杨崇力, 罗树中. 小麦品种籽粒氨基酸组成平衡性分析[J]. 种子, 1990, 1: 15-18

[70] Jood S, KapoorA C, Singh R. Amino acid composition and chemical evaluation of protein quality of cereals as affected by insect infestation [J]. Plant Foods for Human Nutrition, 1995, 48: 159-167

[71] Prabhasankar P, Rao P H. Effect of different milling methods on chemical composition of whole wheat flour [J]. Eur. Food Res. Technol, 2001, 213: 465-469

[72] Abdel-Aal E-S M, Hucl P. Amino acid composition and *in vitro* protein digestibility of selected ancient wheats and their end products [J]. J. Food Compos. Anal, 2002, 15: 737-747

[73] El-Samahy S K, Tsen C C. Effects of varying baking temperature and time on the quality and nutritive value of balady bread [J]. Cereal Chem, 1981, 58: 546-548

[74] Tsen C C, Bates L S, Wall S L L, et al. Effect of baking on amino acids in pizza crust [J]. J. Food Sci., 1982, 47: 674-675

[75] Pike P R, Ritchie F M. Protein composition and quality of some new hard white winter wheats [J]. Crop Sci., 2004, 44: 173-176

[76] Prabhasankar P, Manoha R S, Gowda L R. Physicochemical and biochemical characterisation of selected wheat cultivars and their correlation to chapati making quality [J]. Eur. Food Res. Technol., 2002, 214: 131-137

[77] Sapirstein H D, David P, Preston K R, et al. Durum wheat breadmaking quality: effects of gluten strength, protein composition, semolina particle size and fermentation time [J]. J. Cereal Sci., 2007, 45: 150-161

[78] Ragaee S, Abdel-Aal E M. Pasting properties of starch and protein in selected cereals and quality of their food products [J]. Food Chem., 2006, 95: 9-18

[79] Lang C E, Lanning S P, Carlson G R, et al. Relationship between baking and noodle quality in hard white spring wheat [J]. Crop Sci., 1998, 38: 823-827

[80] 周艳华, 何中虎, 阎俊, 等. 中国小麦硬度分布及遗传分析[J]. 中国农业科学, 2002, 35(10): 1177-1185

[81] FAO/WHO. Energy and protein requirements. FAO Nutritional Meeting Report Series No. 52, WHO Technical Report Series, No. 522. Food and Agriculture Organization, Rome, 1973

[82] Jood S, Kapoor A C, Singh R. Amino acid Composition and Chemical evaluation of protein quality of cereals as affected by insect infestation. Plant Foods for Human Nutrition, 1995, 48: 159-167

[83] Zheng Y M, Li Q, Hua P, et al. Evaluation of protein nutritional value of germination brown rice [J]. Food Sci., 2006, 27(10): 549-551

[84] Panthee D R, Pantalone V R, Saxton A M, et al. Genomic regions associated with amino acid composition in soybean [J]. Mol. Breeding, 2006, 17: 79-89

[85] Saab R M G B, Rao C S, Da Silva R S F. Fortification of bread with L-lysine HCl: losses due to the baking process [J]. J. Food Sci., 1981, 46: 662-663

[86] Civitelli R, Villareal D T, Agneusdei D. Dietary L-lysine and calcium metabolism in humans [J]. Nutrition, 1992, 8: 400-404

[87] Ajandouz E H, Puigserver A. Nonenzymatic browning reaction of essential amino acids: effect of pH on caramelization and Maillard reaction kinetics [J]. J. Agric. Food Chem., 1999, 47(5): 1786-1793

[88] Thorpe S R, Baynes J W. Maillard reaction products in tissue proteins: new products and new perspectives [J]. Amino Acids, 2003, 25: 3-4

第三章　小麦面团品质和淀粉糊化特性
研究及优异资源筛选

面团流变学特性是评价小麦粉品质的主要指标之一，是小麦粉加水面团耐揉性和黏弹性的综合指标，是目前国内育种和品质检测的首要分析指标，决定着面包、馒头、面条等最终产品的加工品质[1-3]，可以给小麦粉的分类和用途提供一个实际的、科学的依据。因此，小麦粉面团流变学特性测试就成为评价其品质的一种必不可少的手段。通过对面团流变学特性参数的测定可以了解小麦粉的品质，对指导小麦粉制品的品质改良和加工具有十分重要的意义。

小麦籽粒中蛋白质占12%～14%，淀粉约占75%[4,5]，蛋白质和淀粉品质共同决定面制食品的食用品质。其中，小麦粉中淀粉所占的比例最大，淀粉品质性状的优劣对面条等面制食品的加工和食用品质也有重要影响。淀粉糊化特性是反映淀粉品质的重要指标[6,7]，与小麦粉的加工性能、食品的口感及储藏老化特性密切相关，影响着馒头、面条和面包等成品的品质状况[8-13]。因此，研究小麦淀粉糊化特性对小麦品质育种也具有很重要的参考价值。

第一节　小麦面团揉混特性的遗传变异
及与其他品质性状的相关性

目前国内外对面团流变学特性的研究常用粉质仪、揉混仪和拉伸仪等来分析。粉质仪和拉伸仪通常所需面粉量超过100g，测试时间长于40min，日处理样品5～8个[14]，在育种早期世代难以应用。揉混仪样品需要量少(2～10g)，所需时间短(一个样品的实验时间仅为10～15min)[15]，并且揉混仪曲线的峰值、揉混时间与实际或实验烘焙的揉混时间有着较高的相关性($r=0.95$)[16]，可在育种早期世代应用，是提高品质改良效率的重要手段，已在国内外育种中广泛应用[17]。

迄今为止，研究者对小麦面团粉质特性和拉伸特性已进行了大量研究，但关于小麦面团揉混特性的研究报道较少，且主要涉及蛋白质(谷蛋白和醇溶蛋白)、淀粉、脂类和食品添加剂对面团揉混特性的影响，以及揉混仪参数与其他品质指标的关系研究等方面[17-21]。关于小麦面团揉混特性参数变异和分布规律的研究目前未见报道。因此，河南科技学院小麦中心以来自不同种植区的230份小麦品种

(系)为材料,分析小麦面团揉混特性参数的变异、分布情况及与其他品质指标的相关性,以期了解我国现有种质资源的品质状况,并为我国小麦品质育种的亲本选择提供参考依据。

一、研究方法概述

(一)试验材料

试验材料为 230 个小麦品种(系),其中,国外引进品种 14 个、北方春麦区 5个、北方冬麦区 19 个、黄淮冬麦区 143 个、长江中下游冬麦区 30 个、西南冬麦区 16 个、华南冬麦区 3 个,均由河南科技学院小麦中心提供。

(二)田间试验设计

230 份试验材料于 2011~2012 年度种植于河南科技学院试验基地(河南省辉县市)。每份材料种植 2 行,行距 25cm,行长 4m,每行播种 80 粒,田间管理同一般大田。成熟后,分行收获,脱粒,晾晒,室温储藏备用。

(三)试验方法

每个参试材料取籽粒 1kg,利用实验磨粉机(LRMM8040-3-D,江苏无锡锡粮机械制造有限公司)磨粉,出粉率约 62%;依据 GB5009.3—1985 方法测定面粉水分含量;利用粉质仪(820604,德国 Brabender 公司)测定面团的吸水率、形成时间和稳定时间、粉质质量指数等粉质参数,方法参照 GB/T14614—2006/ISO5530—1:1997。采用手洗法,参照 GB/T5506.1—2008 测定湿面筋含量,参照 GB/T5506.3—2008 测定干面筋含量。利用数显白度仪(SBDY-1,上海悦丰仪器仪表有限公司)测定面粉白度。利用全自动凯氏定氮仪(UDK159,意大利 VELP 公司)测定含氮量。利用小麦硬度指数测定仪(JYDB 100×40,江苏无锡锡粮机械制造有限公司)测定籽粒硬度指数。

(四)数据分析

利用 DPS7.05、SPSS17.0 软件和 Excel 数据处理系统分析数据。

二、小麦面团揉混参数的变异分布

由表 3-1 可看出,面团峰值时间的平均值为 3.41min,变异幅度为 1.29~7.90min,变异系数为 38.44%,品种间差异达极显著水平($P<0.01$),高于平均值和低于平均值的品种(系)各占总数的 50.0%。峰值高度的平均值为 48.19%,变异幅度为 33.32%~71.66%,变异系数为 12.34%,品种间差异达极显著水平($P<0.01$),

高于平均值的有 114 个品种（系），占总数的 49.57%，低于平均值的有 116 个品种（系），占总数的 50.43%。峰值宽度的平均值为 18.37%，变异幅度为 10.62%～50.34%，变异系数为 33.75%，品种间差异达极显著水平（$P < 0.01$），高于平均值的有 83 个品种（系），占总数的 36.09%，低于平均值的有 147 个品种（系），占总数的 63.91%。峰值面积的平均值为 134.26%＊TQ＊min，变异幅度为 44.21～316.12%＊TQ＊min，变异系数为 39.41%，品种间差异达极显著水平（$P < 0.01$），高于平均值的有 101 个品种（系），占总数的 43.91%，低于平均值的有 129 个品种（系），占总数的 56.09%。尾高的平均值为 35.73%，变异幅度为 22.81%～52.33%，变异系数为 14.70%，品种间差异达极显著水平（$P < 0.01$），高于平均值的有 112 个品种（系），占总数的 48.70%，低于平均值的有 118 个品种（系），占总数的 51.30%。尾宽的平均值为 7.13%，变异幅度为 3.40%～23.48%，变异系数为 38.86%，品种间差异达极显著水平（$P < 0.01$），高于平均值的有 108 个品种（系），占总数的 46.96%，低于平均值的有 122 个品种（系），占总数的 53.04%。8 min 尾高的平均值为 37.61%，变异幅度为 23.38%～55.28%，变异系数为 15.51%，品种间差异达极显著水平（$P < 0.01$），高于平均值的有 110 个品种（系），占总数的 47.83%，低于平均值的有 120 个品种（系），占总数的 52.17%。8 min 尾宽的平均值为 7.88%，变异幅度为 3.51%～32.19%，变异系数为 44.56%，品种间差异达极显著水平（$P < 0.01$），高于平均值的有 98 个品种（系），占总数的 42.61%，低于平均值的有 132 个品种（系），占总数的 57.39%。

表 3-1 参试材料面团揉混特性的方差分析

揉混参数	平均值	变幅	极差	标准差	F 值	变异系数/%
峰值时间/min	3.41	1.29～7.90	6.61	1.31	101.556**	38.44
峰值高度/%	48.19	33.32～71.66	38.34	5.95	173.804**	12.34
峰值宽度/%	18.37	10.62～50.34	39.72	6.20	11.997**	33.75
峰值面积/(%＊TQ＊min)	134.26	44.21～316.12	271.9	52.92	78.225**	39.41
尾高/%	35.73	22.81～52.33	29.51	5.25	408.902**	14.70
尾宽/%	7.13	3.40～23.48	20.07	2.77	32.618**	38.86
8min 尾高/%	37.61	23.38～55.28	31.91	5.83	33.038**	15.51
8min 尾宽/%	7.88	3.51～32.19	28.68	3.51	94.884**	44.56

**表示 1%相关显著性。下同

由表 3-2 可看出，参试材料面团揉混参数的变异幅度很大。其中，78.26%的品种（系）峰值时间在 2.0～5.0min，而高于 6.0min 的品种（系）只要 14 个，仅占品种（系）数的 6.09%。峰值高度在 40.0%～55.0%的品种（系）有 178 个，占总数的 77.39%，高于 55.0%的有 30 个品种（系），占总数的 13.04%。峰值宽度在 11.0%～23.0%的品种（系）有 193 个，占总数的 83.91%，高于 31.0%的品种（系）有 11 个，占总数的 4.78%。88.26%的小麦品种(系)的峰值面积在 50.0～200.0%*TQ*min，高于 250.0%*TQ*min 的品种(系)有 7 个，占总数的 3.04%。尾高在 30.0%～40.0%的品种(系)有 148 个，占总品种(系)的 64.35%，高于 45.0%的有 9 个，占总数的 3.91%。参试材料中，195 个品种(系)的尾宽在 3.5%～9.5%，占总品种(系)的 84.78%，高于 13.5%的只有 7 个品种(系)，占总数的 3.04%。79.57%的品种(系)8min 尾高在 30.0%～45.0%，高于 50.0%的有 7 个品种(系)，占总品种(系)的 3.04%。173 个品种(系)的 8min 尾宽处在 3.6%～9.6%范围内，占总数的 75.22%，高于 13.6%的只有 11 个品种，占总品种(系)的 4.78%。

表 3-2　参试材料面团揉混参数的分布

峰值时间/min	品种数	峰值高度/%	品种数	峰值宽度/%	品种数	峰值面积/%*TQ*min	品种数
<2.0	27	<35.0	2	<11.0	2	<50.0	3
2.0～3.0	76	35.0～40.0	20	11.0～15.0	72	50.0～100.0	62
3.0～4.0	57	40.0～45.0	42	15.0～19.0	86	100.0～150.0	89
4.0～5.0	47	45.0～50.0	82	19.0～23.0	35	150.0～200.0	52
5.0～6.0	9	50.0～55.0	54	23.0～27.0	16	200.0～250.0	17
6.0～7.0	10	55.0～60.0	26	27.0～31.0	8	250.0～300.0	4
7.0～8.0	4	>60.0	4	>31.0	11	>300.0	3
尾高/%	品种数	尾宽/%	品种数	8min 尾高/%	品种数	8min 尾宽/%	品种数
<25.0	2	<3.50	1	<25.0	2	<3.60	3
25.0～30.0	32	3.5～5.5	73	25.0～30.0	17	3.6～5.6	61
30.0～35.0	74	5.5～7.5	67	30.0～35.0	65	5.6～7.6	60
35.0～40.0	74	7.5～9.5	55	35.0～40.0	73	7.6～9.6	52
40.0～45.0	39	9.5～11.5	15	40.0～45.0	45	9.6～11.6	26
45.0～50.0	8	11.5～13.5	12	45.0～50.0	21	11.6～13.6	17
>50.0	1	>13.5	7	>50.0	7	>13.6	11

三、不同来源小麦品种(系)面团揉混特性的差异

由不同麦区和来源小麦品种(系)的面团揉混参数及其方差分析(表 3-3)可看出，面团峰值时间、峰值面积、尾高、尾宽、8min 尾高和 8min 尾宽间均存在显著差异($P<0.05$)。其中，国外引进品种的面团峰值时间最长，平均为 4.31min，变幅为 2.87～7.54min；华南冬麦区的峰值时间最短，平均为 2.16min，变幅为 1.58～2.97min。不同来源小麦品种(系)面团峰值高度间差异不显著，国外引进品种的峰值高度最高，平均为 51.36%，变幅为 40.59%～64.29%；黄淮冬麦区最低，平均为 47.51%，变幅为 33.32%～68.37%。来源于不同麦区小麦品种(系)的峰值宽度间差异也不显著，其中，国外引进品种的峰值宽度最高，平均为 21.73%，变幅为

表 3-3 不同来源小麦品种（系）的面团揉混特性

揉混参数		国外引进品种	北方春麦区	北方冬麦区	黄淮冬麦区	长江中下游冬麦区	西南冬麦区	华南冬麦区
样本数		14	5	19	143	30	16	3
峰值时间/min	平均值	4.31a	4.15a	3.15ab	3.38a	3.45a	3.17ab	2.16b
	变幅	2.87~7.54	1.90~5.06	1.63~4.95	1.29~7.90	1.91~6.65	2.11~5.02	1.58~2.97
峰值高度/%	平均值	51.36a	48.74a	47.79a	47.51a	49.51a	49.08a	49.57a
	变幅	40.59~64.29	43.38~51.17	36.70~55.84	33.32~68.37	37.96~60.59	38.87~71.66	45.06~52.03
峰值宽度/%	平均值	21.73a	18.68a	16.80a	17.46a	20.98a	20.80a	16.84a
	变幅	12.66~40.04	13.40~24.65	11.38~27.50	10.73~42.24	11.77~50.34	10.62~39.95	15.90~18.01
峰值面积/%*TQ*min	平均值	175.11a	164.46ab	124.02bc	131.40abc	139.58ab	125.39bc	88.22c
	变幅	112.28~309.48	78.32~197.49	59.69~192.74	44.21~316.12	68.64~271.98	77.82~214.92	58.61~124.74
尾高/%	平均值	41.24a	39.27ab	34.53cd	34.84bcd	37.69abc	36.15bcd	32.66d
	变幅	33.61~52.33	34.33~43.84	25.93~43.09	22.81~48.35	27.67~44.42	26.90~47.07	28.752~34.85
尾宽/%	平均值	10.39a	7.99ab	5.95bc	6.85bc	7.50bc	7.51bc	5.39c
	变幅	6.91~23.48	4.89~9.92	3.73~9.83	3.51~15.12	3.57~12.38	3.54~12.32	3.40~7.31
8min尾高/%	平均值	43.41a	41.47ab	36.26cd	36.59bcd	40.06abc	38.11bcd	33.95d
	变幅	35.06~55.28	35.56~46.59	27.44~45.15	23.38~52.38	30.62~50.82	28.26~50.99	29.61~36.72
8min尾宽/%	平均值	11.88a	8.88ab	6.41bc	7.55bc	8.40bc	8.19bc	5.66c
	变幅	7.39~32.19	4.95~11.40	3.69~11.09	3.53~18.11	3.62~12.90	3.85~13.88	3.51~7.56

注：同行不同小写字母表示处理之间在 0.05 水平存在显著性差异

12.66%～40.04%；北方冬麦区最低，平均为 16.80%，变幅为 11.38%～27.50%。不同来源小麦品种（系）的峰值面积间比较，国外引进品种最高，平均为 175.11%*TQ*min，变幅为 112.28～309.48%*TQ*min，显著高于北方冬麦区、西南冬麦区和华南冬麦区，其中华南冬麦区的峰值面积最低，平均为 88.22%*TQ*min，变幅为 58.61～124.74%*TQ*min。国外引进品种的尾高和 8 min 尾高均最高，平均值分别为 41.24%和 43.41%，均显著高于北方冬麦区、黄淮冬麦区、西南冬麦区和华南冬麦区，其中华南冬麦区的尾高和 8min 尾高均最低，分别为 32.66%和 33.95%。国外引进品种的尾宽和 8min 尾宽均最高，分别为 10.39%和 11.88%，均显著高于北方冬麦区、黄淮冬麦区、长江中下游冬麦区、西南冬麦区和华南冬麦区，其中来源于华南冬麦区的小麦品种（系）的尾宽和 8min 尾宽最低，分别为 5.39%和 5.66%。

四、面团揉混参数间及其与其他品质指标的相关性分析

由面团揉混参数间的相关分析（表 3-4）得出，除峰值时间与峰值高度和峰值宽度的相关性不显著之外，其他揉混指标间均存在极显著正相关。

表 3-4　面团揉混参数间相关性

参数	峰值时间	峰值高度	峰值宽度	峰值面积	尾高	尾宽	8min 尾高	8min 尾宽
峰值时间	1.000							
峰值高度	−0.008	1.000						
峰值宽度	0.101	0.495**	1.000					
峰值面积	0.963**	0.239**	0.221**	1.000				
尾高	0.661**	0.626**	0.548**	0.807**	1.000			
尾宽	0.715**	0.259**	0.523**	0.763**	0.798**	1.000		
8min 尾高	0.670**	0.608**	0.518**	0.811**	0.980**	0.769**	1.000	
8min 尾宽	0.761**	0.229**	0.493**	0.799**	0.794**	0.979**	0.771**	1.000

由面团揉混参数与其他品质指标的相关分析（表 3-5）得出，面团峰值时间和峰值面积与籽粒硬度、面团形成时间、稳定时间和粉质质量指数均达到极显著正相关水平，与湿面筋和干面筋含量间呈极显著或显著负相关关系，与其他品质指标间的相关性不显著。峰值高度与粗蛋白含量、吸水率和干、湿面筋含量呈极显著正相关关系，与籽粒硬度、形成时间和粉质质量指数呈显著正相关关系。峰值宽度与稳定时间和干面筋含量呈极显著正相关关系，与其他品质指标相关性不显著。尾高和 8min 尾高与籽粒硬度、粗蛋白含量、形成时间、稳定时间、粉质质量指数

和干面筋含量呈极显著正相关，与其他品质指标相关性不显著。尾宽和 8 粉质尾宽与形成时间、稳定时间和粉质质量指数呈极显著正相关，与吸水率和湿面筋含量呈极显著负相关，与其他品质指标相关性不显著。

表 3-5　面团揉混参数与其他品质指标间相关性

参数	硬度	白度	粗蛋白含量	吸水率	形成时间	稳定时间	粉质质量指数	湿面筋	干面筋
峰值时间	0.190**	−0.128	0.013	−0.088	0.593**	0.790**	0.731**	−0.533**	−0.278**
峰值高度	0.155*	−0.088	0.294**	0.287**	0.150*	0.099	0.165*	0.469**	0.583**
峰值宽度	−0.012	0.055	0.106	−0.122	0.042	0.199**	0.110	0.061	0.194**
峰值面积	0.208**	−0.128	0.078	−0.023	0.633**	0.801**	0.767**	−0.414**	−0.139*
尾高	0.218**	−0.090	0.198**	0.057	0.502**	0.682**	0.657**	−0.065	0.185**
尾宽	0.053	0.053	0.065	−0.213**	0.377**	0.635**	0.529**	−0.268**	−0.056
8min 尾高	0.212**	−0.096	0.194**	0.071	0.510**	0.677**	0.659**	−0.084	0.176**
8min 尾宽	0.096	0.029	0.062	−0.191**	0.411**	0.662**	0.559**	−0.301**	−0.087

五、讨论

揉混仪是研究面团流变学特性的重要仪器，揉混仪曲线的指标主要有：峰值时间、峰值高度、峰值面积、8min 尾高、8min 带宽，能够反映面团的综合特性。和面时间和 8min 带宽是反映面筋强度的蛋白质质量性状，它们的值越大，面筋的强度就越大；峰值高度是反映面团的蛋白质数量性状，此值越大，蛋白质含量就越高；8min 尾高基本反映面团的蛋白质综合性状。同时，8min 带宽也能表现面团的黏度，带越宽，黏度越小，反之亦然[22]。

本研究结果表明，230 个小麦品种(系)的面团揉混参数间变异幅度较大，各参数的变异系数均大于 10%，其中峰值时间、峰值宽度、峰值面积、尾宽和 8min 尾宽的变异系数均在 30% 以上，与陈建省等[18]研究结果一致，说明面团揉混特性主要受基因型控制，通过育种途径可进行改良。

申小勇等[17]研究认为，峰值曲线面积和峰值高度的重复力高，且与面包体积关系密切，可在实际育种中对面筋强度和面包烘烤品质进行预测。本研究筛选出峰值面积大于 300%*TQ*min 的材料有 B70144-1、DX1 和 FG1，峰值面积低于 50%*TQ*min 的材料有冀麦 518、H08-1047 和郑 95515；同时筛选出峰值高度大于 64% 的材料有黔 9963-3、陕农 981 和野猫，峰值高度小于 37% 的材料有漯 6099、漯 6135 和郑 95515。这些品种(系)可作为针对面团流变学特性进行品质改良的优良亲本材料。

同时，在本试验的种植条件下，国外引进品种的面团揉混参数均高于国内品种，除峰值时间、峰值高度和峰值宽度差异不显著外，其他参数的差异均达到显著水平($P<0.05$)。国内品种(系)中，来源于北方春麦区的品种(系)的面团揉混参数值较高，部分差异达到显著水平；来源于华南冬麦区的品种(系)的各参数均最低，且部分参数达显著差异($P<0.05$)。

本研究相关分析结果指出，多数揉混参数与硬度、粗蛋白含量、吸水率、形成时间、稳定时间、粉质质量指数和干、湿面筋含量呈显著或极显著相关关系。除峰值宽度外，其他揉混参数与面团形成时间和粉质质量指数均呈显著或极显著正相关；除峰值高度外，其他揉混参数与面团稳定时间均呈极显著正相关($P<0.001$)。因此，在仪器配备不齐全或样品量较少的情况下，可用揉混参数预测粉质仪的一些指标，从而为判断样品的品质特性乃至面包加工提供参考。

六、结论

参试品种(系)面团揉混参数间均存在极显著差异($P<0.001$)，除峰值高度、尾高和 8min 尾高的变异系数大于 10%外，其他揉混参数的变异系数均在 30%以上；国外引进品种的面团揉混参数均高于国内品种，多数参数的差异达到显著水平($P<0.05$)，来源于北方春麦区品种(系)的面团揉混参数值也较高，来源于华南冬麦区品种(系)的各揉混参数均最低，且部分参数达显著差异($P<0.05$)；相关分析结果指出，多数揉混参数与籽粒硬度、粗蛋白含量、吸水率、形成时间、稳定时间、粉质质量指数和干、湿面筋含量呈显著或极显著相关。

第二节　小麦面团粉质特性及优质资源筛选

小麦面团粉质特性是目前国内分析评价小麦品质的重要指标之一[23-25]，其各项参数可以综合反映面团的强度、弹性、耐揉性等流变学特性，为评价小麦品质提供重要的信息。其中，面团稳定时间是判断小麦强弱筋最重要指标之一，与其原料小麦的湿面筋含量、蛋白质含量、蛋白质组分和 HMW-GS 类型等化学成分有关，也与面包、馒头等食品的加工品质显著相关[26-27]。明确小麦面团粉质特性，对小麦品质育种、面制品改良加工、小麦专用粉配制及提高我国小麦粉竞争力具有深刻的意义[27]。目前，国内外一般采用德国 Brabender 公司生产的粉质仪来分析面团的粉质特性，其指标包括吸水率、面团形成时间、稳定时间、弱化度、粉质质量指数[28]。

有关面团粉质特性的研究，前人已有报道，主要涉及蛋白质(谷蛋白和醇溶蛋白)、淀粉、脂类、抗性淀粉和食品添加剂等对面团流变学特性的影响[29-33]，得出了许多有指导意义的结论。黄淮麦区是我国冬麦的主产区和高产区，小麦种植面积约占全国麦播面积的 55%，总产量约占全国小麦总产的 60%，在我国小麦生产中具有十分重要的地位[34]。掌握黄淮麦区主推小麦品种的品质特性，对培育高产优质小麦新品种具有重要指导意义。为此，河南科技学院小麦中心选取来源于不同种植区的 277 个小麦种质分析研究其面团粉质特性，并重点分析了黄淮麦区 101 个重要小麦品种（系）的品质概况及分布特点，旨在为改良黄淮冬麦区小麦品质及培育优质小麦新品种提供理论参考依据。

一、研究方法概述

（一）试验材料

试验材料为 277 个小麦品种（系），其中，国外引进品种 35 个、北方冬麦区 23 个、黄淮冬麦区 161 个、长江中下游冬麦区 33 个、西南冬麦区 25 个。参试材料于 2011～2012 年度种植于河南科技学院试验基地（河南省辉县市）。每份材料种植 2 行，行距 25cm，行长 4m，每行播种 80 粒，田间管理同一般大田。成熟后，分行收获，脱粒，晾晒，室温储藏备用。从黄淮麦区 161 个参试材料中选择 101 个代表材料重点分析黄淮区小麦面团粉质特性。

（二）试验方法

利用实验磨粉机（LRMM8040-3-D，江苏无锡锡粮机械制造有限公司）制取面粉，出粉率为 65%左右；依据国标 GB5009.3—1985 测定面粉水分含量；利用粉质仪（820604，德国 Brabender 公司）测定面团的吸水率、形成时间和稳定时间等粉质参数；采用平均连接法对 101 个参试小麦品种（系）面团粉质参数进行聚类分析。

（三）数据分析

利用 Excel 软件和 SPSS 19.0 软件进行数据分析。

二、277 个小麦品种（系）面团粉质参数的变异分布

由表 3-6 可看出，除吸水率外，面团粉质参数的变异系数均较高，大于 70%，说明粉质参数在品种间变异丰富，有利于通过育种手段对其进行改良。参试材料的面团形成时间平均为 6.6min，变异幅度为 1.2～28.7min，变异系数为 85.9%，高于平均值的有 90 个，占总材料数的 32.5%；稳定时间平均为 11.3min，变异幅度为 1.2～41.2min，高于平均值的有 110 个，占总材料数的 39.7%；粉质质量指数平均为 136.8，变异幅度为 23.0～420.0，高于平均值的有 111 个，占总材料数的 40.1%。吸水率的变异幅度最小，仅为 7.3%，平均值为 56.7%，变异幅度为 46.2%～67.8%。

表 3-6　217 份参试材料粉质参数总体表现

粉质参数	平均值	最小值	最大值	标准差	变异系数/%
吸水率/%	56.7	46.2	67.8	4.1	7.3
形成时间/min	6.6	1.2	28.7	5.6	85.9
稳定时间/min	11.3	1.2	41.2	9.5	84.0
弱化度/FU	39.6	1.0	180.0	34.3	86.5
粉质质量指数	136.8	23.0	420.0	99.9	73.1

由来自国内外小麦品种(系)的面团粉质参数及其方差分析(表 3-7)可看出,国外引进品种的面团形成时间、稳定时间和粉质质量指数均高于国内品种(系),且达到显著差异($P<0.05$)。其中,国外引进品种的面团形成时间平均为 7.6min,变幅为 1.4~22.7min,变异系数为 79.1%;面团稳定时间平均为 14.2min,变幅为 1.9~33.7min,变异系数为 73.7%;粉质质量指数平均为 163.4,变幅为 23~364,变异系数为 66.7%。国外引进品种和国内品种(系)的吸水率变异系数均较小,且差异不显著。

表 3-7　不同来源参试材料面团粉质参数比较分析

粉质参数	国内			国外		
	平均值	变异系数/%	变异幅度	平均值	变异系数/%	变异幅度
吸水率/%	56.9a	7.6	46.2~64.8	56.7a	7.0	47.0~65.6
形成时间/min	5.8b	80.3	0.8~22.8	7.6a	79.1	1.4~22.7
稳定时间/min	9.2b	84.0	1.2~34.6	14.2a	73.7	1.9~33.7
粉质质量指数	116.9b	71.8	25~378	163.4a	66.7	23~364

注:同行不同小写字母表示处理之间在 0.05 水平存在显著性差异

由表 3-8 可看出,277 份参试材料面团粉质参数的变异幅度很大,参数值极高或极低的材料,可作为培育优质小麦新品种的重要亲本。其中 71.8%的品种(系)吸水率在 50.0%~60.0%,而高于 65.0%的品种(系)只有 5 个,仅占总品种(系)数的 1.8%,来自山东的品系 DH5148 的吸水率最高,为 67.8%;丰优 7 号的吸水率仅为 46.2%。形成时间在 2.5~15.0min 的品种(系)有 193 个,占总数的 69.6%,高于 15.0min 的有 32 个品种(系),占总数的 11.6%,云南麦的面团形成时间最高,为 28.7min;洛麦 24、驻麦 6 号等 4 个品种(系)的最低为 1.2min。35.7%品种(系)的面团稳定时间在 2.5~7.0min,54.2%品种(系)的稳定时间大于 7.0min,有 109 个品种(系)大于 10.0min,其中陕麦 94-1-44 的面团稳定时间最大(41.2min),来自北京的品系 CP20-3-1-2-1-1F13 的参数值最低(1.2min)。大多数小麦品种(系)的粉质质量指数在 50.0~180.0,占总材料数的 56.0%,51 个品种(系)的粉质质量指数高于 250.0，占总数的 18.4%，其中品系陕麦 94-1-44 的粉质质量指数最高（420.0），泰山 027 的粉质质量指数最小，仅为 23.0。

表 3-8　参试材料面团粉质参数的分布

粉质参数		品种（系）个数/个	占总数比例/%
吸水率/%	≤50.0	19	6.9
	50.0～60.0	199	71.8
	60.0～65.0	54	19.5
	≥65.0	5	1.8
形成时间/min	≤2.5	52	18.8
	2.5～7.0	148	53.4
	7.0～15.0	45	16.2
	≥15.0	32	11.6
稳定时间/min	≤2.5	28	10.1
	2.5～7.0	99	35.7
	7.0～10.0	41	14.8
	≥10.0	109	39.4
粉质质量指数	<50.0	49	17.7
	50.0～180.0	155	56.0
	180.0～250.0	22	7.9
	≥250.0	51	18.4

三、黄淮麦区小麦品种（系）面团粉质特性的统计分析

由表 3-9 可知，黄淮麦区 101 份参试材料除吸水率的变异系数较小外，其他粉质参数的变异系数均大于 60%，特别是面团稳定时间和弱化度的变异系数较大，分别达到 81.08% 和 87.43%，说明参试材料的粉质参数间变异较大。吸水率的平均值为 59.2%，其中高于平均值的有 55 个品种（系），占总数的 54.5%；面团形成时间的平均值为 5.9min，高于平均值的有 37 个品种（系），占总数的 36.6%；稳定时间的平均值为 8.8min，高于平均值的有 37 个品种（系），占总数的 36.6%，低于平均值的有 63 个品种（系），占总数的 62.4%；弱化度的平均值 48.1FU，高于平均值的有 39 个品种（系），占总数的 38.6%；粉质质量指数的平均值为 114.3，高于平均值的有 39 个品种（系），占总数的 38.6%，低于平均值的有 62 个品种（系），占总数的 61.4%。

表3-9　黄淮麦区101份参试材料面团粉质参数的变异统计量

指标	平均值	最小值	最大值	标准差	变异系数/%
吸水率/%	59.2	49.6	65.6	3.54	5.99
形成时间/min	5.9	1.2	19.3	3.88	66.34
稳定时间/min	8.8	1.3	34.4	7.17	81.08
弱化度/FU	48.1	1	181	42.09	87.43
粉质质量指数	114.3	22	381	76.95	67.34

四、黄淮麦区小麦品种(系)面团粉质特性的分布

由表3-9和表3-10得出,参试材料吸水率的变异幅度为49.6%~65.6%,其中80个品种(系)的吸水率处在55.0%~65.0%,占总数的79.2%,高于65.0%的仅有2个品种(系),占总数的2.0%。

表3-10　黄淮麦区101份参试材料面团粉质参数的分布

粉质参数	分布范围	品种(系)数/个	占总数比例/%	累计比例/%
吸水率	≤55.0%	19	18.8	18.8
	55.0%~65.0%	80	79.2	98.0
	≥65.0%	2	2.0	100
形成时间	≤3.0min	19	18.8	18.8
	3.0~7.0min	57	56.4	75.2
	≥7.0min	25	24.8	100
稳定时间	≤2.5min	11	10.9	10.9
	2.5~7.0min	42	41.6	52.5
	7.0~10.0min	13	12.9	65.4
	≥10.0min	35	34.6	100
弱化度	<60.0FU	65	64.4	64.4
	60.0~100.0FU	26	25.7	90.1
	>100.0FU	10	9.9	100
粉质质量指数	<50.0	18	17.8	17.8
	50.0~180.0	66	65.4	83.2
	>180.0	17	16.8	100

面团形成时间的变异幅度为1.2~19.3min,其中形成时间≤3min的小麦品种(系)有19个,占总数的18.8%;形成时间≥7min的小麦品种(系)有25个,占总数的24.8%,多数品种在小于7min的范围内,占总数的75.2%。

面团稳定时间的变异幅度为1.3~34.4min,其中稳定时间≥10min的面粉在参试材料中占34.6%,稳定时间在7.0~10.0min的面粉在参试材料中占12.9%,稳定时间≤2.5min的面粉在参试材料中占10.9%,稳定时间在2.5~7.0min的面粉在

参试材料中占 41.6%,比例较高。弱化度的变异幅度为 1~181FU,其中弱化度小于 60FU 的材料占总数的 64.4%,比例较大。弱化度>100FU 的面粉占总数的 9.9%,所占比例较小。

粉质质量指数变异幅度为 22~381,其中小于 50 的材料占总数的 17.8%,德国 Brabender 公司将中筋面粉的上限值规定为 180[35],因此粉质质量指数在 50~180 的中筋面粉占 65.4%,比例较高;粉质质量指数大于 180 的强筋面粉占总数的 16.8%。

五、黄淮麦区不同来源小麦品种(系)的面团粉质特性

由表 3-11 可知,来自陕西、河北、山东材料的吸水率显著($P<0.05$)高于河南的,来自河北参试材料的弱化度显著高于山东的,其他参数在不同省份间的差异均不显著,说明黄淮冬麦区内不同省份材料间的面团粉质参数差异较小。

表 3-11　不同省份小麦品种(系)的面团粉质参数

省份	材料数/个	吸水率/%		形成时间/min		稳定时间/min		弱化度/FU		粉质质量指数	
		平均值	变幅	平均值	变幅	平均值	变幅	平均值	变幅	平均值	变幅
陕西	12	62.2a	57.7~65.6	7.0a	3.0~19.2	10.3a	2.2~34.4	41.9ab	1.0~129.0	134.8a	37.0~381.0
河北	20	60.7a	56.4~65.4	7.3a	2.0~19.3	10.3a	1.3~30.9	58.1a	6.0~181.0	132.1a	32.0~337.0
山东	10	60.3a	56.2~63.6	6.4a	1.8~11.2	11.2a	3.0~26.4	26.2b	6.0~87.0	142.5a	46.0~318.0
河南	59	57.8b	49.6~64.4	5.0a	1.2~17.2	7.6a	1.3~24.3	49.7ab	1.0~165.0	99.3a	22.0~254.0
总计	101	59.2	49.4~65.6	5.9	1.2~19.3	8.8	1.3~34.4	48.1	1.0~181.0	114.3	22.0~381.0

注:同列不同小写字母表示处理之间在 0.05 水平存在显著性差异

来源于河南的小麦品种(系)吸水率的变幅为 49.6%~64.4%,大于陕西、河北、山东。来源于山东的小麦品种(系)面团形成时间的变幅为 1.8~11.2min,小于其他 3 个省份。来源于山东、河南的小麦品种(系)面团稳定时间的变幅相当,小于河北、陕西两省份。来源于河北的小麦品种(系)面团弱化度的变幅为 6.0~181.0FU,大于其他省份,其中山东省的变异幅度最小,为 6.0~87.0FU。来源于陕西省小麦品种(系)的面团粉质质量指数变异幅度为 37.0~381.0,居 4 个省份首位,河南省的最小。

六、黄淮麦区小麦品种(系)面团粉质特性的聚类分析

采用平均连接法对 101 个参试品种(系)面团粉质参数进行了聚类分析(图3-1)。101 个小麦参试品种(系)根据粉质特性指标可分为 4 类。

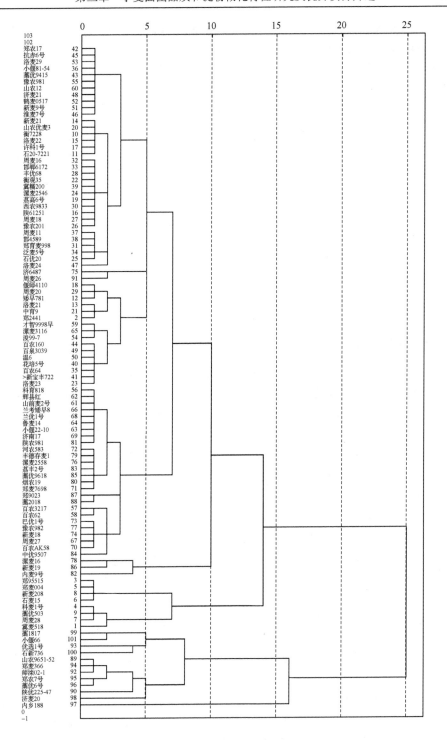

图 3-1 101 个小麦品种（系）面团粉质参数的聚类分析

第一类：包括郑农 17、抗赤 6 号、洛麦 29 等 81 个品种(系)，吸水率、形成时间、稳定时间、弱化度、粉质质量指数的平均值分别为 59.0%、4.9min、7.3min、43.7FU、97.6；变异幅度分别为 50.2%~64.4%、1.2~10.3min、1.3~18.2min、1~107FU、22~192。

第二类：包括郑麦 004、郑 95515、新麦 208 等 8 个品种(系)，吸水率、形成时间、稳定时间、弱化度、粉质质量指数的平均值分别为 59.5%、2.8min、1.7min、148FU、36；变异幅度分别为 54.2%~65.4%、1.9~3.7min、1.3~2.2min、129~181FU、27~45。

第三类：包括藁 1817、小偃 66、优选 1 号等 11 个品种(系)，吸水率、形成时间、稳定时间、弱化度、粉质质量指数的平均值分别为 61.1%、14.1min、23.8min、8.4FU、281.5；变异幅度分别为 57.8%~65.6%、11.2~19.3min、17.8~34.4min、2~13FU、221~381。

第四类：内乡 188 一个品种，吸水率、形成时间、稳定时间、弱化度、粉质质量指数分别为 49.6%、17.2min、24.3min、47FU、254。

七、讨论与结论

本研究结果表明，参试材料的面团粉质参数，除吸水率的变异系数较小外，其他参数的变异系数均较大，这与李雪琴等[36]的研究结果基本一致。参试材料面团粉质参数的分布特点为，79.2%的小麦品种(系)的吸水率处在 55.0%~65.0%，高于 65.0%的仅有 2 个；75.2%的小麦品种(系)的面团形成时间小于 7min，大于 7min 的仅有 25 个，占总数的 24.8%；64.4%的小麦品种(系)的弱化度小于 60FU，大于 100FU 的仅占 9.9%；65.4%的小麦品种(系)的粉质质量指数为 50.0~180.0，高于 180.0 的仅有 17 个，占总数的 16.8%；41.6%的小麦品种(系)的面团稳定时间在 2.5~7.0min，高于 10min 的材料有 35 个，占总数的 34.6%。依据国标规定：一等强筋小麦的面团稳定时间≥10min，二等强筋小麦的面团稳定时间≥7min，弱筋小麦的面团稳定时间≤2.5min [37-38]，说明黄淮麦区的强筋小麦品种较少，多数为中筋材料。

不同省份间比较可知，来自陕西、河北、山东参试材料的吸水率显著高于河南，来自河北参试材料的弱化度显著高于山东，其他参数在不同省份间差异均不显著，说明黄淮冬麦区内不同省份材料间的面团粉质参数差异较小。综合各项参数值，来源于河南的参试材料变化幅度较小，变异相对稳定，来源于陕西的材料变化范围大，可作为选育不同筋力小麦的优良亲本。

聚类分析结果表明，101 个参试材料可分为 4 类，其中 81 个小麦品种(系)归为一类，其吸水率、形成时间、稳定时间、弱化度、粉质质量指数的平均值分别为 59.0%、4.9min、7.3min、43.7FU、97.6。

第三节　面团流变学特性分析方法比较

及其主要参数相关性分析

目前国内分析面团流变学特性的仪器主要有德国 Brabender 公司生产的粉质仪、拉伸仪，美国 National 公司生产的揉混仪，北京东方孚德技术发展中心生产的粉质仪、拉伸仪。近几年瑞典 Perten 公司推出的全自动微型粉质仪(Micro-dough lab)也可用于测定面粉吸水率、形成时间、稳定时间等面团流变学指标，该仪器具有用量少(4g)、操作简便等优点，适用于育种早期世代材料的品质筛选，但在国内使用得较少。

有关 Brabender 粉质仪、拉伸仪及 National 揉混仪品质指标之间相关关系的研究，前人已有报道。刘艳玲等以 27 个筋力不同的小麦品种(系)为材料研究了 Brabender 粉质仪、拉伸仪及 National 揉混仪指标之间的相关性[39]；申小勇等用 241 份材料研究了这 3 种仪器指标间的相关性[17]；魏益民等以 3 种不同筋力的面粉标准样品为材料，以不同实验室的 17 台粉质仪和 11 台拉伸仪(包括 Brabender 和北京东方孚德技术发展中心生产的仪器)为比对仪器，分析研究了不同实验室的粉质仪和拉伸仪在测定面团流变学特性方面的准确度和精确度[40]。然而关于 Brabender 粉质仪、拉伸仪，National 揉混仪，东方孚德粉质仪、拉伸仪及 Perten 微型粉质仪品质指标间相关关系的研究尚未见报道。因此，河南科技学院小麦中心以 8 个不同筋力的小麦品种(系)为试验材料，分析研究了 6 种仪器测定的粉质参数、拉伸参数及揉混参数间的相关关系，旨在为我国小麦品质分析检测、小麦育种工作及品质仪器的利用提供理论依据。

一、研究方法概述

(一)试验材料

试验选用 8 个小麦品种(系)，其中，02-1、APH、DNS、979、济南 17 为强筋小麦，郑 366 为中强筋小麦，矮抗 58 为中筋小麦，PIN1 为弱筋小麦，以上材料均由中粮(新乡)小麦有限公司和河南科技学院小麦中心提供。

(二)试验方法

1. 磨粉

磨粉用的仪器为实验磨粉机(LRMM8040-3-D,江苏无锡锡粮机械制造有限公司)，出粉率 65%左右。

2. 水分的测定

面粉水分的测定依据 GB/T21305—2007《谷物及谷物制品水分的测定 常规法》/ISO712:1998。

3. 面团流变学指标测定方法

①粉质参数的测定。分别用 4g 微型粉质仪(Micro-dough lab，瑞典 Perten 公司)、50g 粉质仪(820604，德国 Brabender 公司)、300g 粉质仪(JFZD，北京东孚久恒仪器技术有限公司)测定面团的吸水率、形成时间和稳定时间等粉质参数，方法参照 GB/T14614—2006《小麦粉 面团的物理特性吸水量和流变学特性的测定粉质仪法》/ISO5530—1：1997。②拉伸参数。分别采用 Brabender Extensograph-E 型电子式拉伸仪和 JMLD150 面团拉伸仪(北京东孚久恒仪器技术有限公司)测定拉伸曲线面积、延伸度和最大拉伸阻力等拉伸参数，方法参照 GB/T14615—2006《小麦粉 面团的物理特性 流变学特性的测定 拉伸仪法》/ISO5530—2：1997。③揉混参数。采用 National 10g 揉混仪测定和面时间、峰值面积、峰值高度、尾高和 8min 尾高等揉混参数，方法参照国际标准 AACC08—01。

（三）数据分析

试验数据均为 2 次重复的平均值，且均由同一人完成。采用 SPSS 数据处理软件和 Excel 系统进行分析。

二、面团流变学主要指标变异

由表 3-12 可以看出，在粉质仪参数中，吸水率的平均值为 63.1%，变幅最小(59.4%～69.8%)，变异系数也最小，仅为 5.4；面团形成时间平均为 6.1min，变幅较大，为 3.2～11.3min，变异系数为 53.4%；面团稳定时间的平均值为 12.0min，变幅为 1.7～21.5min，变异系数高达 65.2%，说明品种间差异较大；弱化度的平均值为 44.4FU，变幅较大，为 12.5～111.2FU，变异系数最大(87.9%)。

表 3-12　参试材料面团流变学指标的特征表现

统计量	粉质仪参数				拉伸仪参数			揉混仪参数				
	吸水率/%	形成时间/min	稳定时间/min	弱化度/FU	拉伸曲线面积/cm²	延伸度/mm	最大拉伸阻力/EU	和面时间/min	峰值高度/%	峰值面积/%*TQ*min	尾高/%	8min尾高/%
平均值	63.1	6.1	12	44.4	114.9	143	642	4.1	47	144.1	34.9	37.2
标准差	3.4	3.2	7.8	39	48.4	21.3	272.3	1.4	5.6	44.6	3.8	4.3
变幅	59.4～69.8	3.2～11.3	1.7～21.5	12.5～111.2	45.0～191.5	108.5～174.5	198.5～1115.0	1.5～6.0	38.1～56.9	56.0～207.3	29.4～40.7	30.7～43.6
变异系数/%	5.4	53.4	65.2	87.9	42.1	14.9	42.4	34.1	12	30.9	10.9	11.5

在拉伸仪的参数中，拉伸曲线面积平均为 114.9cm²，变异幅度较大(45.0～191.5cm²)，变异系数为 42.1%；延伸度平均为 143mm，变异幅度较小，为 108.5～174.5mm，变异系数也较小，只有 14.9%；最大拉伸阻力平均为 642EU，变异幅度较大，为 198.5～1115.0EU，变异系数较高，达 42.4%。

在揉混仪参数中，和面时间和峰值面积的变异系数较大，分别为 34.1%、30.9%，说明品种间的变异较大；峰值高度、尾高和 8min 尾高的变异系数较小，分别为 12.0%、10.9%、11.5%，说明品种间的变异比较小。

三、3 种粉质仪测定结果的比较

分别取 3 种粉质仪测定结果的平均值，计算每个参试材料的变异系数，用来表示其准确度，变异系数越小说明 3 种仪器测定结果间的差异越小，也就是结果的精确度越高；反之，说明结果的精确度越低。由表 3-13 可以看出，吸水率的变异系数最小，平均仅为 1.8%；面团形成时间的变异系数较大，每个参试材料的变异系数均大于 25.0%，平均为 40.0%，说明 3 个仪器的测定结果间差异较大；面团稳定时间的变异系数也较小，但参试材料间的差异较大，其中弱筋小麦 PIN1 的变异系数最大，为 24.1%，说明不同筋力的小麦对仪器结果的精确度也有影响；弱化度的变异系数在不同参试材料间的变化幅度较大，为 2.5%～28.2%，说明弱化度的测定结果较不稳定。

表 3-13　3 种粉质仪测定结果的精确度

小麦材料	变异系数/%			
	吸水率	形成时间	稳定时间	弱化度
02-1	1.4	48.6	10.4	26.7
DNS	1.7	28.7	5.2	28.2
济南 17	3.4	39.8	3.9	2.5
西农 979	2.9	60.3	8.3	18
郑麦 366	2.1	36.4	4.5	24.8
APH	0.4	26.2	17.3	25.2
矮抗 58	0.9	33.1	11.7	7.1
PIN1	1.8	46.5	24.1	18.7
平均值	1.8	40	10.7	18.9

以 8 个参试材料在 3 种粉质仪上测定结果的平均值作折线图(图 3-2)，可表示 3 种粉质仪测定结果的变化趋势。由图 3-2 可以看出，3 种仪器测定的面团粉质参数的变化趋势基本一致，但每个材料的参数值之间有差异。用 Brabender 粉质仪测定的 8 个材料的面团吸水率和形成时间均最高，东方孚德粉质仪的次之，微型

粉质仪的测定值最低。3 个仪器测定的面团稳定时间和弱化度没有明显的规律性，但 8 个材料测定值的变化趋势基本一致。3 种仪器测定的面团吸水率之间吻合度最好，面团形成时间之间的差异最大。

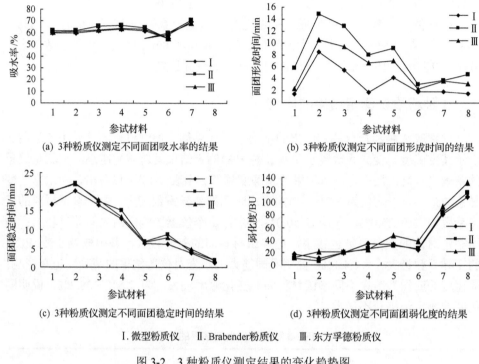

(a) 3 种粉质仪测定不同面团吸水率的结果　　　(b) 3 种粉质仪测定不同面团形成时间的结果

(c) 3 种粉质仪测定不同面团稳定时间的结果　　　(d) 3 种粉质仪测定不同面团弱化度的结果

Ⅰ. 微型粉质仪　　Ⅱ. Brabender粉质仪　　Ⅲ. 东方孚德粉质仪

图 3-2　3 种粉质仪测定结果的变化趋势图

通过 3 种粉质仪参数间的相关性分析结果(表 3-14)可知，3 种粉质仪测定的吸水率、形成时间、稳定时间和弱化度 4 个参数间的相关性均达到极显著正相关，其中吸水率间的相关系数最大，均大于 0.998；面团形成时间的相关性最低，但也均达到了极显著正相关水平。说明 3 种粉质仪都可用于评价面团的筋力、耐搅性，可以准确地评价和确定面粉的品质和适用范围。

四、两种拉伸仪的测定结果比较

以 8 个参试材料在 2 种拉伸仪上测定结果的平均值作折线图(图 3-3)，表示 2 种仪器测定结果的变化趋势。可以看出，2 种仪器所测面团延伸度的变化趋势基本一致，说明延伸度在 2 个仪器间的稳定性较好；2 种仪器所测的拉伸曲线面积和最大拉伸阻力的变化趋势也基本一致，但稍有差异，说明拉伸曲线面积和最大拉伸阻力在不同仪器间的稳定性没有延伸度好，其中 Brabender 拉伸仪测定的最大拉伸曲线面积均高于东方孚德拉伸仪的测定值。

表 3-14　3 种粉质仪参数间的相关性

粉质参数	吸水率I	吸水率II	吸水率III	形成时间I	形成时间II	形成时间III	稳定时间I	稳定时间II	稳定时间III	弱化度I	弱化度II	弱化度III
吸水率I	1											
吸水率II	0.998**	1										
吸水率III	0.999**	0.999**	1									
形成时间I	−0.107	−0.085	−0.084	1								
形成时间II	0.240	0.277	0.264	0.867**	1							
形成时间III	−0.022	0.018	0.001	0.885**	0.928**	1						
稳定时间I	0.121	0.150	0.144	0.587	0.755*	0.595	1					
稳定时间II	0.123	0.149	0.145	0.514	0.684*	0.507	0.993**	1				
稳定时间III	0.071	0.097	0.094	0.552	0.691*	0.520	0.993**	0.994**	1			
弱化度I	0.408	0.384	0.385	−0.499	−0.442	−0.443	−0.705*	−0.719*	−0.721*	1		
弱化度II	0.363	0.337	0.339	−0.467	−0.448	−0.436	−0.737*	−0.755*	−0.751*	0.995**	1	
弱化度III	0.394	0.365	0.371	−0.400	−0.411	−0.413	−0.743*	−0.761*	−0.757*	0.978**	0.988**	1

注：I 表示微型粉质仪的测定结果，II 表示 Brabender 粉质仪的测定结果，III 表示东方孚德粉质仪测定结果

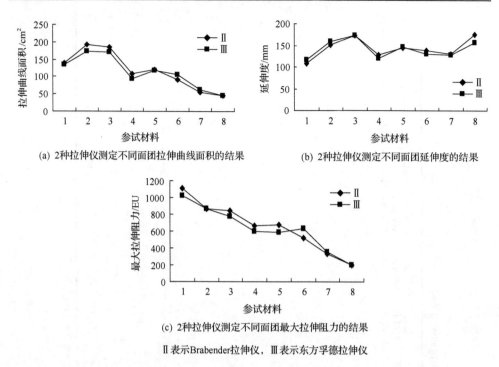

(a) 2种拉伸仪测定不同面团拉伸曲线面积的结果　　(b) 2种拉伸仪测定不同面团延伸度的结果

(c) 2种拉伸仪测定不同面团最大拉伸阻力的结果

Ⅱ表示Brabender拉伸仪，Ⅲ表示东方孚德拉伸仪

图 3-3　2 种拉伸仪测定结果的变化趋势图

通过 2 种拉伸仪参数间相关分析(表 3-15)可看出，2 种拉伸仪所测定的拉伸曲线面积、延伸度和最大拉伸阻力 3 个拉伸参数间的相关性均达到极显著正相关水平，其中拉伸曲线面积的相关系数为 0.987，延伸度的相关系数为 0.920，最大拉伸阻力间的相关系数为 0.975。以上结果说明，2 种拉伸仪的拉伸指标均可以用来评价面团的强度、弹性和延伸性，并可以准确地评价面粉的品质状况。

表 3-15　2 种拉伸仪参数间的相关性

拉伸参数	拉伸曲线面积Ⅱ	拉伸曲线面积Ⅲ	延伸度Ⅱ	延伸度Ⅲ	最大拉伸阻力Ⅱ	最大拉伸阻力Ⅲ
拉伸曲线面积Ⅱ	1					
拉伸曲线面积Ⅲ	0.987**	1				
延伸度Ⅱ	0.068	0.029	1			
延伸度Ⅲ	0.397	0.367	0.920**	1		
最大拉伸阻力Ⅱ	0.842**	0.845**	−0.396	−0.080	1	
最大拉伸阻力Ⅲ	0.838**	0.865**	−0.414	−0.099	0.975**	1

注：Ⅱ表示 Brabender 拉伸仪的测定结果，Ⅲ表示东方孚德拉伸仪测定结果

五、面团流变学指标间的相关性分析

用 Brabender 粉质仪、Brabender 拉伸仪和揉混仪测定参数的平均值分析各面团流变学指标间的相关性（表 3-16）。可以看出，粉质仪测定的面团形成时间与拉伸仪测定的拉伸曲线面积、揉混仪测定的尾高和 8min 尾高之间均呈极显著正相关；面团稳定时间与拉伸仪测定的最大拉伸阻力和揉混仪测定的峰值面积、尾高和 8min 尾高之间呈极显著正相关，与和面时间呈显著正相关。

拉伸仪测定的拉伸曲线面积与最大拉伸阻力之间呈极显著正相关，与粉质仪测定的面团形成时间、稳定时间和揉混仪测定的尾高、8min 尾高之间呈极显著正相关；最大拉伸阻力与粉质仪测定的面团稳定时间之间呈极显著正相关，与揉混仪测定的峰值面积、尾高、8min 尾高之间均呈显著正相关。

揉混仪测定的和面时间与峰值面积、尾高与 8min 尾高之间均呈极显著正相关，峰值面积与尾高和 8min 尾高间均呈显著正相关；和面时间与粉质仪测定的稳定时间之间呈显著正相关；峰值面积与粉质仪测定的稳定时间之间呈极显著正相关，与拉伸仪测定的最大拉伸阻力之间呈显著正相关；尾高和 8min 尾高与粉质仪测定的形成时间、稳定时间和拉伸仪测定的拉伸曲线面积之间均呈极显著正相关，与最大拉伸阻力之间均呈显著正相关。

此外，粉质仪测定的吸水率与其他各流变学指标间的相关性均不显著，弱化度与拉伸仪测定的拉伸曲线面积、最大拉伸阻力和揉混仪测定的峰值面积之间均呈极显著负相关，与和面时间、尾高和 8min 尾高之间呈显著负相关；拉伸仪测定的延伸度与其他各流变学指标间的相关性均不显著；揉混仪测定的峰值高度与其他各流变学指标间的相关性也未达到显著水平。

六、讨论与结论

目前国内普遍采用的粉质仪是 Brabender 粉质仪和东方孚德粉质仪，而微型粉质仪的用户较少。本研究对 3 种粉质仪的测试参数进行比较后发现，3 种仪器测定的吸水率、面团形成时间、面团稳定时间和弱化度 4 个粉质参数均存在极显著正相关性，说明微型粉质仪可用于准确评价小麦面团的品质。同时由于微型粉质仪所需样品量少（4g），操作简便，特别适用于育种研究初期各项粉质指标的测定。

此外，Brabender 拉伸仪和东方孚德拉伸仪测定的拉伸曲线面积、延伸度和最大拉伸阻力等指标间均存在极显著正相关关系，说明两种拉伸仪均可以用来评价小麦面团的拉伸性能。

国际上常用检测面团流变学特性的粉质仪（farinograph）、揉混仪（mixograph）和拉伸仪（extensograph）已在小麦育种、小麦专用粉加工及面食品制作等方面起到

表 3-16　面团流变学指标间的相关性

指标	吸水率	形成时间	稳定时间	弱化度	拉伸曲线面积	延伸度	最大拉伸阻力	利面时间	峰值高度	峰面积	尾高	8min尾高
吸水率	1.000											
形成时间	0.259	1.000										
稳定时间	-0.142	0.671	1.000									
弱化度	0.412	-0.539	-0.845**	1.000								
拉伸曲线面积	-0.078	0.867**	0.889**	-0.836**	1.000							
延伸度	0.537	0.370	-0.245	0.366	0.068	1.000						
最大拉伸阻力	-0.191	0.536	0.903**	-0.884**	0.842**	-0.396	1.000					
利面时间	-0.434	0.337	0.736*	-0.812*	0.538	-0.560	0.619	1.000				
峰高	0.559	0.523	0.305	-0.052	0.483	0.466	0.385	-0.383	1.000			
峰面积	-0.360	0.521	0.843**	-0.879**	0.703	-0.478	0.738*	0.972**	-0.182	1.000		
尾高	-0.047	0.866**	0.891**	-0.796**	0.958**	0.111	0.748*	0.614	0.386	0.756*	1.000	
8min尾高	-0.064	0.853**	0.905**	-0.817*	0.945**	0.051	0.754*	0.678	0.321	0.807*	0.996**	1.000

了重要的作用。其中粉质仪测定的主要是加水生面团的流变学特性,拉伸仪测定的主要是醒发面团的流变学特性,而揉混仪参数与烘焙试验的相关性很高[41]。本研究表明,粉质仪、拉伸仪和揉混仪测定的主要参数间存在显著的相关性,其中粉质仪测定的面团形成时间与拉伸仪测定的拉伸曲线面积、揉混仪测定的尾高和8min 尾高之间均呈极显著正相关;面团稳定时间与拉伸仪测定的最大拉伸阻力和揉混仪测定的峰值面积、尾高和 8min 尾高之间呈极显著正相关,与和面时间呈显著正相关,与刘艳玲等的测定结果[39]基本一致。

本研究中 6 种仪器测定的面团流变学参数间存在极显著或显著正相关性,因此在小麦育种过程中,可以根据某一种仪器的分析结果粗略判断小麦材料的品质特性,从而节省时间和人力。同时微型粉质仪的测定结果与 Brabender 粉质仪和东方孚德粉质仪测定结果之间相关性也达极显著水平,完全可用于小麦品质的检测,从而满足育种早期因世代材料量少而形成的科研需求。

第四节 蛋白质和淀粉对面团流变学特性和淀粉糊化特性的影响

迄今,研究者已对小麦粉面团的流变学特性进行了大量的研究,主要涉及蛋白质(谷蛋白和醇溶蛋白)、淀粉、脂类和食品添加剂对面团流变学特性的影响[20,31,42],得出了许多有指导意义的结论。然而,关于蛋白质、淀粉和食品添加剂等对小麦淀粉糊化特性影响的报道较少,陈建省等[43]通过向普通小麦淀粉中添加 3 种类型的面筋蛋白(强筋、中筋和弱筋)研究面筋蛋白对淀粉糊化特性的影响,结果表明,随着面筋蛋白添加量的增加,峰值黏度、低谷黏度、最终黏度、黏度面积、反弹值和峰值时间都呈现明显下降趋势。宋建民等[44]研究了 5 个非糯小麦添加不同比例糯小麦粉后淀粉糊化特性和面条品质的变化,结果表明普通小麦添加糯小麦粉后,峰值黏度等指标变化不大,但糯小麦粉的添加可在一定程度上延长鲜湿面条的货架寿命。以往报道多是单纯研究面团流变学特性或淀粉糊化特性,并且添加的蛋白质和淀粉与基础面粉具有不同的基因型,这样会对结果产生一定影响。因此,河南科技学院小麦中心利用分离重组方法,以 3 个筋力不同的小麦品种(系)为材料,分别从原面粉中分离得到面筋蛋白和淀粉,通过向基础面粉添加面筋蛋白或淀粉,配成在一定淀粉含量基础上不同蛋白质含量和在一定蛋白质含量基础上不同淀粉含量的供试样品,研究面筋蛋白和淀粉含量对面团流变学特性和淀粉糊化特性的影响,为进一步研究蛋白质和淀粉在面团和面粉制品中的作用及为小麦改良和食品加工提供理论参考依据。

一、研究方法概述

(一)试验材料

以 3 个不同筋力类型小麦粉(A、B、C)为材料,由河南科技学院小麦中心提供。参试材料的主要品质指标见表 3-17。

表 3-17　参试面粉的品质特性

小麦粉	水分/%	粗蛋白/%	湿面筋/%	面筋指数/%	吸水率/%	形成时间/min	稳定时间/min	粉质质量指数
A	13.6	14.7	35.6	79.8	62.9	5.0	6.5	104
B	13.2	12.9	30.8	49.9	59.2	3.9	5.0	78
C	13.3	11.1	28.4	37.0	66.8	4.0	1.9	52

(二)仪器与设备

LRMM8040-3-D 型实验磨粉机:江苏无锡锡粮机械制造公司;820604 型粉质仪:德国 Brabender 公司;4500 型快速黏度分析仪:瑞典 Perten 公司;ALPHA1-4LSC 型冷冻干燥机:德国 Christ 公司。

(三)试验方法

用实验磨粉机(LRMM8040-3-D,江苏无锡锡粮机械制造有限公司)磨取面粉,出粉率约为 65.0%;面粉水分测定依据 GB5497—1985《粮食、油料检验水分测定法》方法;利用粉质仪测定面团的吸水率、形成时间、稳定时间和粉质质量指数等粉质参数,方法参照 GB/T14614—2006/ISO5530—1:1997《小麦粉 面团的物理特性吸水量和流变学特性的测定粉质仪法》;利用快速黏度分析仪测定峰值黏度、低谷黏度、最终黏度、稀懈值、回生值等淀粉糊化指标,方法参照 GB/T24853—2010《小麦、黑麦及其粉类和淀粉糊化特性测定 快速粘度仪法》。

面筋蛋白的制备参考 MacRitchie[45]的方法,略有改动。用氯仿提取面粉(液料比 2:1)3~4 次,然后将脱脂面粉用手洗法(液料比 2:1)洗涤 6 次,得到湿面筋;洗涤液在 5000r/min 离心 10min,弃上清液,沉淀为淀粉;利用冷冻干燥机将面筋和淀粉冷冻干燥,研磨成粉,过 80 目筛,4℃保存备用。

把分离得到的面筋蛋白和淀粉分别添加到各自的基础面粉中,均按质量比 0、2:98、4:96、6:94、8:92 的比例混合,制成配粉,使总质量为 50g 或 2.5g(14% 湿基)。

(四)数据分析

利用 DPS7.05 数据处理软件和 Excel 进行数据分析。

二、面筋蛋白和淀粉添加量对面团流变学特性的影响

(一)面筋蛋白添加量对面团流变学特性的影响

随着面筋蛋白添加量的增加，3 种筋力小麦粉配粉的粉质指标有不同程度的升高趋势，各参数变化趋势见图 3-4。3 种小麦粉配粉的吸水率均随着面筋蛋白添加量的增加，逐渐缓慢增加，且不同添加量间差异均达显著水平($P<0.05$)。添加面筋蛋白对 3 种小麦粉面团形成时间的影响均较大，但不同筋力粉的变化趋势和幅度不同，其中筋力稍强的 A 粉呈现逐渐升高的趋势，添加 4.0%、6.0%和 8.0%面筋蛋白配粉的形成时间显著高于原面粉($P<0.05$)；筋力中等的 B 粉呈现先缓慢升高，又逐渐降低的变化趋势，添加 2.0%、4.0%、6.0%和 8.0%面筋蛋白配粉的形成时间显著高于原面粉($P<0.05$)；筋力弱的 C 粉呈现"高—低—高—低"的变化趋势，添加 4.0%和 6.0%面筋蛋白配粉的形成时间显著高于原面粉($P<0.05$)。小麦粉 A、B、C 的面团稳定时间分别为 6.5min、5.0min、1.9min，表示小麦粉的筋力是 A>B>C。添加面筋蛋白后，面团稳定时间总体呈增加的趋势，且不同添加量间均存在显著差异，但不同筋力小麦粉的变化幅度不同，筋力最强的 A 粉面团稳定时间增加的幅度最大，中等筋力的 B 粉次之，筋力最弱的 C 粉增加幅度较小。随着面筋蛋白添加量的增加，3 种小麦粉配粉的粉质质量指数均呈升高的变化趋势，添加面筋蛋白的配粉粉质质量指数均显著高于原面粉($P<0.05$)，但变化幅度因原料小麦粉筋力不同有一定差异，且变化趋势受到了原料小麦品质特性的

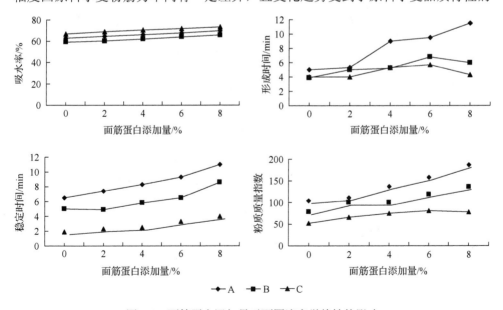

图 3-4　面筋蛋白添加量对面团流变学特性的影响

制约，变化幅度仍无法超越样品原有的品质特性。筋力较强的 A 粉，随面筋蛋白添加量的增加，呈快速上升趋势；筋力中等的 B 粉呈"先升高，后降低，再升高"的变化趋势；筋力弱的 C 粉呈先升高，然后又缓慢降低的趋势，添加 6%面筋蛋白时，配粉的粉质质量指数最高。这些结果与李永强等[20]和成军虎等[46]的结果基本一致。添加面筋蛋白后，面粉中面筋含量升高，由于面筋蛋白具有亲水性，且能增强原面团面筋的网络结构，所以可改良面团的流变学特性。

(二)淀粉添加量对面团流变学特性的影响

随着淀粉添加量的增加，3 种筋力小麦粉配粉的粉质指标总体呈降低的趋势，不同添加量间差异不大，各参数变化趋势见图 3-5。A、B、C 3 种不同筋力小麦粉配粉随淀粉添加量增加，吸水率的变化趋势无明显规律，其中 A 粉添加 2.0%淀粉后，吸水率显著高于原面粉，B 粉添加 2.0%和 8.0%淀粉后，吸水率显著高于原面粉，其他添加量差异不显著，C 粉添加 2.0%、4.0%、6.0%和 8.0%淀粉后，吸水率均显著升高($P<0.05$)。淀粉添加量对 3 种筋力小麦粉配粉的面团形成时间均有一定影响，但变化趋势各不相同，筋力较强的 A 粉的面团形成时间呈"高—低—高—低"的变化趋势，筋力中等的 B 粉面团形成时间呈先升高后降低的趋势，筋力较弱的 C 粉配粉的面团形成时间的变化趋势与 A 粉相似，也呈"高—低—高—低"的变化趋势，但 3 种小麦粉配粉面团形成时间的总体趋势均是随着淀粉添加量的增加呈降低趋势。加入不同比例淀粉后，3 种筋力小麦粉配粉的面团稳定

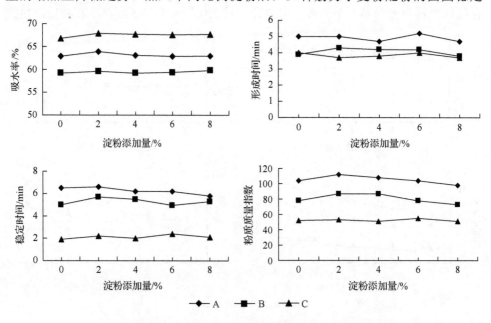

图 3-5　淀粉添加量对面团流变学特性的影响

时间呈现不同的变化趋势，筋力较强的 A 粉和筋力较弱的 C 粉总体趋势都是降低的，筋力中等的 B 粉随淀粉添加量增加的变化幅度较大，呈"低—高—低—高"的变化趋势，添加 2.0%淀粉时，配粉的面团稳定时间最长，为 5.7min。3 种小麦粉配粉的粉质质量指数的变化趋势基本相同，均呈下降趋势，但筋力较强的 A 粉和 B 粉的变化幅度较大。添加淀粉后，面粉中淀粉的含量升高，引起蛋白质含量相对较低，破坏原面团的面筋网络结构，因此会导致面团流变学特性变劣，但 3 种小麦粉的变化幅度均不显著，原因可能是由于淀粉添加量较少，对面筋网络结构的影响太小。

(三)面筋蛋白和淀粉添加量对面粉糊化特性的影响

1. 面筋蛋白添加量对面粉糊化特性的影响

随着面筋蛋白添加量的增加，参试材料配粉各糊化特性参数均表现不同的变化趋势，见图 3-6。峰值黏度、低谷黏度、最终黏度、稀懈值、回生值均呈现逐渐下降的趋势，且不同添加量间均存在显著差异($P<0.05$)，但不同筋力小麦粉的变化幅度不尽相同。筋力中等的 B 粉配粉的峰值黏度受面筋添加量的影响最大，A粉和 C 粉配粉的峰值黏度的变化趋势基本一致，变化幅度较小，但均呈现逐渐下降趋势。3 种筋力小麦粉的稀懈值的总体变化趋势也是逐渐降低的，但不同筋力的小麦粉的变化幅度不同，B 粉的变化幅度最大。随面筋蛋白添加量的增加，参试材料的低谷黏度、最终黏度和回生值的变化趋势完全一致，其中 B 粉的参数值均最高，C 粉次之，A 粉均最低，B、C 粉淀粉的低谷黏度、最终黏度和回生值随面筋蛋白添加量的增加均呈现缓慢降低的趋势，A 粉受面筋蛋白添加量的影响较小。RVA 特征黏度参数，如峰值黏度、低谷黏度、稀懈值、最终黏度和回生值等主要与淀粉浓度有关，添加面筋蛋白后，一方面体系中淀粉相对含量减少，淀粉浓度下降，另一方面，由于面筋蛋白的亲水性，又使得淀粉浓度相对升高，因此，黏度参数的变化主要取决于上述两方面的共同作用[43]。结果还表明，3 种筋力小麦粉的糊化温度受面筋蛋白添加量的影响均较小，不同添加量间差异不显著，说明糊化温度与面粉中淀粉浓度的相关性较小。

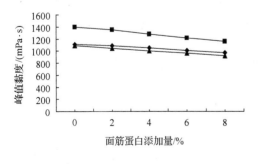
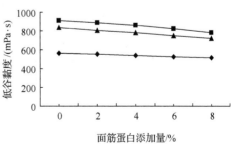

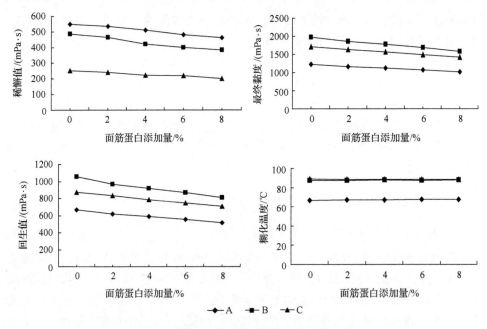

图 3-6　面筋蛋白添加量对面粉糊化特性的影响

2. 淀粉添加量对面粉糊化特性的影响

随着淀粉添加量的增加，参试材料配粉的峰值黏度、低谷黏度、最终黏度、稀懈值、回生值总体上均呈逐渐增加的变化趋势，见图 3-7，且不同添加量间差异达显著水平（$P<0.05$）。筋力中等的 B 粉配粉的峰值黏度受淀粉添加量的影响最大，A 粉和 C 粉配粉的峰值黏度的变化趋势基本一致，变化幅度较小，但均呈现逐渐增加趋势。稀懈值的总体变化趋势也是增加的，但不同筋力小麦粉的变化幅度不同，B 粉淀粉的变化幅度最大，添加 8% 淀粉时，B 粉和 A 粉的稀懈值相等；C 粉的变化幅度最小。随淀粉添加量的增加，参试材料的低谷黏度、最终黏度和回生值的变化趋势完全一致，其中 B 粉的参数值均最高，C 粉次之，A 粉均最低，B、C 粉的低谷黏度、最终黏度和回生值随淀粉添加量的增加均呈现缓慢增加的趋势，A 粉受淀粉添加量的影响较小。淀粉糊化是淀粉和蛋白质共同作用的结果，小麦粉中的面筋蛋白在糊化过程中形成网络结构，淀粉颗粒被面筋网络包住，阻碍了淀粉颗粒吸水糊化；所以当小麦粉中蛋白质的含量随着淀粉的增加而相对减少时，会削弱阻碍淀粉颗粒吸水糊化的程度[47]，最后导致糊化黏度参数值的升高。同时，添加淀粉后，糊化体系中淀粉的浓度升高，也导致了糊化黏度参数值的升高。由于淀粉糊化温度受淀粉浓度的影响较小，所以 3 种筋力小麦粉的糊化温度变化幅度均不显著。

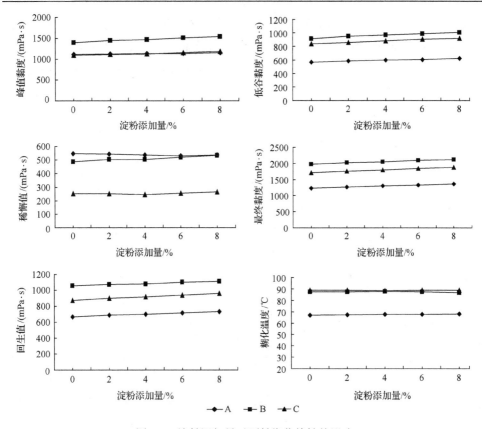

图 3-7　淀粉添加量对面粉糊化特性的影响

三、结论

本研究中，添加面筋蛋白后，3 种筋力面粉的吸水率、形成时间、稳定时间和粉质质量指数均呈逐渐增加的趋势，但不同筋力材料的变化幅度不同。其中，添加面筋蛋白配粉的吸水率均显著高于原面粉，不同添加量间差异也均达到显著水平（$P<0.05$）；形成时间变化没有一致规律性；添加 4.0%、6.0% 和 8.0% 面筋蛋白后，3 种筋力配粉的稳定时间均显著高于原面粉，且不同添加量间差异达显著水平（$P<0.05$）；添加 2.0%、4.0%、6.0% 和 8.0% 面筋蛋白后，3 种筋力配粉的粉质质量指数均显著高于原面粉（$P<0.05$）。添加面筋蛋白后，配粉的峰值黏度、低谷黏度、稀懈值、最终黏度和回生值均显著低于原面粉，并且不同添加量间均存在显著差异（$P<0.05$），但不同筋力材料的变化幅度有差异。

随着淀粉添加量的增加，配粉 RVA 特征黏度参数值均呈逐渐增加的趋势，其中峰值黏度、低谷黏度、最终黏度和回生值均显著高于原面粉（$P<0.05$），但糊化温度受淀粉添加量的影响均较小。随淀粉添加量的增加，吸水率、面团形成时间、

稳定时间和粉质质量指数均呈缓慢降低的趋势，但变化幅度较小，差异不显著。因此，在以后的研究中，应增加淀粉添加比例的范围，并分别提取直链淀粉和支链淀粉，以便更准确地研究淀粉在小麦面团流变学特性中作用，为以后小麦粉品质改良及食品加工提供参考。

第五节　小麦淀粉糊化特性分析及优质资源筛选

蛋白质和淀粉是小麦的主要成分，两者共同决定面制品品质。目前国内外对小麦蛋白质进行了较深入的研究，而有关淀粉方面的研究报道较少[48]。淀粉糊化特性主要由淀粉粒大小和比例、直链淀粉含量、直链淀粉与支链淀粉的比例等本身特性决定[49]，还受到淀粉酶活性及糊化体系中影响水分活性的其他组分如糖分[50]、蛋白质等的影响[51]。研究表明，淀粉糊化特性对面条、馒头等面制品品质有重要影响，特别是与面条品质密切相关[52]。Huang 等[53]研究认为，峰值黏度与馒头体积、比容、结构和评分间的相关系数分别达到显著和极显著水平。黏度性状不仅影响面条外观品质，对面条的质地和口感也有影响，峰值黏度与面条的色泽、光滑性、食味、总评分呈显著或极显著正相关，是评价面条品质的重要因素[51,54]。

目前国内外学者对淀粉糊化特性的影响因素[55-57]及与面条[58]、馒头[8]、面包[59]等食品加工品质的关系做了大量研究，而有关淀粉糊化特性变异特点及优质资源筛选方面的研究较少。因此，河南科技学院小麦中心以来源于不同种植区的 171 个小麦品种(系)为材料，分析研究了小麦粉糊化特性的变异特点及分布，旨在筛选优异种质材料，为小麦品质育种提供理论和材料基础。本节研究内容待发表。

一、研究方法概述

(一)试验材料

试验材料为来源于不用种植区的 171 个小麦品种(系)，其中，国外引进品种 26 个、北方冬麦区 11 个、黄淮冬麦区 103 个、长江中下游冬麦区 20 个、西南冬麦区 11 个。参试材料于 2014～2015 年度种植于河南科技学院试验基地(河南省辉县市)。每份材料种植 2 行，行距 25cm，行长 4m，每行播种 80 粒，田间管理同一般大田。成熟后，分行收获，脱粒，晾晒，室温储藏备用。

(二)试验方法

每个参试材料取籽粒 1kg，利用实验磨粉机(LRMM8040-3-D，江苏无锡锡粮机械制造有限公司)磨粉，出粉率 64%左右；依据 GB5009.3—1985 方法测定面粉水分含量；利用快速黏度分析仪(RVA4500，瑞典 Perten 公司)测定面粉的糊化特性，方法参照 AACC76—21。

（三）数据分析

利用 DPS7.05 数据处理软件和 Excel 进行数据分析。

二、参试材料小麦淀粉糊化特性的变异分布

由表 3-18 可知，除峰值时间外，淀粉糊化特征参数的变异系数均大于 10%，其中稀懈值的变异系数最大，为 22.33%。所有淀粉糊化特征参数在不同品种间的差异均达到极显著水平（$P<0.05$）。参试材料的峰值黏度平均为 2632cP，变异幅度为 1374～3352cP，变异系数为 12.63%，高于平均值的有 97 个小麦品种（系），占总材料数的 56.7%；低谷黏度的平均值为 1753cP，变异幅度为 663～2288cP，变异系数为 15.60%，高于平均值的有 98 个小麦品种（系），占总材料数的 57.3%；稀懈值平均为 871cP，变幅为 370～1561cP，变异系数为 22.33%，高于平均值的有 85 个小麦品种（系），占总材料数的 49.7%；最终黏度平均为 3088cP，变幅为 1464～3770cP，变异系数为 12.35%，高于平均值的有 100 个小麦品种（系），占总材料数的 58.5%；回生值平均为 1327cP，变幅为 801～1730cP，变异系数为 11.13%，高于平均值的有 90 个小麦品种（系），占总材料数的 52.6%；峰值时间平均为 6.34min，变幅为 5.64～6.67min，变异系数为 2.62%，高于平均值的有 87 个小麦品种（系），占总材料数的 50.9%；糊化温度平均为 77.57℃，变幅为 65.95～88.80℃，变异系数为 11.97%，高于平均值的有 89 个小麦品种（系），占总材料数的 52.0%。

表 3-18　参试材料淀粉糊化特性的方差分析

淀粉糊化指标	平均值	变幅	极差	F 值	变异系数/%	标准差
峰值黏度/cP	2632	1374～3352	1978	65.67**	12.63	332.50
低谷黏度/cP	1753	663～2288	1625	13.82**	15.60	273.44
稀懈值/cP	871	370～1561	1191	122.38**	22.33	194.58
最终黏度/cP	3088	1464～3770	2306	133.56**	12.35	381.34
回生值/cP	1327	801～1730	929	60.16**	11.13	147.77
峰值时间/min	6.34	5.64～6.67	1.03	20.15**	2.62	0.17
糊化温度/℃	77.57	65.95～88.80	22.85	36.56**	11.97	9.29

由图 3-8 可看出，参试材料淀粉糊化特征参数基本呈正态分布，且同时存在含量极高和极低的材料，可作为培育优质专用小麦品种的首选亲本。其中，峰值黏度主要集中在 2250～3000cP，约有 140 个品种（系）处在此范围，占总数的 81.9%；高于 3200cP 的仅有 5 个品种（系），分别为来自贵州的丰优 7 号、来自山东的山农优麦 3 号、来自四川的品系 L661，以及来自河南的郑麦 08H286-47 和郑麦 366，

其中郑麦 366 的峰值黏度最高，为 3352.0cP；低于 1800cP 的仅有 3 个品种(系)，分别为来自河南的品系 TMF2、来自北京的品系 CP20-3-1-2-1-1F13 和来自河北的品系冀师 20103，其中品系 TMF2 的峰值黏度最低，为 1374cP。稀懈值主要集中在 600~1000cP，约有 126 个品种(系)，占总数的 73.7%；高于 1400cP 的有 3 个材料，分别为来自四川的品系 MR168、来自云南的云麦 53 和来自贵州的丰优 7 号，其中丰优 7 号的稀懈值最高，为 1560.5cP；仅有 2 个品种(系)的稀懈值低于 400cP，分别为来自四川的品系 L658(369.5cP)和来自河南的洛麦 29(398.0cP)。最终黏度主要集中于 2700~3500cP，约有 133 个品种(系)，占总数的 77.8%；高于 3700cP 的有 3 个材料，分别为来自河南的矮抗 58(3712.5cP)、来自意大利的 Ciava(3726.5cP)和来自河南的丰德存 1 号(3770.0cP)；低于 2000cP 的也有 3 个材料，分别为来自河南的品系 TMF2(1463.5cP)、来自北京的品系 CP20-3-1-2-1-1F13(1723.0cP)和来自河南的郑州 8960(1867.5cP)。回生值主要集中于 1200~1500cP，约有 127 个材料，占总数的 74.3%；回生值高于 1600cP 的仅有 4 个品种(系)，分别为来自河南的洛麦 23 和温麦 6 号、来自江苏的生选 5 号

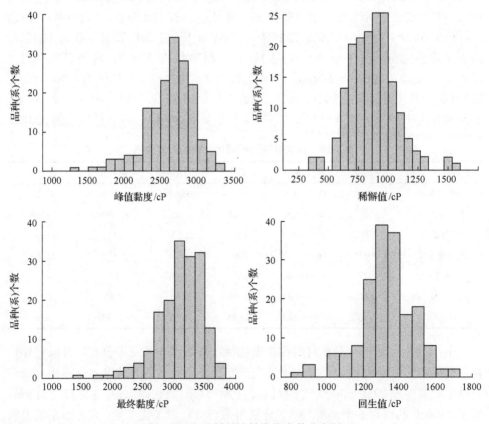

图 3-8　参试材料淀粉糊化参数分布图

及来自意大利的 Ciava,其中 Ciava 的回生值最高,为 1730.0cP;回生值低于 1000cP
的有 4 个材料,分别为来自河南的 TMF2 和郑州 8960、来自四川的品系 MR168 及
来自北京的品系 CP20-3-1-2-1-1F13,其中 TMF2 的回生值最低,为 800.5cP。

三、不同来源小麦淀粉糊化特性的差异

由不同麦区和来源小麦品种(系)的淀粉糊化参数及其方差分析(表 3-19)可看
出,糊化参数在不同来源的材料间均存在显著差异($P<0.05$)。其中,长江中下游
冬麦区的峰值黏度、低谷黏度、最终黏度均最高,而西南冬麦区的多数指标普遍
较低。长江中下游冬麦区的峰值黏度平均为 2692cP,变幅为 1971~3033cP,显著
高于北方冬麦区,平均为 2505cP;长江中下游冬麦区的低谷黏度和最终黏度分别
为 1832cP 和 3170cP,变幅分别为 1232~2173cP 和 2287~3561cP,均显著高于西
南冬麦区,低谷黏度和最终黏度分别为 1623cP 和 2882cP;西南冬麦区的稀懈值
最高,平均为 1047cP,变幅为 370~1561cP,显著高于黄淮冬麦区、长江中下游
冬麦区和北方冬麦区,其稀懈值分别为 825cP、860cP 和 842cP;国外引进品种的
回生值最高,平均为 1344cP,变幅为 1123~1730cP,显著高于西南冬麦区
(1259cP);黄淮冬麦区的峰值时间最长,平均为 6.37min,变幅为 5.64~6.67min,
显著高于西南冬麦区(6.25min);西南冬麦区的糊化温度最高,平均为 81.32℃,
变幅为 67.30~88.08℃,其次为黄淮冬麦区和北方冬麦区,糊化温度分别为 78.81℃
和 77.77℃,均显著高于国外引进品种(72.08℃)。

表 3-19 不同来源参试材料淀粉糊化参数比较分析

来源		峰值黏度/cP	低谷黏度/cP	稀懈值/cP	最终黏度/cP	回生值/cP	峰值时间/min	糊化温度/℃
黄淮冬麦区	平均值	2631ab	1777ab	842b	3117ab	1327ab	6.37a	78.81a
	变异幅度	1374~3352	663~2288	398~1301	1464~3770	801~1686	5.64~6.67	66.83~88.80
西南冬麦区	平均值	2670ab	1623b	1047a	2882b	1259b	6.25b	81.32a
	变异幅度	1846~3230	1194~2016	370~1561	2099~3548	882~1532	6.00~6.57	67.30~88.08
长江中下游冬麦区	平均值	2692a	1832a	860b	3170a	1338ab	6.36ab	76.20ab
	变异幅度	1971~3033	1232~2173	408~1128	2287~3561	1048~1620	6.10~6.67	66.45~87.68
北方冬麦区	平均值	2505b	1680ab	825b	3019ab	1339ab	6.27ab	77.77a
	变异幅度	1611~2913	831~2063	689~988	1723~3594	893~1534	5.87~6.40	67.40~87.18
国外引进品种	平均值	2623ab	1681ab	942ab	3025ab	1344a	6.30ab	72.08b
	变异幅度	2043~3104	1312~2003	579~1260	2525~3727	1123~1730	6.04~6.53	65.95~87.30

注:同行不同小写字母表示处理之间在 0.05 水平存在显著性差异

四、结论

　　除峰值时间外，淀粉糊化特征参数的变异系数均大于 10%，其中稀懈值的变异系数最大，为 22.33%；所有淀粉糊化特征参数在不同品种间的差异均达到极显著水平（$P<0.01$）；糊化参数在不同来源的材料间均存在显著差异（$P<0.05$）。其中，长江中下游冬麦区的峰值黏度、低谷黏度、最终黏度均最高，而西南冬麦区的多数指标普遍较低；筛选出丰优 7 号、山农优麦 3 号、L661、郑麦 08H286-47 和郑麦 366 等峰值黏度高的优异材料，可用于小麦品质育种。

参 考 文 献

[1] Zhu J, Huang S, Khan K. Relationship of protein quantity, quality and dough properties with Chinese steamed bread quality [J]. Journal of Cereal Science, 2001, 33(2): 205-212

[2] 王光瑞, 周桂英, 王瑞. 烘烤品质与面团形成和稳定时间相关分析[J]. 中国粮油学报, 1997, 12(3): 1-6

[3] Chung O, Ohm J B. Prediction of baking characteristics of hard winter wheat flours using computer- analyzed mixogragh parameters [J]. Cereal Chemistry, 2001, 78(4): 493-497

[4] 姚大年, 朱金宝, 梁荣奇, 等. 小麦品种面粉黏度性状及其与面条品质的相关性研究[J]. 中国农业大学学报, 1997, 2(3): 52-68.

[5] 刘建军, 赵振东, 徐亚洲, 等. 淀粉质量与面条煮面品质的关系[J]. 山东农业科学, 1999, (6): 48-51.

[6] Crosbie G B, Ross A S, Mors T, et al. Starch and protein quality requirements of Japanese alkaline noodle [J]. Cereal Chemistry, 1999, 76(3): 328-334

[7] 王晨阳, 马冬云, 郭天财, 等. 不同水氮处理对淀粉组成及特性的影响[J]. 作物学报, 2004, 30(8): 843-846

[8] 孙链, 孙辉, 雷玲, 等. 糯小麦粉配粉理化特性及其对馒头品质的影响[J]. 中国粮油学报, 2009, 24 (1): 5-10

[9] 蔚然. 面团流变学特性品质分析方法比较与研究[J]. 中国粮油学报, 1998, 13 (3): 10-12

[10] 甘淑珍, 付一帆, 赵思明. 小麦淀粉糊化的影响因素及黏度稳定性研究[J]. 中国粮油学报, 2009, 24 (2): 36-39

[11] 穆培源, 何中虎, 徐兆华, 等. CIMMYT普通小麦品系 Waxy 蛋白类型及淀粉糊化特性研究[J]. 作物学报, 2006, 32(7): 1071-1075

[12] 桑伟, 穆培源, 徐红军, 等. 新疆春小麦品种主要品质性状及其与新疆拉面加工品质的关系[J]. 麦类作物学报, 2008, 28(5): 772-779

[13] 谢新华, 高向阳. 食品添加剂对南阳彩色小麦淀粉糊化黏度特性的影响[J]. 麦类作物学报, 2009, 29(2): 252-255

[14] 孙彩玲, 田纪春, 张永祥. 6 种电子仪器在小麦粉面团评价中的应用[J]. 实验科学与技术, 2007, 5 (3): 46-49

[15] 张艳, 唐建卫, D'Humieres G, 等. 混合实验仪参数与和面仪、快速黏度仪参数的关系及其对面条品质的影响[J]. 作物学报, 2011, 37(8): 1441-1448

[16] 王凤成, 张玮, 陈万义. 揉混仪及其在小麦粉品质检测中的应用[J]. 粮食与饲料工业, 2004, 12: 10-12

[17] 申小勇, 阎俊, 陈新民, 等. 和面仪参数与粉质仪、拉伸仪及面包成品加工品质主要参数的关系[J]. 作物学报, 2010, 36(6): 1037-1043

[18] 陈建省, 崔金龙, 邓志英, 等. 麦麸添加量和粒度对面团揉混特性的影响[J]. 中国农业科学, 2011, 44(14): 2990-2998

[19] 付蕾, 田纪春. 抗性淀粉对小麦粉面团流变学特性的影响[J]. 中国粮油学报, 2010, 25(8): 1-5

[20] 李永强, 翟红梅, 田纪春. 蛋白质和淀粉含量对小麦面团流变学特性的影响[J]. 作物学报, 2007, 33(6): 937-941

[21] 李兴林. 和面仪曲线在面团流变学测定中的作用[J]. 粮食与饲料工业, 2004, 8: 4-5

[22] 吴云鹏. 小麦重要品质性状 QTL 定位[D]. 中国农业科学院硕士学位论文, 2007: 3-4

[23] 游玉明, 陈井旺. 面团流变学特性研究进展[J]. 面粉通讯, 2008, (3): 46-48.

[24] 李宁波, 王晓曦, 于磊, 等. 面团流变学特性及其在食品加工中的应用[J]. 食品科技, 2008, (8): 35-38.

[25] 吕军仓. 面团流变学及其在面制品中的应用[J]. 粮油加工与食品机械, 2006, (2): 66-68.

[26] 田纪春, 胡瑞波, 陈建省, 等. 小麦粉面团稳定时间的变化及其稳定性分析[J]. 中国农业科学, 2005, 38(11): 2165-2172

[27] 徐兆飞, 张惠叶, 张定一. 小麦品质及其改良[M]. 北京: 气象出版社, 2000

[28] 张先和, 任云丽, 高巍. 正确评价小麦品质[J]. 粮油食品科技, 2000, (1): 22-23, 27

[29] 司学芝, 周长智, 王金水. 麦谷蛋白和醇溶蛋白对小麦粉面团流变学特性影响的研究[J]. 河南工业大学学报: 自然科学版, 2006, 27(5): 22-25

[30] 潘丽, 谷克仁. 磷脂对面团流变学性质影响的研究[J]. 粮油加工, 2007, (7): 102-104

[31] 朱在勤, 陈霞. 食盐对面团流变学特性及馒头品质的影响[J].食品科学, 2007, 28(9): 40-43

[32] 邹奇波, 袁永利, 黄卫宁. 食品添加剂对面团动态流变学及冷冻面团烘焙特性的影响研究[J]. 食品科学, 2006, 27(11): 35-40

[33] 唐建卫, 刘建军, 张平平, 等. 贮藏蛋白组分对小麦面团流变学特性和食品加工品质的影响[J]. 中国农业科学, 2008, 41(10): 2937-2946

[34] 茹振钢, 冯素伟, 李淦. 黄淮麦区小麦品种的高产潜力与实现途径[J]. 中国农业科学, 2015, 48(17): 3388-3393

[35] 姜薇莉, 孙辉, 凌家煜. 粉质质量指数(FQN)对于评价小麦粉品质的实用价值研究[J]. 中国粮油学报, 2004, 19(2): 42-48

[36] 李雪琴, 张浩, 刘利, 等. 我国小麦主产区的小麦面粉粉质特性分析[J]. 食品科技, 2013, 38(4): 175-178

[37] GB/T 17892-1999. 优质小麦 强筋小麦[S]. 北京: 中国标准出版社, 1999

[38] GB/T 17893-1999. 优质小麦 弱筋小麦[S]. 北京: 中国标准出版社, 1999

[39] 刘艳玲, 田纪春, 韩祥铭, 等. 面团流变学特性分析方法比较及与烘烤品质的通径分析[J]. 中国农业科学, 2005, 38(1): 45-51

[40] 魏益民, 张波, 关二旗, 等. 面团流变学特性检测仪器比对试验分析[J]. 中国农业科学, 2010, 43(20): 4265-4270

[41] 田纪春. 谷物品质测试理论与方法[M]. 北京: 科学出版社, 2006

[42] 陈海华, 许时婴, 王璋, 等. 亚麻籽胶对面团流变性质的影响及其在面条加工中的应用[J]. 农业工程学报, 2006, 22(4): 166-169

[43] 陈建省, 邓志英, 吴澎, 等. 添加面筋蛋白对小麦淀粉糊化特性的影响[J]. 中国农业科学, 2010, 43(2): 388-395

[44] 宋建民, 刘爱峰, 尤明山, 等. 糯小麦配粉对淀粉糊化特性和面条品质的影响[J]. 中国农业科学, 2004, 37(12): 1838-1842

[45] MacRitchie F. Studies of the methodology for fractionation and reconstitution of wheat flours [J]. Journal of Cereal Science, 1985, 3: 221-230

[46] 成军虎, 周显青, 张玉荣. 面筋对冷冻面团品质的影响[J]. 食品研究与开发, 2010, 33(4): 153-156

[47] 雷宏, 王晓曦, 曲艺, 等. 小麦粉中的淀粉对其糊化特性的影响[J]. 粮食与饲料工业, 2010, (10): 8-11

[48] 张勇, 何中虎. 我国春播小麦淀粉糊化特性研究. 中国农业科学, 2002, 35(5): 471-475

[49] Tsai C Y. The function of waxy locus in starch synthesis in maize endosperm [J]. Biochemical Genetics, 1974, 11: 83-96

[50] Spies R D, Hoseney R C. Effect of sugars on starch gelatinization [J]. Cereal Chemistry, 1982, 59: 128-131

[51] 陈建省, 田纪春, 吴澎, 等. 不同筋力面筋蛋白对小麦淀粉糊化特性的影响. 食品科学, 2013, 34(3): 75-79

[52] 赵登登, 周文化. 面粉的糊化特性与鲜湿面条品质的关系[J]. 食品与机械, 2013, (6): 26-29

[53] Huang S, Yun S H, Quail K, et al. Establishment of flour quality guidelines for northern style Chinese steamed bread [J]. Journal of Cereal Science, 1996, 24(2): 179-185

[54] 郑学玲, 尚加英, 张杰. 面粉糊化特性与面条品质关系的研究[J]. 河南工业大学学报(自然科学版), 2010, 31(6): 1-5

[55] Ghiasi K, Hoseney R C, Varriano-marston E. Effect of flour components and dough in gredients on starch gelatinization [J]. Cereal Chemistry, 1982, 60(1): 58-61

[56] Xie L H, Chen N, Duan B W, et al. Impact of proteins on pasting and cooking properties of waxy and non-waxy rice [J]. Journal of Cereal Science, 2008, 47: 372-379

[57] Mira I, Persson K, Villwock V K. On the effect of surface activeagents and their structure on the temperatre-induced changes of normal and waxy wheat starch in aqueous suspension. Part I [J]. Pasting and calorimetric studies Carbohydrate Polymers, 2007, 6(8): 665-678

[58] 刘建军, 何中虎, 杨金, 等. 小麦品种淀粉特性变异及其与面条品质关系的研究[J]. 中国农业科学, 2003, 36(1): 7-12

[59] Ragaee S, Abdel-Aal E M. Pasting properties of starch and protein in selected cereals and quality of their food products [J]. Food Chemistry, 2006, 9(5): 9-18

第四章　小麦高分子量谷蛋白和醇溶蛋白亚基遗传多样性及与品质关系研究

谷蛋白和醇溶蛋白是小麦的主要贮藏蛋白，约占籽粒蛋白质的 80%，是面筋的主要成分，其数量和比例决定了面筋的质量[1]。谷蛋白在十二烷基硫酸钠聚丙烯酰胺凝胶电泳图谱中，可分成高分子量谷蛋白亚基(HMW-GS)和低分子量谷蛋白亚基(LMW-GS)，高分子量谷蛋白亚基位点存在广泛的遗传变异，不同等位基因变异及不同的亚基组合类型对小麦加工品质的影响不同[2]。

醇溶蛋白约占小麦籽粒蛋白质的 40%，与面团的黏性密切相关，对烘烤品质有重要作用[3]，其位点等位基因的高度变异及位点间不同等位基因组合使小麦醇溶蛋白表现出高度多态性[4]。迄今，在普通小麦的 *Gli-1* 和 *Gli-2* 位点上鉴定出 130 个等位变异[5]。大量研究表明，小麦醇溶蛋白在不同品种间存在显著差异，其电泳条带的数量及组合方式完全受基因调控，基本不受环境影响，常被用于小麦品种鉴定、纯度检测、亲缘关系分析及遗传多样性研究[6]。

第一节　148 个小麦品种(系)高分子量谷蛋白亚基的多样性分析

前人研究表明，*Glu-A1* 编码的 1、2*亚基，*Glu-B1* 编码的 7+8、17+18、13+16 亚基及 *Glu-D1* 编码的 5+10 亚基对烘烤品质效应的贡献较大[7-8]。研究还发现，高分子量谷蛋白的数量也影响小麦品质[9]。我国大部分小麦品种缺少优质谷蛋白亚基，引入优质亚基是我国小麦品质改良的一条重要途径[10]。小麦品种的 HMW-GS 组成仅由遗传因素决定，不受环境因素的影响[11]，研究 HMW-GS 组成已成为品质育种中亲本选配和杂交后代选择的重要依据。因此，河南科技学院小麦中心选用近年来收集和选育的小麦新品种(系)，分析其 HMW-GS 组成情况，旨在发掘兼具优质和优异性状的优质源，为小麦品质育种提供依据。

一、研究方法概述

(一)试验材料

试验材料为 148 个小麦品种(系)，其中，国外引进品种 8 个、北方冬麦区 12

个、黄淮冬麦区 83 个、长江中下游冬麦区 27 个、西南冬麦区 18 个。参试材料于 2011~2012 年度种植于河南科技学院试验基地(河南省辉县市)。每份材料种植 2 行,行距 25cm,行长 4m,每行播种 80 粒,田间管理同一般大田。成熟后,分行收获,脱粒,晾晒,室温储藏备用。

(二)试验方法

小麦高分子量谷蛋白亚基(HMW-GS)的 SDS-PAGE 电泳分析参照张玲丽[12]方法,略有改动。具体如下,样品的提取:每份材料取单粒种子,称重,研碎后加入 50%的异丙醇 60℃水浴 30min,期间振荡 2~3 次,取出室温冷却,离心,倒掉上清液,重复 2 次。按 1∶7(重量 mg∶提取液 μL)(加 300μL)加入 HMW-GS 样品提取液,搅拌混匀,置于 60℃水浴锅中水浴 2h,期间振荡 2~3 次,10 000r/min 离心 10min,上清液保存在-20℃冰箱中备用。制胶、电泳:采用 SDS 不连续缓冲系统,10%分离胶(T=10%,C=2.67%,pH 8.8)和 3%浓缩胶(T=3.7%,C=2.67%,pH 6.8)电泳。用 1 倍的 Tris-甘氨酸电极缓冲液(pH 8.3,0.023mol/L Tris-Cl,pH 8.3,0.192mol/L 甘氨酸,0.1% SDS,21mA 稳流电泳 14~16h。染色:10%三氯乙酸和 0.05%考马斯亮蓝染色 24h,蒸馏水漂洗 24h 后拍照。HMW-GS 的命名和评分根据 Payne 等[8,13]方法进行。对照品种为中国春(null,7+8,2+12)、Neepawa(2*,7+9,5+10)和 Marquis(1,7+9,5+10)。

二、参试材料 HMW-GS 的组成特点

由表 4-1 可知,在 Glu-1 位点共检测到 17 个亚基类型,其中 Glu-A1 位点出现 1、N、2*,共 3 种亚基类型,其中,亚基 1 出现频率最高,为 56.8%,其次为亚基 N,出现频率为 39.2%;Glu-B1 位点出现 7+9、7+8、14+15、17+18、13+16、7、6+8,共 7 种亚基类型,其中,7+9 亚基出现频率最高,为 47.3%,其次是 7+8 亚基,频率为 33.8%,而亚基 13+16、7、6+8 出现频率较低,分别为 2.0%、1.4%和 0.7%;Glu-D1 位点出现 2+12、5+10、5+12、2+10、4+12、2+11、2.2+12,共 7 种亚基类型,其中,2+12 亚基出现频率最高,为 45.9%,其次是 5+10 亚基,频率为 43.2%,而亚基 4+12、2+11 和 2.2+12 出现频率均较低,分别为 1.4%、0.7%和 0.7%。

在 17 种 HMW-GS 中,共检测到 37 种亚基组合类型(表 4-2),其中(1,7+9,2+12)组合出现频率最高,为 13.51%,其次,组合(1,7+8,5+10)、(N,7+9,2+12)、(1,7+9,5+10)和(1,7+8,2+12)出现频率也较高,分别为 12.2%、11.5%、10.1%和 8.1%;亚基组合(N,7+9,5+10)、(N,7+8,2+12)、(N,7+8,5+10)、(N,14+15,5+10)、(1,14+15,2+12)、(2*,7+9,5+10)、(1,7+9,5+12)、(2*,14+15,5+10)、(1,7+8,5+12)、(1,17+18,5+10)和(1,17+18,2+12)出现频率较低;而剩余 21 种亚基组合类型仅在 1 份材料中出现,所占频率均为 0.7%。

表 4-1　参试材料高分子量谷蛋白亚基组成类型及频率

位点	亚基	材料数	频率/%
Glu-A1	1	84	56.8
	N	58	39.2
	2*	6	4.0
Glu-B1	7+9	70	47.3
	7+8	50	33.8
	14+15	16	10.8
	17+18	6	4.0
	13+16	3	2.0
	7	2	1.4
	6+8	1	0.7
Glu-D1	2+12	68	45.9
	5+10	64	43.2
	5+12	8	5.4
	2+10	4	2.7
	4+12	2	1.4
	2+11	1	0.7
	2.2+12	1	0.7

表 4-2　HMW-GS 的组合类型及频率

亚基组合	品种(系)数	频率/%	亚基组合	品种(系)数	频率/%
1, 7+9, 2+12	20	13.5	N, 7+8, 2+11	1	0.7
1, 7+8, 5+10	18	12.2	N, 7+8, 2+10	1	0.7
N, 7+9, 2+12	17	11.5	N, 7+8, 2.2+12	1	0.7
1, 7+9, 5+10	15	10.1	N, 7, 5+10	1	0.7
1, 7+8, 2+12	12	8.1	N, 6+8, 2+10	1	0.7
N, 7+9, 5+10	8	5.4	N, 17+18, 5+10	1	0.7
N, 7+8, 2+12	8	5.4	N, 13+16, 5+10	1	0.7
N, 7+8, 5+10	5	3.4	N, 13+16, 2+12	1	0.7
N, 14+15, 5+10	5	3.4	N, 7+9, 2+12	1	0.7
1, 14+15, 2+12	5	3.4	2*, 17+18, 5+10	1	0.7
2*, 7+9, 5+10	3	2.0	N, 14+15, 5+12	1	0.7
1, 7+9, 5+12	3	2.0	N, 14+15, 5+10	1	0.7
2*, 14+15, 5+10	2	1.4	N, 14+15, 2+12	1	0.7
1, 7+8, 5+12	2	1.4	1, 7+9, 4+12	1	0.7
1, 17+18, 5+10	2	1.4	1, 7+8, 4+12	1	0.7
1, 17+18, 2+12	2	1.4	1, 7, 2+12	1	0.7
N, 7+9, 5+12	1	0.7	1, 2+10, 14+15	1	0.7
N, 7+9, 2+10	1	0.7	1, 13+16, 5+10	1	0.7
N, 7+8, 5+12	1	0.7			

三、不同来源小麦品种(系)HMW-GS 分析

由表 4-3 可知，不同来源小麦品种(系)的 HMW-GS 组成存在一定差异。在
Glu-A1 位点，大多数品种(系)中检测到亚基 1 或 N，仅有少数品种(系)中检测到
2*亚基，其中，N 亚基在国外和西南冬麦区品种(系)中出现的频率较高，分别为
62.5%和 66.7%；而亚基 1 在黄淮冬麦区和长江中下游冬麦区出现的频率较高，分
别为 65.1%和 70.4%。*Glu-B1* 位点，大多数国内品种均检测到 7+9 或 7+8 亚基，
而大多数国外引进品种具有 7+9 或 17+18 亚基。同时，国外引进品种在 *Glu-B1*
位点出现亚基类型最丰富，7+9、7+8、17+18、13+16、7 和 6+8 共 6 种亚基类型，
黄淮冬麦区品种(系)的亚基类型也很丰富，有 7+9、7+8、14+15、17+18、13+16
和 7 共 6 种类型；而北方冬麦区、长江中下游冬麦区和西南冬麦区品种(系)检测
到的亚基类型较少。其中北方冬麦区在 *Glu-B1* 位点仅检测到 7+9、7+8 和 13+16，
共 3 种亚基类型，长江中下游冬麦区仅检测到 7+9、7+8 和 14+15，共 3 种亚基类
型，西南冬麦区检测到 7+9、7+8、14+15 和 17+18，共 4 种亚基类型。

表 4-3　不同来源小麦品种(系)HMW-GS 组成

位点	亚基	国外		北方冬麦区		黄淮冬麦区		长江中下游冬麦区		西南冬麦区	
		数量	频率/%	数量	频率/%	数量	频率/%	数量	频率/%	数量	频率/%
Glu-A1	1	2	25	6	50.0	54	65.1	19	70.4	3	16.7
	N	5	62.5	6	50.0	28	33.7	7	25.9	12	66.7
	2*	1	12.5	—	—	1	1.2	1	3.7	3	16.7
Glu-B1	7+9	2	25	6	50.0	37	44.6	17	63.0	8	44.4
	7+8	1	12.5	5	41.7	30	36.1	8	29.6	6	33.3
	14+15	—	—			11	13.3	2	7.4	3	16.7
	17+18	2	25			3	3.6			1	5.6
	13+16	1	12.5	1	8.3	1	1.2				
	7	1	12.5			1	1.2				
	6+8	1	12.5								
Glu-D1	2+12	2	25	10	83.3	37	44.6	12	44.4	7	38.9
	5+10	4	50	2	16.7	36	43.4	13	48.1	9	50.0
	5+12	—	—			6	7.2	1	3.7	1	5.6
	2+10	1	12.5			1	1.2	1	3.7	1	5.6
	4+12					2	2.4				
	2+11	1	12.5								
	2.2+12					1	1.2				

Glu-D1 位点，大多数品种（系）具有 2+12 或 5+10 亚基，其中，50%国外引进品种携带 5+10 亚基，25%携带 2+12 亚基，12.5%携带 2+10 或 2+11 亚基；黄淮冬麦区小麦品种中，2+12 和 5+10 亚基出现频率最高，分别为 44.6%和 43.4%，其次是 5+12 和 4+12 亚基，频率分别为 7.2%和 2.4%，而 2+10 和 2.2+12 亚基出现频率最低，均为 1.2%；长江中下游冬麦区和西南冬麦区，大约 92.5%和 88.9%的小麦品种（系）携带 2+12 或 5+10 亚基，5+12 和 2+10 亚基出现频率均最低，且仅在 1 份材料中出现；北方冬麦区材料中仅检测到 2+12 和 5+10 亚基，出现频率分别为 83.3%和 16.7%。

四、结论

148 份参试材料在编码 HMW-GS 的 *Glu-A1*、*Glu-B1* 和 *Glu-D1* 3 个基因位点上表现出丰富的多态性，共有 17 种 HMW-GS 等位变异，其中 *Glu-A1*、*Glu-B1* 和 *Glu-D1* 位点分别具有 3 种、7 种和 7 种不同的亚基类型，亚基 1、7+9 和 2+12 在各自位点上出现的频率最高，分别达到了 56.8%、47.3%和 45.9%；亚基组合类型共有 37 种，其中 1, 7+9, 2+12、1, 7+8, 5+10、N, 7+9, 2+12、1, 7+9, 5+10 组合形式出现频率较高，均大于 10%；不同来源小麦品种（系）的 HMW-GS 组成存在一定差异，国外引进品种和黄淮冬麦区材料的亚基类型最丰富，分别为 13 种和 15 种，且出现优质亚基的频率最高。

第二节　301 份小麦种质醇溶蛋白遗传多样性及与品质性状的相关性分析

迄今为止，国内外学者对小麦谷蛋白亚基的组成及其与品质关系做了大量研究[14-16]，发掘出诸如 5+10、14+15 等优质亚基组合，但有关小麦醇溶蛋白多态性及其与品质关系的报道较少。例如，Branlard 等[17]以 70 份小麦品种为材料分析了醇溶蛋白的品质效应，发现醇溶蛋白谱带 α72.5、α74、α76、α84 对面筋的弹性、膨胀性、黏性及延展性具有正向效应。张平平等[18]分析了 33 份春麦的醇溶蛋白组成及其对品质性状的影响，结果表明，ω、γ1 和 γ 型醇溶蛋白与沉降值呈显著正相关，γ2 和 γ 型醇溶蛋白与面团形成时间呈显著正相关，而 ω 和 γ 型醇溶蛋白与面团延伸性呈显著负相关。阎旭东等[19]报道醇溶蛋白谱带 2.3、62.7、39.6（5）、11.4 和 23 等对沉降值有正向效应，γ44.5 和 γ45.0 对面条加工品质有正向效应，而 γ41 表现负向效应。

河南科技学院小麦中心通过 A-PAGE 技术对来源于国内外不同生态区的小麦主推品种、地方品种或高代品系共 301 份材料进行醇溶蛋白遗传多样性分析，并探讨了其蛋白亚基与小麦品质的关系，以期为小麦品质育种及分子标记辅助选择提供理论参考依据。

一、研究方法概述

(一) 试验材料

参试材料为 301 份不同来源的小麦主推品种、地方品种或高代品系，其中，国外 41 份，国内 260 份。国内品种 (系) 包括黄淮冬麦区 169 份、长江中下游冬麦区 33 份、北方冬麦区 23 份、西南冬麦区 25 份及来自其他麦区 10 份，所有材料均由河南科技学院小麦中心提供。以 Marquis、Neepawa 和中国春作为对照品种。

(二) 试验方法

1. 醇溶蛋白组成分析

醇溶蛋白提取和分离参照尹燕枰和董学会[20]方法。

2. 品质指标测定方法

利用实验磨粉机 (LRMM8040-3-D，江苏无锡锡粮机械制造有限公司) 制取面粉，出粉率 65%左右；利用数显白度仪 (SBDY-1，上海悦丰仪器仪表有限公司) 检测面粉白度；利用凯氏定氮仪 (UDK159，意大利 VELP 公司) 测定粗蛋白含量，方法参照 GB/T5511—2008/ISO20483:2006；利用旋光仪 (WZZ-2S/2SS，上海易测仪器设备有限公司) 测定面粉的粗淀粉含量，方法参照 GB/T20378—2006/ISO10520:1997；利用色彩色差计 (CR-400，日本美能达公司) 测定面粉色泽；利用粉质仪 (810101，德国 Brabender 公司) 测定面团粉质特性，方法参照 GB/T14614—2006；利用面筋仪 (2200，瑞典波通仪器公司) 测定面筋含量及面筋指数，方法参照 SB/T10249—1995。

3. 统计分析方法

以小麦品种 Marquis 的谱带为对照，参照 Bushuk 和 Zillman[21]的方法，利用 Excel 编辑公式计算谱带的相对迁移率。材料间遗传相似系数参照 Nei[22]方法计算，公式为：GS=$2N_{ij}/(N_i+N_j)$，其中，N_i 为 i 材料出现的谱带数，N_j 为 j 材料出现的谱带数，N_{ij} 为二者共有的谱带数。根据相对迁移率及品质数据用 SPSS 20.0 进行相关性分析；采用 NTsys-pc 2.10 软件，根据 UPGMA (不加权成对算数平均法) 方法进行聚类分析。

二、参试材料的醇溶蛋白组成及遗传多样性分析

301 份小麦材料的醇溶蛋白表现出丰富的遗传变异，共分离出 93 条迁移率不同的醇溶蛋白谱带 (编号为 1～93)，谱带频率变异范围为 0.33%～98.01% (表4-4)。其中编号为 68、82 和 85 的谱带出现频率最高，其次是编号 6 和 9 的谱带，说明

表 4-4　不同醇溶蛋白谱带在参试材料中的出现频率

谱带编号	相对迁移率	频率/%	谱带编号	相对迁移率	频率/%
1	12.2	0.66	36	37.6	15.95
2	13.3	12.29	37	38.7	9.30
3	14.1	14.62	38	39.3	15.61
4	14.6	7.64	39	39.8	1.99
5	15.4	12.96	40	40.2	3.65
6	16.5	85.71	41	40.9	15.61
7	17.6	11.30	42	41.2	2.66
8	18.3	2.66	43	42.3	12.62
9	19.2	84.05	44	42.9	44.85
10	20.0	3.32	45	43.4	13.62
11	20.6	2.99	46	43.7	20.27
12	21.4	16.28	47	44.6	25.91
13	22.5	1.33	48	45.2	65.12
14	23.2	15.28	49	45.7	14.95
15	23.9	13.62	50	46.6	3.32
16	24.4	8.64	51	47.5	9.97
17	25.5	22.26	52	48.2	59.47
18	26.3	9.30	53	48.6	13.95
19	26.8	4.98	54	49.3	12.96
20	27.5	37.87	55	49.6	11.96
21	28.3	9.97	56	50.0	48.50
22	29.0	23.92	57	50.5	2.33
23	29.8	16.61	58	51.1	15.61
24	30.2	8.64	59	51.8	32.89
25	30.5	37.21	60	52.2	22.59
26	31.1	19.27	61	52.8	21.26
27	31.9	11.63	62	53.3	58.14
28	32.2	47.84	63	54.4	18.94
29	32.7	31.89	64	55.3	39.87
30	33.3	36.88	65	55.8	16.28
31	33.8	23.26	66	56.2	3.99
32	34.2	35.88	67	58.1	0.33
33	34.8	22.26	68	58.6	98.01
34	35.7	19.93	69	59.2	2.66
35	36.6	23.92	70	59.9	4.65

续表

谱带编号	相对迁移率	频率/%	谱带编号	相对迁移率	频率/%
71	60.2	5.32	83	70.7	9.30
72	60.9	54.15	84	71.5	3.32
73	61.4	19.60	85	72.1	96.68
74	61.9	7.31	86	73.2	0.66
75	62.3	79.40	87	74.1	64.12
76	62.7	6.64	88	75.4	14.95
77	63.0	45.51	89	76.4	3.65
78	63.7	6.64	90	79.0	34.88
79	64.8	1.66	91	80.7	11.96
80	65.4	0.33	92	83.2	38.87
81	68.2	9.97	93	86.6	1.99
82	69.4	96.01			

这些醇溶蛋白谱带多态性低。另外,6 号和 9 号谱带为双联共显带(图 4-1),有 245 个材料(占 81.4%)出现该谱带。所有谱带中,有 34 条迁移率不同的谱带频率小于 10%,尤其是编号 67 和 80 的谱带仅分别在品系 CP02-3-5-5 和品种绵阳 39 中出现,可作为该品种(系)的特征带;分离出的 93 条迁移率不同的谱带没有一条同时在 301 份参试材料中出现。

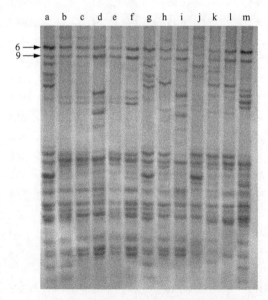

图 4-1　部分参试材料的醇溶蛋白电泳图谱

a. Marquis; b. 百农 003171; c. 漯 2558; d. 济创 28 号; e. 驻麦 6 号 A; f. MD871[4]; g. Neepawa; h. KPL-7; i. 泛麦 5 号; j. KPL-5; k. 郑州 8960; l. 6S139; m. 中国春

由表 4-5 可知,301 份材料共分离出 6337 条醇溶蛋白谱带,单个材料谱带数的变异范围为 13～30 条,平均为 21.05 条。多数材料的谱带数为 17～25 条,占 84.39%;21 个材料的谱带数少于 17 条,占 6.98%,小麦品系农大 8P291 谱带数最少,仅有 13 条;26 个材料的谱带数多于 25 条,占 8.64%,来自墨西哥的品系墨 176 谱带数最多(30 条)。表明供试材料的醇溶蛋白编码基因存在着广泛的遗传变异,遗传多样性丰富。

表 4-5 参试材料醇溶蛋白谱带数统计分析结果

谱带总数	材料数	百分率/%	谱带总数	材料数	百分率/%
13	1	0.33	22	40	13.29
14	5	1.66	23	24	7.97
15	4	1.33	24	16	5.32
16	11	3.65	25	29	9.63
17	23	7.64	26	15	4.98
18	26	8.64	27	5	1.66
19	32	10.63	28	2	0.66
20	32	10.63	29	3	1.00
21	32	10.63	30	1	0.33

三、遗传相似性分析

从 301 份参试材料中选取 251 份代表性材料进行遗传相似性分析,31 375 个醇溶蛋白遗传相似系数(GS)变异范围为 0.538～1.000,平均为 0.759。GS 值次数分布分析表明,GS 值主要集中在 0.72～0.82,占 76.92%;GS 值小于 0.64 的仅有 222 个,0.71%,而 GS 值大于 0.86 的有 621 个,占 1.98%(图 4-2)。引自国外的品系墨 176 与来自黄淮冬麦区的品系 6S139 间的遗传相似系数最小(0.538),表明二者的亲缘关系较远;而来自黄淮冬麦区的小麦品种中原 008 和中育 1401 之间的遗传相似系数最高(1.000),说明这两个品种的亲缘关系非常近。

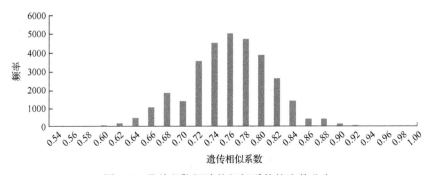

图 4-2 品种(系)间遗传相似系数的次数分布

四、聚类分析

对上述 251 份材料醇溶蛋白间的 GS 值进行聚类分析(图略),在 GS=0.740 水平上,251 份材料可划分为 11 个类群。第一类包含 15 个材料;第二类包含 201 个材料,它们又可分为 5 个亚类;第三类包含 21 个材料;第四、第五、第十类群各包含 1 个材料;第六类包含 3 个材料;第七、第八、第九、第十一类各包含 2 个材料。整体来看,聚类分析结果与品种的系谱关系基本一致,如来自河南的周麦系列、百农系列、泛麦系列等品种均聚在第二大类,但也出现个别亲缘关系较远的品种聚类较近的情况,如来自美国的品系美国-2 与国内优质面包小麦济南 17 被聚在一类。

五、参试材料品质表现

由表 4-6 可知,a^* 值、b^* 值、形成时间、稳定时间、粉质质量指数及面筋指数的变异系数均较高(大于 30%),说明这些品质参数变异丰富,有利于通过育种手段对其进行改良,而白度、粗蛋白、总淀粉、L^* 值及吸水率的变异系数均小于 10%。湿面筋、面筋指数和面团稳定时间等评价面团筋力的主要品质性状在品种(系)间的变异幅度均较大,分别为 21.6%～42.1%、3.2%～98.5%和 1.0～41.2min;白度变异范围达到 54.7～83.3,表明这些材料的筋力类型及面粉白度变异广泛。

表 4-6　参试材料品质表现

品质性状		平均值	变异幅度	标准差	变异系数/%
白度		75.50	54.7～83.3	3.75	4.97
粗蛋白/%		10.30	8.09～10.30	0.97	9.46
总淀粉/%		68.52	63.18～74.08	1.81	2.65
面粉色泽	L^*	94.34	83.76～96.46	1.07	1.14
	a^*	−0.61	−3.64～0.72	0.62	102.16
	b^*	3.88	−1.97～19.08	3.13	80.58
面筋参数	湿面筋/%	30.6	21.6～42.1	3.49	11.40
	干面筋/%	10.5	7.5～19.9	1.38	13.21
	面筋指数/%	54.3	3.2～98.5	20.30	37.34
粉质参数	吸水率/%	56.7	46.2～67.8	4.19	7.38
	形成时间/min	6.2	0.8～28.7	5.38	87.40
	稳定时间/min	10.5	1.0～41.2	9.12	86.91
	粉质质量指数	131.6	23.0～420.0	96.77	73.54

六、醇溶蛋白亚基与品质性状的相关性分析

(一)醇溶蛋白亚基与面粉理化品质的相关性分析

共有 23 条谱带与 36 项次面粉理化品质指标呈显著或极显著相关(表 4-7)。其中，迁移率为 19.2、56.2、75.4 的谱带可增加面粉白度，迁移率为 29.0、30.6、52.2、80.7 的谱带可提高粗蛋白含量，迁移率为 86.6 的谱带可提高淀粉含量，迁移率为 59.2 和 86.6 的谱带可提高面粉亮度(L^*值)，这些谱带对面粉理化品质均具有正向效应。然而迁移率为 35.7、58.6、74.1、71.5、37.6、52.2 的谱带对面粉理化品质具有负向效应。

表 4-7　部分醇溶蛋白谱带与面粉理化品质的简单相关系数

相对迁移率	白度	粗蛋白	总淀粉	面粉色泽		
				L^*	a^*	b^*
14.1	−0.111	0.103	−0.070	−0.110	−0.078	0.122*
16.5	0.087	−0.012	−0.001	0.000	0.114*	−0.089
19.2	0.114*	0.033	0.047	0.040	0.079	−0.089
20.0	0.071	−0.050	0.017	0.098	0.132*	−0.144*
29.0	0.001	0.131*	−0.055	−0.025	0.022	−0.003
30.6	0.058	0.150**	−0.086	0.055	0.020	−0.057
34.2	−0.085	0.051	−0.025	−0.032	−0.148*	0.090
34.8	−0.107	0.073	−0.043	0.000	−0.124*	0.080
35.7	−0.145*	0.102	−0.133*	−0.044	−0.180**	0.147*
36.6	−0.053	0.032	0.017	−0.043	−0.121*	0.072
37.6	0.031	−0.014	−0.134*	0.117*	−0.066	−0.007
39.3	−0.033	−0.051	−0.154*	0.065	−0.097	0.047
40.2	0.036	0.049	−0.058	0.024	−0.049	0.020
45.2	0.074	0.036	0.046	0.070	0.102	−0.130*
46.6	−0.004	0.027	−0.121*	0.008	0.099	−0.075
52.2	−0.045	0.118*	−0.019	−0.115*	0.015	0.018
56.2	0.123*	−0.041	−0.059	0.105	0.048	−0.084
58.6	−0.118*	−0.013	−0.002	−0.109	−0.172**	0.169**
59.2	0.094	−0.025	0.018	0.115*	0.135*	−0.142*
71.5	0.031	−0.119*	0.036	0.031	0.004	−0.025
74.1	−0.122*	−0.028	−0.032	−0.104	−0.156**	0.142*
75.4	0.117*	−0.096	0.079	0.094	−0.011	−0.032
80.7	−0.110	0.122*	−0.023	−0.050	−0.095	0.103
86.6	0.110	−0.113	0.117*	0.137*	0.070	−0.108

*和**分别表示 0.05 和 0.01 的显著水平。下同

(二)醇溶蛋白与面团粉质特性及面筋参数的相关性分析

共有32条谱带与70项次面团粉质及面筋参数呈显著或极显著相关(表4-8)。迁移率为 12.2、23.9、25.5、31.1、42.3、43.7、45.2、46.6、48.2、52.2、52.8、63.0、64.8、80.7 等的谱带表现正向效应。其中,迁移率为 12.2、45.2、52.2 和 80.7 的谱带可增加湿面筋含量,迁移率为 23.9、48.2、52.8 和 63.0 的谱带可延长面团稳定时间,迁移率为 31.1 的谱带可增加吸水率,迁移率为 25.5、42.3、

表 4-8　部分醇溶蛋白谱带与面团粉质特性及面筋指标的简单相关系数

相对迁移率	吸水率	形成时间	稳定时间	弱化度	粉质质量指数	湿面筋	干面筋	面筋指数
12.2	0.056	−0.050	−0.028	0.041	0.019	0.147*	0.111	−0.054
14.6	−0.138*	−0.004	0.046	−0.004	0.004	−0.013	0.055	0.055
23.9	0.029	0.084	0.164**	−0.125*	0.155**	0.050	0.011	0.087
25.5	−0.013	0.151**	0.192**	−0.077	0.184**	0.044	0.027	0.144*
27.5	−0.150**	−0.015	0.097	−0.111	0.084	−0.044	−0.039	0.071
31.1	0.134*	0.007	−0.070	0.058	−0.038	0.050	0.030	−0.080
33.8	−0.004	−0.006	−0.063	0.076	−0.030	0.058	0.015	−0.133*
34.2	0.100	−0.009	−0.115	0.100	−0.092	−0.011	−0.049	−0.054
34.8	0.068	−0.144*	−0.202**	0.204**	−0.163**	0.077	0.112	−0.198**
35.7	0.167**	0.009	−0.141*	0.085	−0.109	0.077	0.032	−0.102
36.6	0.062	−0.172**	−0.257**	0.249**	−0.239**	0.046	0.058	−0.245**
37.6	0.049	−0.083	−0.137*	0.067	−0.116*	0.005	0.014	−0.141*
38.7	−0.115*	−0.044	−0.050	0.012	−0.048	−0.098	−0.127*	−0.054
39.3	0.056	−0.064	−0.151**	0.059	−0.120*	−0.048	−0.017	−0.143*
42.3	−0.061	0.204**	0.195**	−0.073	0.198**	0.041	0.006	0.083
43.7	−0.005	0.150**	0.200**	−0.112	0.187**	−0.039	−0.053	0.255**
44.6	−0.118*	0.005	0.036	−0.024	0.028	−0.072	−0.041	−0.045
45.2	0.035	0.002	−0.030	−0.018	−0.033	0.129*	0.079	−0.026
46.6	0.013	−0.051	−0.062	−0.033	−0.064	0.107	0.163**	−0.052
47.5	−0.015	−0.069	−0.077	0.135*	−0.072	0.095	0.160**	−0.132*
48.2	0.015	0.101	0.150*	−0.148*	0.151*	−0.002	−0.057	0.133*
52.2	0.080	−0.042	−0.007	−0.038	0.032	0.155**	0.131*	−0.038
52.8	0.002	0.123*	0.154**	−0.144*	0.152**	−0.002	−0.013	0.084
55.3	0.050	−0.071	−0.140*	0.115	−0.132*	−0.044	−0.004	−0.067
55.8	−0.012	−0.070	−0.116*	0.083	−0.110	−0.023	−0.057	−0.080
63.0	0.074	0.121*	0.098	−0.100	0.112	−0.029	−0.068	0.100
64.8	0.032	0.025	−0.027	0.076	−0.035	−0.029	0.135*	−0.041
68.2	−0.070	−0.016	0.037	0.030	−0.008	−0.158**	−0.142*	0.036
74.1	0.053	−0.091	−0.118*	0.084	−0.101	−0.034	−0.035	−0.076
75.4	−0.073	−0.118*	−0.077	0.061	−0.096	−0.012	0.033	−0.144*
80.7	0.061	−0.062	−0.097	0.045	−0.072	0.140*	0.112	−0.093
86.6	−0.121*	−0.081	−0.103	0.095	−0.118*	−0.037	−0.009	−0.070

43.7 的谱带可延长面团形成时间和稳定时间、提高面筋指数；迁移率为 46.6、64.8 和 52.2 的谱带可提高干面筋和湿面筋含量。相反，其余的醇溶蛋白谱带对面团粉质和面筋参数表现负向效应。

(三)重要谱带的品质效应分析

本研究共发现 42 条醇溶蛋白谱带与小麦品质显著相关，从中选取 9 条同时与多个品质性状密切相关的特征带，并进一步分析其品质效应(表 4-9)。整体来看，具有特征谱带的材料与没有该谱带的材料在相关品质性状上存在显著差异。例如，特征带 ω25.5 对面团稳定时间表现正向效应，携带该特征带的材料有 67 个，占材料总数的 22.3%，面团稳定时间平均为 13.8min，显著($P<0.05$)高于没有该特征带的材料(平均为 9.6min)；特征带 ω36.6 与面筋指数呈负相关，有 72 个材料携带该特征带(占总数的 23.9%)，面筋指数均值为 45.5%，显著($P<0.05$)低于没有该特征带的材料(均值为 57.1%)。这些重要的谱带可为小麦品质育种提供遗传标记。

表 4-9　重要醇溶蛋白谱带的品质效应

品质性状	谱带	效应方向	品质表现	
			有带	无带
稳定时间/min	ω25.5	正向	13.8a	9.6b
	γ43.7	正向	14.1a	9.6b
	γ48.2	正向	11.6a	8.8b
面筋指数/%	ω34.8	负向	7.1b	11.5a
	ω36.6	负向	6.3b	11.8a
	ω39.3	负向	7.3b	11.1a
	ω25.5	正向	59.8a	52.8b
	γ43.7	正向	64.6a	51.8b
	γ48.2	正向	56.5a	51.0b
	ω34.8	负向	46.7b	56.5a
	ω36.6	负向	45.5b	57.1a
	ω39.3	负向	47.7b	55.6a
粗蛋白/%	γ52.2	正向	11.5a	10.2b
	α80.7	正向	11.6a	10.3b
湿面筋含量/%	γ52.2	正向	31.6a	30.3b
	α80.7	正向	32.0a	30.4b
L^*值	β59.2	正向	95.08a	94.32b
b^*值	β59.2	负向	1.20b	3.95a

注：同行不同小写字母表示在 5%水平存在显著性差异

七、讨论

(一)醇溶蛋白的遗传多样性

小麦品种的遗传基础日益狭窄严重限制了优异品种的选育，而小麦育种的突破性进展与关键种质资源的利用密切相关，因此，小麦优异种质资源发掘是改良小麦品质、提高产量的重要途径[23]。本研究对 301 份小麦品种(系)的醇溶蛋白组成进行分析，除中原 008 和中育 1401 的醇溶蛋白带型完全一致外，其他材料的带型各不相同。另外，参试材料 GS 值的变异范围为 $0.538 \sim 1.000$，平均为 0.759，与前人研究结果基本一致[24-25]；中原 008 和中育 1401 的遗传相似性最大(GS 值为 1.0)，其余材料间的 GS 值均小于 0.978。以上分析表明，参试材料在醇溶蛋白水平存在丰富的遗传多样性，可作为小麦遗传改良的重要基因资源。

聚类分析结果表明，系谱关系相近的材料被聚在一类；但也出现个别亲缘关系较远的品种聚类较近的情况，如来自美国的品系美国-2 与国内优质面包小麦济南 17 被聚在一类；也存在亲缘关系较近却聚类相对较远的情况，如鲁麦 14 与其衍生品种济麦 20 聚类较远。王正阳等[26]报道中也曾发现这种类似的现象，究其原因可能是在品种选育过程中，醇溶蛋白编码基因发生了重组，以及育种家不同的育种目标和选择倾向，导致醇溶蛋白编码基因位点发生了遗传变异[27]。

(二)醇溶蛋白亚基与小麦品质的相关性

迄今，国内外学者相继报道了一些与小麦品质密切相关的醇溶蛋白谱带[28-30]，比较发现有些结果与本研究基本一致。例如，本研究发现迁移率为 34.8 和 36.6 的谱带对稳定时间和面筋指数表现负效应，王曙光等[30]报道该谱带与沉降值、蛋白质和湿面筋含量呈负相关；迁移率为 42.3 的谱带与稳定时间和粉质质量指数呈正相关，阎旭东等[19]报道该谱带与沉降值正相关；迁移率为 47.5 的谱带可显著降低面筋指数，郭超等[24]、Branlard 和 Dardevet[31]证实该谱带与面团延伸面积及面筋弹性、膨胀性、黏性等品质性状呈负相关。但我们也发现本研究中其他醇溶蛋白谱带与前人研究尚缺乏较好的一致性，原因可能是不同学者所用的电泳方法特别是凝胶浓度不同，导致不同研究报道中，与品质相关的醇溶蛋白谱带很难一一对应[30]，另一方面，醇溶蛋白各位点等位基因的分布具有明显的地域性，不同国家和地区的品种醇溶蛋白存在的巨大差异也是导致试验结果不一致的重要原因[32]。此外，醇溶蛋白的多态性只是代表了小麦第 1、第 6 部分同源群染色体短臂的遗传变异，并不能反映小麦整个基因组的遗传信息。因此，今后的工作还需进一步结合 DNA 分子标记进行深入的分析研究。

八、结论

301 份材料共分离出 93 种不同迁移率的谱带，其中迁移率为 58.6、69.4、72.1、16.5 和 19.2 的谱带出现频率最高（均高于 80.0%），其余谱带的多态性相对较高；品种间遗传相似系数（GS）的变异范围为 0.538～1.000，平均为 0.759，品种中原 008 和中育 1401 的亲缘关系最近（GS 值为 1.0）；在 GS=0.740 水平上，将所有材料划分为 11 个类群；相关分析表明，42 条谱带与 106 项次品质性状呈显著或极显著相关，其中谱带 ω25.5、γ43.7 和 γ48.2 可显著增加面团稳定时间、面筋指数，谱带 γ52.2 和 α80.7 可显著增加粗蛋白及干、湿面筋含量，谱带 β59.2 可显著提高面粉色泽 L^* 值，但与 b^* 值负相关，谱带 ω34.8、ω36.6 和 ω39.3 对面团稳定时间及面筋指数具有显著的负向效应。这些重要的醇溶蛋白谱带可作为小麦品质育种的选择标记。

参 考 文 献

[1] 李敏, 高翔, 陈其皎, 等. 普通小麦中 α-醇溶蛋白基因（*GQ891685*）的克隆、表达及品质效应鉴定[J]. 中国农业科学, 2010, 43（23）: 4765-4774

[2] 李硕碧, 高翔, 单明珠, 等. 小麦高分子量谷蛋白亚基与加工品质[M]. 北京: 中国农业出版社，2001: 22-32

[3] Cox T S, Lookhart G L, Walker D E, et al. Genetic relationships among hard red winter wheat cultivars as evaluated by pedigree analysis and gliadin polyacrylamide gel eletrophretic patterns [J]. Crop Science Society of America, 1985, 25: 1058-1063

[4] Metakosky E V, Branlard G. Genetic diversity of French common wheat germplasm based on gliadin alleles [J]. Theroretical and Applied Genetics, 1998, 96: 209-218

[5] Metakovsky E V. Gliadin allele identification in common wheat. II Catalogue of gliadin alleles in common wheat [J]. Journal of Genetics and Breeding, 1991, 45: 325-344

[6] 张学勇, 杨欣明, 董玉琛. 醇溶蛋白电泳在小麦种质资源遗传分析中的应用[J]. 中国农业科学, 1995, 28（4）: 25-32

[7] 马传喜, 吴兆苏. 小麦胚乳蛋白质组分及高分子量麦谷蛋白亚基与烘烤品质的关系[J]. 作物学报, 1993, 19（6）: 562-566

[8] Payne P I, Nightingale M A, Krattiger A F, et al. The relationship between HMW glutenin subunit composition and the bread-making quality of British-grown wheat varieties [J]. Journal of the Science of Food and Agriculture, 1987, 40: 51-65

[9] Kolster P, Krechting C F, van Gelder W M J. Quantification of individual high molecular weight subunits of wheat glutenin using SDS-PAGE and scanning densitometry[J]. Journal of Cereal Science, 1992, 15: 49-61

[10] 杨丹, 姚金保, 杨学明, 等. 北方麦区小麦品种高分子量谷蛋白亚基组成及其与品质性状的关系[J]. 江苏农业学报, 2015, 31（2）: 241-246

[11] 董永梅, 杨欣明, 柴守诚, 等. 中国小麦代表性地方品种高分子量谷蛋白亚基组成分析[J]. 麦类作物学报, 2007, 27（5）: 820-824

[12] 张玲丽, 李秀全, 杨欣明, 等. 小麦优良种质资源高分子量麦谷蛋白亚基组成分析[J]. 中国农业科学, 2006, 39（12）: 2406-2414

[13] Payne P I, Lawrence G J. Catalogue of alleles for the complex gene loci, Glu-A1, Glu-B1and Glu-D1which code for high molecular weight subunits of glutenin in hexaploid wheat [J]. Cereal Research Communications, 1983, 11: 29-35.

[14] Özbek Ö, Taşkin B G, Şan S K, et al. High-molecular-weight glutenin subunit variation in Turkish emmer wheat [*Triticum turgidum* L. ssp. *dicoccon* (Schrank) Thell.] landraces [J]. Plant Systematics and Evolution, 2012, 298(9): 1795-1804

[15] Li Y L, Huang C Y, Sui X X, et al. Genetic variation of wheat glutenin subunits between landraces and varieties and their contributions to wheat quality improvement in China [J]. Euphytica, 2009, 169: 159-168

[16] Terasawa Y, Takata K, Hirano H, et al. Genetic variation of high-molecular-weight glutenin subunit composition in Asian wheat [J]. Genetic Resources and Crop Evolution, 2011, 58: 283-289

[17] Branlard G, Dardevet M, Saccomano R, et al. Genetic diversity of wheat storage proteins and bread wheat quality [J]. Euphytica, 2001, 119: 59-67

[18] 张平平, 陈东升, 张勇, 等. 春播小麦醇溶蛋白组成及其对品质性状的影响[J]. 作物学报, 2006, 32(12): 1796-1801

[19] 阎旭东, 卢少源, 李宗智. 普通小麦醇溶蛋白组份的分布及其与 HMW-麦谷蛋白亚基对品质的组合效应[J]. 作物学报, 1997, 23: 70-75

[20] 尹燕枰, 董学会. 种子学试验技术[M]. 北京: 中国农业出版社, 2008: 181-184

[21] Bushuk W, Zillman R R. Wheat cultivar identification by gliadin electrophoregrams. I. Apparatus, method and nomenclature [J]. Canadin Journal of Plant Science, 1978, 58: 505-515

[22] Nei M. Analysis of gene diversity in subdivided populations [J]. Proc Natl Acad Sci USA, 1973, 70(12): 3321-3323

[23] 胡琳, 许为钢, 张磊, 等. 小麦种质资源鉴定、优异基因发掘及创新利用研究概述[J]. 河南农业科学, 2009, (9): 22-25

[24] 郭超, 刘红, 陈新宏, 等. 部分美国小麦种质资源醇溶蛋白遗传多样性分析及其亚基对品质性状的影响[J]. 植物遗传资源学报, 2014, 15(6): 1173-1181

[25] 陈晓杰, 吉万全, 王亚娟. 新疆冬春麦区小麦地方品种贮藏蛋白遗传多样性研究[J]. 植物遗传资源学报, 2009, 10(4):522-528

[26] 王正阳, 倪永静, 牛吉山, 等. 99 份国内小麦新品种(系)醇溶蛋白的遗传多样性分析[J]. 麦类作物学报, 2010, 30(2): 233-239

[27] 刘华, 王宇生, 张辉, 等. 小麦种质资源醇溶蛋白指纹图谱数据库的初步建立及应用[J]. 作物学报, 1999, 25(6): 674-682

[28] Wrigley C W, Robinson P J, Williams W T. Associations between individual gliadin proteins and quality, agronomic and rnorphological attributes of wheat cultivars[J]. Australian Journal of Agricultural Research, 1982, 33: 409-418

[29] 聂莉, 芦静, 黄天荣, 等. 部分新疆小麦材料的醇溶蛋白组成及其对品质性状的影响[J]. 麦类作物学报, 2010, 30(4): 749-754

[30] 王曙光, 杨海峰, 孙黛珍, 等. 小麦醇溶蛋白亚基与品质性状的相关性分析[J]. 中国粮油学报, 2013, 28(5): 31-35

[31] Branlard G, Dardevet M. Diversity of grain proteins and bread wheat quality: Ⅰ Correlation between gliadin bands and flour qualily characteristics [J]. Journal of Cereal Science, 1985, 13: 329-343

[32] 高艾英, 吴长艾, 朱树生, 等. 山东省普通小麦醇溶蛋白 *Gli-1* 和 *Gli-2* 位点等位基因的遗传变异[J]. 作物学报, 2005, 31(11): 1460-1465.

第五章 小麦加工品质性状多样性研究及优异资源筛选

小麦加工品质分为磨粉品质(一次加工品质)和食品加工品质(二次加工品质),其中磨粉品质是指对磨粉工艺的适应性和满足程度,以籽粒容重、硬度、出粉率、灰分、面粉白度等为主要指标。制粉是小麦加工利用的首要环节,是衡量小麦加工品质的重要部分,其品质优劣直接影响面粉企业的效益和面包、馒头等食品的加工品质[1],制粉品质的改良是中国小麦育种的重要内容。

食品加工品质是指各类面食品在加工工艺和成品质量上对小麦籽粒和面粉质量提出的不同要求及对这些要求的适应性和满足程度,包括烘烤品质和蒸煮品质。馒头、面条等蒸煮类食品是我国的传统主食,研究该类食品品质并培育优质小麦新品种具有重要的理论和实践意义。

第一节 小麦出粉率和灰分的变异分析及优质资源筛选

出粉率是衡量小麦制粉品质的重要指标之一,出粉率的高低与小麦生产和加工密切相关,出粉率越高,生产成本越低,面粉厂效益越好,小麦经济价值也越高。因此,提高出粉率是当前小麦育种的重要任务。出粉率的高低主要受小麦胚乳占小麦籽粒的比例及胚乳与非胚乳部分分离难易程度等因素影响[2]。目前有关小麦出粉率的研究已有较多报道[3-6]。Marshall 等[7]研究表明,同一地点、同一品种的小麦籽粒大小与小麦出粉率呈显著相关;同一地点、不同品种的小麦籽粒大小与制粉品质无相关关系。Charles 和 Patrick[8]研究表明,出粉率与小麦的体积质量呈正相关,李硕碧等[9]和李宗智[10]也得出了类似结论。桑伟等[11]分析研究了新疆小麦品种制粉品质及其与籽粒性状的关系,结果表明,出粉率与籽粒蛋白质含量呈极显著负相关,灰分与籽粒蛋白质含量呈极显著正相关。张艳等[12]研究认为出粉率与馒头表面颜色呈显著负相关,相关系数为-0.58($P<0.05$);与 b^* 值呈显著正相关,相关系数为 0.69($P<0.01$);出粉率对 b^* 值有较大正向效应;出粉率与面片的 L^* 值呈显著正相关($r=0.56$,$P<0.05$)。灰分也是衡量小麦磨粉品质的重要指标之一,常用来衡量面粉的精度,混入面粉的麸皮越多,灰分含量越高。通常情况下,灰分与面粉颜色呈负相关,与出粉率呈正相关。

目前有关小麦出粉率、灰分遗传变异及其分布特点的研究报道较少,因此,河南科技学院小麦中心以来源于不同年度、不同麦区的 227 个小麦品种(系)为材料，分析研究小麦出粉率和灰分的遗传变异情况及其与籽粒硬度和蛋白质含量的相关性，以期为小麦品质育种的亲本选择、有利基因的发掘和利用及小麦品质改良工作提供参考依据。

一、研究方法概述

(一)试验材料

以来源于不同麦区的 227 个小麦品种(系)为材料，其中，国外引进品种 15 个，北方冬麦区 19 个，黄淮冬麦区 130 个，西南冬麦区 23 个，长江中下游冬麦区 40 个。

(二)田间试验设计

227 个参试材料分别于 2010～2011 年度(简称 2011 年)、2011～2012 年度(简称 2012 年)种植于河南科技学院实验基地(河南省辉县市)，每份材料种植 2 行，行长 4m，行距 25cm，每行播种 80 粒，成熟时按行收获，脱粒，晾晒，常温下储藏备用。

(三)试验方法

1. 磨粉

利用实验磨粉机(LRMM8040-3-D，江苏无锡锡粮机械制造有限公司)磨粉。每个材料取 1kg 左右，根据籽粒硬度确定加水量和润麦时间。硬质麦调节含水量至 15.0%，润麦时间 18h 左右，软质麦调节含水量至 14.0%，润麦时间 12h 左右。

2. 硬度和蛋白质测定

利用小麦硬度测定仪(JYDB100×40)测定小麦籽粒硬度指数；利用全自动凯氏定氮仪(UDK159，意大利 VELP 公司)测定小麦籽粒蛋白质含量，参照 GB/T6432—1994 方法。

(四)数据处理

用 SAS(statistics analysis system)软件进行统计分析，Microsoft Excel 软件作图。

二、小麦品种(系)间出粉率的分布

由表 5-1 可见，2012 年收获的 227 个小麦品种(系)的出粉率平均值、变幅、变异系数、标准差与 2011 年不尽相同。2012 年小麦品种(系)的出粉率平均值为 64.38%，变幅为 41.18%～72.73%，变异系数为 8.26%，标准差为 5.31，高于平均值的品种(系)有 142 个，占总品种(系)数的 62.56%，低于平均值的品种(系)有 85 个，占总品种(系)数的 37.44%。2011 年小麦品种(系)出粉率平均值为 65.10%，变幅为 42.31%～76.11%，变异系数为 7.78%，标准差为 5.07，高于平均值的有 132 个品种(系)，占总品种(系)数的 58.15%，低于平均值的有 95 个品种(系)，占总品种(系)数的 41.85%。相关分析表明(图 5-1)，两年间出粉率呈极显著正相关(相关系数 $r=0.337^{**}$)，说明出粉率的高低不受环境因素的影响，主要受遗传控制。

表 5-1　227 个小麦品种(系)出粉率的方差分析

年度	平均值/%	标准差	变幅/%	变异系数/%	极差
2010～2011	65.10	5.07	42.31～76.11	7.78	33.80
2011～2012	64.38	5.31	41.18～72.73	8.26	31.55

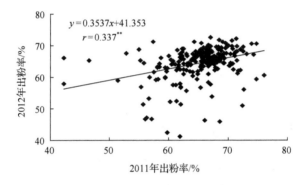

图 5-1　两年间出粉率的相关性

本研究的 227 个小麦品种(系)两年出粉率平均值变化范围较大，为 50.15%～72.65%，由表 5-2 可知，出粉率<60.0%的仅有 29 个品种(系)，占总品种(系)的 12.78%；60.0%≤出粉率<70.0%的有 184 个品种(系)，占总数的 81.06%；70.0%≤出粉率<80.0%的有 14 个品种(系)，占总数的 6.16%。

表 5-2　227 个小麦品种(系)两年平均值的出粉率分布

出粉率/%	品种(系)数	占总数比例/%	累计数	累计比例/%
50.0～60.0	29	12.78	29	12.78
60.0～70.0	184	81.06	213	93.84
70.0～80.0	14	6.16	227	100.00

三、不同来源小麦品种（系）出粉率的差异

由表 5-3 可看出，来源于北方冬麦区的小麦品种（系）的出粉率最高，平均值为 67.15%，显著高于其他麦区（$P<0.05$）；来源于西南冬麦区的小麦品种（系）的出粉率最低，平均值为 61.74%，显著低于其他麦区（$P<0.05$）。来源于黄淮冬麦区、长江中下游冬麦区和国外引进品种（系）间出粉率差异不显著（$P>0.05$），其变幅分别为 51.10%~72.65%、56.14%~71.78%和50.15%~72.27%。

表 5-3　不同麦区小麦品种（系）的出粉率差异

品种来源	品种数	平均值/%	变幅/%	标准差
北方冬麦区	19	67.15a	61.84~70.74	0.77
黄淮冬麦区	130	64.62b	51.10~72.65	0.46
西南冬麦区	23	61.74c	51.38~69.95	1.12
长江中下游冬麦区	40	65.65b	56.14~71.78	0.27
国外引进品种（系）	15	64.79b	50.15~72.27	0.53
总计	227	64.82	50.15~72.65	0.31

注：每列中不同小写字母表示处理之间在 0.05 水平存在显著性差异

四、小麦出粉率与籽粒硬度、蛋白质含量相关性分析

相关分析结果表明，小麦出粉率与籽粒硬度呈极显著正相关（相关系数 $r=0.419^{**}$）（图 5-2）；与籽粒蛋白质含量呈负相关但不显著（相关系数 $r=0.063$）（图 5-3）。

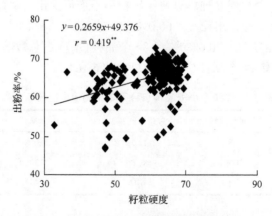

图 5-2　小麦出粉率与籽粒硬度的相关性

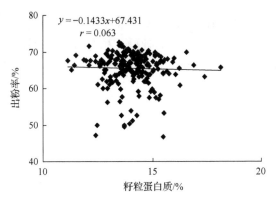

图 5-3 小麦出粉率与籽粒蛋白质含量的相关性

五、小麦品种(系)面粉灰分的变异和分布

参试材料小麦灰分含量在 2012 年和 2013 年间存在较小差异,标准差均为 0.05。两年平均值相差 0.05,最大值和最小值差值均表现为 0.04(表 5-4)。相关分析结果表明,2012 年和 2013 年小麦品种(系)灰分相关性达极显著正相关,相关系数(r)为 0.356[**]。由此得出,面粉灰分含量的高低受环境条件影响较小,主要受小麦品种自身品质遗传控制(图 5-4)。

表 5-4 164 个参试材料面粉灰分的变异情况

年份	平均值/%	标准差	变异系数/%		最大值/%			最小值/%	极差
2012	0.61	0.05	8.82		0.80			0.49	0.31
2013	0.56			0.05	9.21	0.84	0.45		0.39

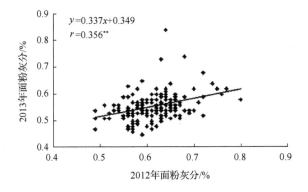

图 5-4 两年间面粉灰分的相关性

由图 5-5 看出,164 个参试小麦品种(系)面粉灰分的变化范围较大,变幅为 0.48%～0.74%,变异系数为 7.41%,其中,在 0.50%～0.60%分布 115 个品种(系),

占总数高达 70.12%；其次，在 0.60%～0.70%有 46 个品种（系），占总数的 28.05%；而在 0.40%～0.50%和大于 0.70%的品种（系）相对较少，分别仅有 1 个（08 漯 303，0.48%）和 2 个（CL0407，0.74%和 OTTO，0.71%）。

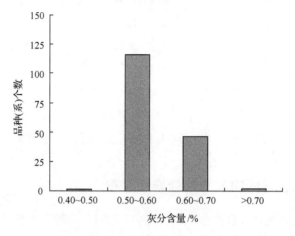

图 5-5　参试材料面粉灰分含量的分布

六、讨论

　　小麦出粉率是衡量磨粉品质的重要指标之一，是磨粉产业中最重要的技术经济指标，在科学研究和生产上均有重要价值[13]。由于育种早期单方面追求高产，导致出粉率有下降趋势[14,15]。本研究表明，227 个小麦品种（系）出粉率平均为 64.74%，变幅为 50.15%～72.65%，变异系数为 6.56%。81.06%的品种（系）的出粉率处在 60.0%～70.0%，高于 70.0%的仅有 14 个品种（系），占总数的 6.16%，说明高出粉率的材料较少。同时，年度间出粉率呈极显著正相关（r=0.337**）；参试材料面粉灰分平均含量为 0.59%，变幅为 0.48%～0.74%，变异系数为 7.41%，年度间灰分呈极显著正相关（r=0.356**），说明出粉率和灰分含量主要受遗传控制，可通过育种途径进行改良。本研究中出现的高出粉率、低灰分材料可作为后期品质育种的优良亲本加以利用。

　　来源于不同麦区的品种（系）间比较得出，北方冬麦区出粉率最高，西南冬麦区品种（系）的出粉率最低。北方冬麦区大多为白粒品种，种皮薄，出粉率高，且容重也高于南方冬麦区，可能是引起北方冬麦区品种出粉率高的原因[16]。

　　出粉率与籽粒性状的相关分析结果表明，出粉率与籽粒蛋白质含量呈负相关，但不显著；出粉率与籽粒硬度呈极显著正相关，与周艳华等[16]研究结果一致，同时硬度受少数基因控制[17]，遗传力较高[18]，因此，育种中选择硬度高的株系有利于提高出粉率。

七、结论

参试材料出粉率平均为 64.74%,变幅为 50.15%～72.65%,变异系数为 6.56%;灰分平均含量为 0.59%, 变幅为 0.48%～0.74%, 变异系数为 7.41%; 年度间出粉率和灰分含量呈极显著正相关, 筛选出 3 个出粉率较高的材料, 分别为洛优 9905(71.69%), 南农 30I-87(70.36%)和农大 189 选(72.65%); 来源于北方冬麦区小麦品种(系)的出粉率最高, 显著高于其他麦区(P<0.05)。

第二节　小麦粉色泽(白度)的多样性分析及优质资源筛选

面粉色泽(白度)是小麦磨粉品质的重要指标,也是衡量面粉加工精度的重要指标, 在很大程度上反映了面粉的质量和制粉精度, 因此也是面粉分级的重要指标, 同时, 面粉白度对面条、馒头、面包、水饺等食品的评分都有重要影响[19-21]。市场上销售的面粉白度一般达到 80 以上才易被认可[22,23], 而中国主推小麦品种的平均面粉白度为 74.8, 变幅为 54.8～82.2, 且面粉白度高的品种多为筋力弱的品种, 缺少白度高的中筋和强筋小麦品种[24]。因此选育优质高白度小麦品种具有重要的现实意义。

小麦粉色泽(白度)与其他品质性状一样,既受遗传控制又受环境条件的影响, 是基因型和环境共同作用的结果[25,26]。有研究表明, 小麦粉白度的广义遗传力大于 90%, 说明通过遗传改良可显著提高小麦品种的白度[19]。目前关于小麦粉白度的研究报道较多, 多数集中于白度与其他品质指标的相关性, 多数研究表明, 白度与籽粒硬度呈显著负相关[27,28], 与蛋白质含量呈显著负相关[29-31]。胡新中等[32]以黄淮麦区 61 个小麦品种为材料研究了影响小麦粉白度的品质指标, 研究表明, 面粉白度与蛋白质含量、破损淀粉含量、吸水率呈极显著负相关(r 为–0.488、–0.673、–0.732), 与面粉溶涨体积呈极显著正相关(r=0.762), 与多酚氧化酶(PPO)活性和黄色素含量关系不显著。同时, 张菊芳等[25]以 23 个不同品质类型的小麦品种(系)为材料研究了基因型和储藏时间对小麦粉白度的影响, 结果表明, 基因型对面粉白度的影响极显著; 不同品种小麦粉白度随着制粉后储藏时间的延长逐渐增长。前人报道多是研究面粉白度与籽粒硬度、蛋白质含量等的相关性, 但关于白度与粉质特性相关性的研究报道较少。

河南科技学院小麦中心以来源于不同种植区的小麦品种(系)为材料, 分析研究小麦粉色泽(白度)的分布特点、与其他品质指标的相关性及储藏时间对其影响, 以期为筛选优质高白度小麦品种(系)、改良小麦粉白度提供参考依据。

一、研究方法概述

(一) 试验材料

试验材料为 216 个小麦品种(系)，其中，国外引进品种 23 个、北方冬麦区 17 个、黄淮冬麦区 122 个、长江中下游冬麦区 34 个、西南冬麦区 20 个。参试材料分别于 2010～2011 年度(简称 2011 年)和 2011～2012 年度(简称 2012 年)种植于河南科技学院试验基地(河南省辉县市)。每份材料种植 2 行，行距 25cm，行长 4m，每行播种 80 粒，田间管理同一般大田。成熟后，分行收获，脱粒，晾晒，室温储藏备用。制粉后分别在室温下储藏 7 天、67 天和 127 天，测定不同储藏时间的面粉白度。

(二) 试验方法

1. 磨粉

每个参试材料取籽粒 1 kg，利用实验磨粉机(LRMM8040-3-D，江苏无锡锡粮机械制造有限公司)磨粉，出粉率 64%左右。

2. 面粉水分测定

依据 GB5009.3—1985 方法测定面粉水分含量。

3. 品质指标测定

利用数显白度仪(SBDY-1，上海悦丰仪器仪表有限公司)测定面粉白度。利用粉质仪(820604，德国 Brabender 公司)测定面团的吸水率、形成时间和稳定时间等粉质参数。参照 GB/T5506.1—2008 测定湿面筋含量，参照 GB/T5506.3—2008 测定干面筋含量。利用全自动凯氏定氮仪(UDK159，意大利 VELP 公司)测定面粉的含氮量。利用小麦硬度指数测定仪(JYDB 100×40，江苏无锡锡粮机械制造有限公司)测定小麦籽粒硬度指数。

(三) 数据分析

利用 DPS7.05 软件进行差异显著性检验。

二、参试材料面粉白度的方差分析及分布

由表 5-5 可看出，2011 年参试材料面粉白度的平均值、最小值和最大值均高于 2012 年。2011 年参试材料面粉白度的平均值为 73.7，变幅为 56.0～81.4，变异系数为 5.0%，品种(系)间差异达极显著水平($P<0.01$)。其中，低于平均值的有 125 个品种(系)，占总数的 57.9%；高于平均值的有 91 个品种(系)，占总数的 42.1%；面

粉白度高于 80 的仅有 5 个品种(系),占总数的 2.3%。2012 年参试材料面粉白度的平均值为 72.2,变幅为 52.3~79.8,变异系数为 5.1%,品种(系)间差异达极显著水平($P<0.01$)。其中,低于平均值的有 127 个品种(系),占总数的 58.8%;高于平均值的有 89 个品种(系),占总数的 41.2%;参试材料面粉白度均低于 80。

表 5-5 参试材料面粉白度的方差分析

年度	平均值	变幅	极差	F 值	变异系数/%
2010~2011	73.7	56.0~81.4	25.4	936.292**	5.0
2011~2012	72.2	52.3~79.8	27.5	962.812**	5.1

**表示 1%相关显著性

相关分析表明(图 5-6),年份间面粉白度的相关性达极显著水平,相关系数为 0.899**,表明两年品种(系)间差异顺序基本一致。

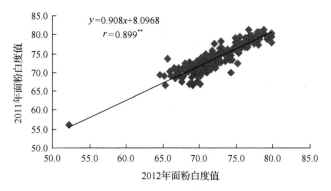

图 5-6 两年面粉白度的相关性

由表 5-6 可得,参试材料两年面粉白度平均值的分布范围较大,变幅为 54.1~80.1,变异系数 4.9%,平均白度值为 72.9。其中 175 个品种(系)的面粉白度值处在 70~80 范围内,占总数的 81.0%,面粉白度值小于 65 和大于 80 的分别仅有 1 个品种(系)。

表 5-6 216 个小麦品种(系)两年面粉白度的分布

白度值	品种/系数	占总数比例/%	白度值	品种/系数	占总数比例/%
<65	1	0.5	75~80	61	28.2
65~70	39	18.1	>80	1	0.5
70~75	114	52.8	—	—	—

由表 5-7 可知,筛选出面粉白度大于 79.0 的材料主要有来自河南的偃师 4110、8762-14、矮早 781、周麦 20,来自湖北的武汉麦、小麦千斤王,来自四川的川育

55871、资麦 1 号，来自安徽的皖麦 19、T21-6 及来自山东的山农优麦 3 号。这些材料的硬度指数均小于 60，且多数小于 50，说明面粉白度高的小麦品种（系）多为软质或混合质小麦。但也筛选出一些籽粒硬度较高且面粉筋力较强的材料，比如川育 55871 和 T21-6 的硬度指数均大于 50、湿面筋含量大于 30%、面团稳定时间大于 5min，属于硬质中强筋小麦；8762-14、资麦 1 号和农大 8P291 的面团稳定时间均大于 6min、湿面筋含量大于 30%，面团筋力较强。这些材料可作为选育优质中强筋小麦品种的首选亲本。

表 5-7　高白度小麦品种（系）的品质性状

品种（系）	来源	白度	出粉率/%	硬度	籽粒蛋白质/%	面粉蛋白质/%	湿面筋/%
偃师 4110	河南	80.1	56.1	41.8	13.0	11.2	30.8
8762-14	河南	79.9	59.3	42.8	15.6	13.2	34.9
武汉麦	湖北	79.9	65.1	52.4	11.3	9.8	40.4
矮早 781	河南	79.6	56.8	39.1	13.7	11.2	32.4
川育 55871	四川	79.6	61.7	50.2	10.3	8.9	31.0
周麦 20	河南	79.5	51.4	37.2	12.9	11.2	30.6
资麦 1 号	四川	79.5	60.0	47.5	13.8	12.2	30.2
小麦千斤王	湖北	79.5	56.9	36.3	14.5	12.7	34.4
皖麦 19	安徽	79.4	65.8	49.9	14.6	11.5	34.2
农大 8P291	北京	79.3	64.5	47.1	14.4	11.8	30.3
T21-6	安徽	79.0	64.1	50.7	15.5	13.8	40.4
山农优麦 3 号	山东	79.0	59.4	48.9	14.9	12.6	36.5

品种（系）	来源	干面筋/%	吸水率/%	形成时间/min	稳定时间/min	粉质质量指数
偃师 4110	河南	10.6	53.3	2.3	2.8	39
8762-14	河南	11.8	53.1	4.0	6.0	68
武汉麦	湖北	13.7	59.3	2.7	2.9	35
矮早 781	河南	10.2	52.7	2.3	2.6	33
川育 55871	四川	10.6	51.5	4.2	6.8	79
周麦 20	河南	10.0	52.7	2.7	3.4	40
资麦 1 号	四川	10.0	53.4	2.3	11.1	96
小麦千斤王	湖北	11.7	52.2	2.5	2.5	36
皖麦 19	安徽	11.0	54.0	3.2	4.2	58
农大 8P291	北京	11.0	51.2	6.0	9.6	112
T21-6	安徽	12.8	58.6	5.0	5.6	86
山农优麦 3 号	山东	11.9	61.8	3.7	3.0	58

三、不同来源小麦品种(系)面粉白度的差异

将参试材料按原产地和麦区分类并进行差异性检验(表 5-8)得出，西南冬麦区的面粉白度值最高，显著高于黄淮冬麦区、北方冬麦区和国外引进品种($P<0.05$)；国外引进品种的面粉白度值最低，显著低于其他麦区($P<0.05$)；其他麦区间差异不显著。面粉白度最低值出现在国外引进品种，为 54.1，最高值出现在黄淮冬麦区，为80.1。国外引进品种的变异幅度最大，最大值比最小值高出 44.0%，西南冬麦区的变异幅度最小，最大值比最小值高出 14.9%。同时，西南冬麦区中 65.0%的品种(系)的白度值高于平均白度值 72.9，仅有 17.4%的国外引进品种的白度值高于平均值 72.9。

表 5-8　不同来源小麦品种(系)面粉白度的差异

来源	平均值	变幅	超过平均白度值品种(系)数量	占总数百分率/%
西南冬麦区	75.30a	69.3~79.6	13	65.0
长江中下游冬麦区	73.70ab	69.1~79.9	16	47.1
黄淮冬麦区	73.12b	67.5~80.1	52	42.6
北方冬麦区	72.11b	67.9~79.3	6	35.3
国外引进品种	69.53c	54.1~77.9	4	17.4
软麦(硬度指数<40)	78.18a	73.9~79.6	6	100
混合麦(40≤硬度指数<60)	76.77a	69.0~80.1	58	90.6
硬麦(硬度指数≥60)	71.08b	54.1~76.2	27	18.5
弱筋(稳定时间≤2.5min)	72.59a	69.6~78.3	5	38.5
中筋(2.5min<稳定时间<7.0min)	73.60a	54.1~80.1	53	53.5
强筋(稳定时间≥7.0min)	72.38a	67.0~79.5	33	31.7

注：每列字母不同者表示差异达显著水平($P>0.05$)

根据籽粒硬度指数，将参试材料分为软麦(硬度指数<40)、混合麦(40≤硬度指数<60)和硬麦(硬度指数≥60)[33]。由表 5-8 可知，软麦和混合麦的白度值显著高于硬麦，其中软麦的白度值最高，平均为 78.18，硬麦的白度值最低，平均为71.08。硬麦面粉白度的变异幅度最大，最大值比最小值高出 40.9%，软麦面粉白度的变异幅度最小，最大值仅比最小值高出 7.7%。参试材料中，软麦的面粉白度值全都高于平均值 72.9，90.6%的混合麦面粉白度值高于平均值，而硬麦中，只有18.5%的材料的面粉白度高于平均值。

依据面团流变学特性，简单地将参试材料分为弱筋(稳定时间<2.5min)、中筋(2.5min≤稳定时间≤7.0min)和强筋(稳定时间>7.0min)(参考 GB/T17892—1999和 GB/T17893—1999)。由表 5-8 可看出，三种筋力面粉的白度值间差异均不显著($P>0.05$)，其中，中筋面粉的白度值最高，平均为 73.60，强筋面粉的白度值最低，

为 72.38。中筋材料面粉白度的变异幅度最大，最大值 80.1 和最小值 54.4 均出现在该类型中，弱筋材料面粉白度的变异幅度较小，最大值仅比最小值高出 12.5%。53.5%的中筋面粉白度高于平均值，31.7%的强筋面粉白度高于平均值 72.7。

四、面粉白度与主要品质性状的相关性

由表 5-9 可知，面粉白度与出粉率、籽粒硬度、面粉蛋白质含量、吸水率和面团形成时间呈极显著负相关，与干面筋含量和粉质质量指数呈显著负相关，而与其他指标相关性不显著，说明高白度和硬质、中强筋很难兼得。通过分析，筛选出白度好且出粉率高的品种(系)有新麦 19、漯麦 16、川麦 107、百农 64、皖麦19 和武汉麦；白度好且籽粒硬质的品种(系)有川育 55871、百农 160、百农 64、皖麦 19、武汉麦和 T21-6；白度好且面团稳定时间长的品种(系)有资麦 1 号、农大 8P291、射 04-21、漯麦 16、丰优 7 号、沁南麦、漯麦 3116 和 09 品 A6 等，这些材料可作为各种专用小麦品种培育的优良亲本。

表 5-9　面粉白度与其他品质指标的相关性

	出粉率	硬度	籽粒蛋白质	面粉蛋白质	湿面筋	干面筋	吸水率	形成时间	稳定时间	粉质质量指数
相关系数	−0.387**	−0.798**	−0.046	−0.363**	−0.019	−0.142*	−0.686**	−0.207**	−0.093	−0.170*

*和**分别表示5%和1%相关显著性。下同

五、储藏对面粉白度的影响

差异性检验结果表明(数据未列出)，随着储藏时间的延长，多数小麦品种(系)面粉白度呈先略微降低又升高的趋势，但多数差异不显著($P>0.05$)。总体趋势是储藏 4 个月的面粉比刚磨出时白，说明延长储藏时间可使面粉白度略微增加，但效果不明显。

六、讨论

面粉白度不是一个营养品质指标，而是一个市场品质指标、经济指标，市场上面粉白度高于 80 以上才易于被消费者接受。目前的高白度小麦品种多为中弱筋小麦品种，缺乏高白度强筋小麦品种[32]。本研究结果表明，品种(系)间白度差异达极显著水平，且年份间存在极显著正相关，说明品种是决定面粉白度的主要因素。216 份参试材料面粉白度的平均值为 72.9，变异幅度为 54.1～80.1，变异系数4.9%，结果较前人[34]研究低，原因可能是所选材料、磨粉工艺及气候环境差异。绝大多数品种(系)的白度值处在 70～75，白度值高于 80 的品种仅有偃师 4110，面粉白度值较高的有 8762-14、武汉麦、矮早 781、川育 55871、周麦 20、资麦 1

号、小麦千斤王、皖麦 19、农大 8P291、T21-6 和山农优麦 3 号。值得注意的是，筛选出的川育 55871、T21-6、8762-14、资麦 1 号和农大 8P291 等小麦品种（系）属硬质中强筋小麦，可作为高白度强筋小麦新品种培育的提供优良亲本。

陈绍军[35]在 1985 年、1986 年测定了国内外部分小麦品种的面粉白度，结果发现长江中下游麦区小麦粉白度显著高于优质馒头专用粉，且比黄淮麦区小麦品种样品的高，与本研究结果一致。且与我国南方麦区小麦普通蛋白质含量低且质地软[36]的现状一致。国外引进品种的面粉白度普遍较低，平均值为 69.5，说明国外小麦育种对面粉白度的要求不高。

相关分析表明，面粉白度与多数品质指标均呈负相关，特别是与出粉率、籽粒硬度、面粉蛋白质含量、干面筋含量、吸水率、形成时间和粉质质量指数均呈显著或极显著负相关，与胡瑞波和田纪春[31]和胡新中等[32]的结果一致。其中与籽粒硬度的相关性最大（$r=-0.798$），原因可能是硬粒小麦制粉时颗粒度大，对光线的分散多，导致白度下降[37]。由此看出，籽粒硬度是影响面粉白度最重要的品质指标之一，在育种过程中可初步通过籽粒硬度进行选择面粉白度。蛋白质含量相关指标可能是通过改变籽粒的硬度和面粉颗粒度来影响光线的吸收和反射，进而影响面粉白度[38]。尽管面粉白度与多数品质指标的负相关性给培育高白度筋力强的小麦品种增加难度，但本研究筛选出了一批优异材料，这些材料可作为高白度强筋小麦品种培育的首选亲本。

本研究还初步探讨了储藏时间对面粉白度的影响，结果表明储藏一段时间后，面粉白度会略微增加，但差异不明显，原因可能是随着储藏时间延长，面粉水分含量减少，影响了多酚氧化酶反应，抑制了面粉的褐变，具体机制还需进一步研究。

七、结论

参试品种（系）间面粉白度差异达极显著水平，且年份间存在极显著正相关；面粉白度平均为 72.9，变异幅度为 54.1～80.1，变异系数 4.9%；来源于西南冬麦区的小麦品种（系）的面粉白度值最高，显著高于黄淮冬麦区和北方冬麦区（$P>0.05$），国外引进品种的白度值普遍较低；面粉白度与多数品质指标均呈负相关；储藏一段时间后，面粉白度会略微增加，但增幅不明显；筛选出一批优质强筋高白度小麦种质，可作为高白度强筋小麦新品种培育的优良亲本。

第三节　馒头加工品质评价及与磨粉品质关系的研究

馒头是我国人民尤其是北方人民的传统主食，消费量在北方面食结构中约占 2/3，在全国面制品中约占 46%[39]。随着人民生活水平的提高，对面制品品质的要求也越来越高，加强馒头品质的改良已经成为我国小麦品质育种的重要目标[40]。

因此，馒头的品质评价对小麦品质育种和生产具有重要意义。

目前，已有许多关于馒头品质评价和影响馒头质量的小麦品质性状的研究[41-48]。吴澎等[49]指出，小麦粉中蛋白质的含量和质量、淀粉黏度性状及磨粉品质性状等因素均对馒头品质的影响较大。Addo 等[50]认为软质麦面粉的蛋白质含量与馒头体积之间呈极显著正相关，而硬质麦的蛋白质含量与馒头体积之间没有相关性；而Hou 等[51]指出面粉蛋白质含量与馒头体积相关，但不显著。张春庆和李晴祺[52]以33 个普通小麦品种(系)为材料，研究了影响普通小麦加工馒头质量的主要品质性状，结果表明，角质率与馒头体积和比容正相关。Lukow 等[53]的研究表明，馒头评分与面团形成时间、稳定时间呈极显著正相关，与 SDS 沉淀值、吸水率、和面仪峰值高度呈显著正相关。康明辉等[54]指出，馒头表面结构与面筋指数和稳定时间呈显著负相关。穆培源[55]表明，馒头外观与籽粒蛋白质含量、面粉蛋白质含量、湿面筋含量呈极显著负相关；馒头黏性与籽粒蛋白质含量、面粉蛋白质含量、湿面筋含量、吸水率呈显著或极显著负相关。范玉顶等[56]研究表明，要提高馒头的总分，必须协调好馒头体积、比容与外观、结构、弹韧性间的矛盾，并注重外观、结构、弹韧性及黏性的改良。周艳华和何中虎[1]表明，小麦出粉率和面粉白度也会影响馒头、面包等食品的加工品质。

感官评价存在较强的主观性，但又不能被仪器完全替代。目前已经报道的利用感官和质构仪相结合的方法评价馒头品质的研究结论不尽相同，侧重点也不同[57,58]。因此，河南科技学院小麦中心在前人研究的基础上，以来源于不同种植区的 84 个小麦品种(系)为试验材料，结合感官评价和质构仪评价两种方法研究影响馒头品质的相关指标，并筛选出优质的小麦材料，旨在为优质馒头专用小麦的培育和馒头品质改良提供参考依据。

一、研究方法概述

(一)供试材料

选用 84 个小麦品种(系)为材料，分别于 2011～2012 年度(简称 2012 年)、2012～2013 年度(简称 2013 年)种植于河南科技学院试验基地(河南省辉县市)，每份材料种植 2 行，行长 4m，行距 25cm，每行播种 80 粒，成熟时按行收获，脱粒，晾晒，常温下储藏备用。

(二)试验方法

1. 磨粉

利用实验磨粉机(LRMM8040-3-D，江苏无锡锡粮机械制造有限公司)磨粉，该磨粉系统包括皮磨和心磨，每个磨粉系统有 3 个磨辊，皮磨完成后，过 80 目粉筛，之后将筛上部分进行心磨后再过 80 目粉筛，最后将筛下的两种粉混合备用。根据籽粒硬度确定加水量和润麦时间。硬质小麦调节含水量到 15.0%～15.5%，润麦时间 18h 左右，软质小麦调节含水量到 14.0～14.5%，润麦时间 12h 左右。

$$出粉率(\%)=面粉重(g)\times100/籽粒重(润麦后，g)$$

2. 面粉白度测定

利用数显白度仪(SBDY-1，上海悦丰仪器仪表有限公司)，测定面粉的 R457 白度。

3. 馒头制作

参考中华人民共和国商业行业标准(SB/T10139—1993)制作馒头。称取 100g 小麦粉(校正到 14%湿基)，加入温水(38℃，含有 1g 干酵母)约 48mL(按粉质仪吸水率的 75%计算加水量)，用玻璃棒混合成面团后，手工和面 3min，成型，置于恒温箱中(38℃，85%相对湿度)发酵 60min，取出，手工和面 3min，成型。室温醒发 15min 后，放入已煮沸并垫有纱布的蒸锅上蒸 20min，取出并盖上纱布，冷却 40min 后检测馒头品质。

4. 馒头感官评价

由 4～5 个经训练并有经验的人员组成的品尝小组，参照 SB/T10139—1993 的附录 A 逐项品尝打分，评分标准如表 5-10 所示。

表 5-10　馒头评分标准

评分项目	满分	备注
比容/(mL/g)	20	2.30mL/g 为满分，每少 0.1mL/g 扣 1 分
外观形状	15	表皮光滑，对称，挺：12.1～15 分；中等：9.1～12 分；表皮粗糙，有硬块，形状不对称：1～9 分
色泽	10	白、乳白、奶白：8.1～10 分；中等：6.1～8 分；发灰、发暗：1～6 分
结构	15	纵剖面气孔小且均匀：12.1～15 分；中等：9.1～12 分；气孔大而不均匀：1～9 分
弹韧性	20	用手指按复原性好，有咬劲：16.1～20 分；中等：12.1～16 分；复原性、咬劲均差：1～12 分
粘牙	15	咀嚼爽口不粘牙：12.1～15 分；中等：9.1～12 分；咀嚼不爽口、发黏：1～9 分
气味	5	具麦清香、无异味：4.1～5 分；中等：3.1～4 分；有异味：1～3 分
总分	100	

5. 馒头质构指标测定

将待测馒头纵切成 2cm 左右的薄片，利用质构仪(TMS-PRO，美国 FTC 公司)测定馒头的硬度、黏附性、弹性、内聚性和咀嚼性等指标。测试时的参数：力量感应元的量程为 500N，探头回升到样品表面上面的高度为 30mm，形变百分量为

30%，检测速度为 30mm/min，起始力为 0.8N。

（三）数据统计方法

采用 SPSS 19.0 统计分析软件和 Excel 进行数据分析及处理。

二、参试馒头的感官品质

（一）感官品质评价

84 个小麦品种（系）经过连续两年馒头感官品质分析，结果见表 5-11。在 8 个感官品质评价指标中，共有 4 个指标（比容、外观形状、粘牙性和气味）的变异系数出现大于 10.00%，2012 年和 2013 年分别有 3 个和 2 个指标。进一步比较发现，外观形状在 2012 年（14.49%）和 2013 年（14.85%）和色泽指标在 2012 年（7.05%）和 2013 年（7.18%）变异系数接近，说明这两项感官品质指标在不同年份间的变异程度比较稳定，而其他感官品质指标相对不稳定。

表 5-11　馒头的感官品质分析

年份	感官品质指标	平均值	标准差	变异系数/%	最大值	最小值	极差
2012 年	比容(20)	17.57	1.51	8.58	18.00	5.60	12.40
	外观形状(15)	11.78	1.71	14.49	14.00	4.50	9.50
	色泽(10)	8.00	0.56	7.05	9.05	6.30	2.75
	结构(15)	12.04	1.14	9.50	14.00	8.50	5.50
	弹韧性(20)	16.52	1.61	9.72	19.25	10.75	8.50
	粘牙性(15)	11.72	1.26	10.76	13.90	6.50	7.40
	气味(5)	3.50	0.36	10.29	4.25	2.10	2.15
	总分(100)	81.12	5.34	6.59	91.10	58.40	32.70
2013 年	比容(20)	16.68	1.89	11.35	20.00	12.06	7.94
	外观形状(15)	11.28	1.68	14.85	14.25	7.00	7.25
	色泽(10)	8.01	0.57	7.18	9.50	6.25	3.25
	结构(15)	11.80	0.90	7.64	13.75	8.50	5.25
	弹韧性(20)	16.38	1.16	7.08	18.10	11.85	6.25
	粘牙性(15)	11.19	0.99	8.82	12.75	8.28	4.47
	气味(5)	3.58	0.32	9.08	4.40	2.90	1.50
	总分(100)	78.92	4.31	5.47	86.75	68.14	18.61

馒头总分指标在 2012 年和 2013 年变幅均是最大，极差分别为 32.70 和 18.61；比容指标在 2012 年和 2013 年变幅次之，极差分别为 12.40 和 7.94。同时，两年馒头总分的标准差均也表现为最大，分别为 5.34 和 4.31。

参考范玉顶等[56]研究结果，并结合本试验的具体情况，规定馒头总分大于 85

分，作为馒头品质优良的标准，筛选出馒头感官品质较好的材料主要有：内乡03-36、T21-6、科育818、中优9507和沁南麦。其中内乡03-36馒头评分最高，为86.72分，且其外观形状、色泽、弹韧性、气味等指标均也最高（图5-7a），并发现馒头感官品质较差的材料主要有：墨S139、连5105、南农03I-57、山前麦2号和漯麦3116。其中墨S139的评分最低，仅为69.47，其馒头的外观形状和结构等指标较差（图5-7b，表5-12）。

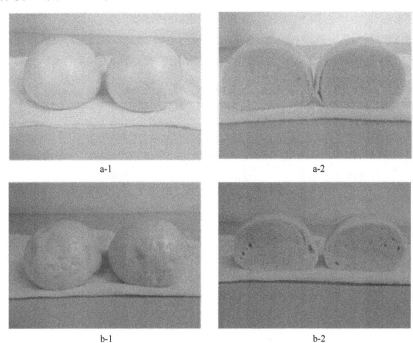

图5-7　馒头外观形状和结构的对比（a.内乡03-36；b.墨S139）

表5-12　馒头感官品质较好和较差的材料

品种（系）	总分	外观形状(15)	色泽(10)	结构(15)	弹韧性(20)	粘牙性(15)	气味(5)
内乡03-36	86.72	14.03	8.98	13.88	16.88	13.08	4.00
T21-6	85.98	13.58	8.80	12.83	15.80	12.38	3.60
科育818	85.77	13.30	8.38	12.33	17.20	12.33	3.65
中优9507	85.63	11.93	8.70	12.08	17.83	12.85	3.93
沁南麦	85.00	12.78	8.55	12.43	16.38	12.63	3.95
墨S139	69.47	8.15	7.75	9.98	14.38	9.58	3.25
连5105	73.57	10.53	7.93	11.70	14.30	10.25	3.15
南农03I-57	75.08	9.93	7.70	10.68	16.30	11.38	3.60
山前麦2号	75.10	8.90	7.33	10.73	14.90	11.30	3.30
漯麦3116	75.12	10.63	8.38	12.03	17.70	11.98	3.63

(二)感官品质的分布状况

84个小麦品种(系)在两年馒头感官品质指标的分布结果如表 5-13 所示。从整体分析来看，馒头感官品质每个指标均存在一个相对集中的分布范围，其占总数的 50.00% 以上，分别在馒头总分 > 80.00(53.57%)、馒头比容 17.00 ～ 19.00(54.76%)、馒头外观形状 10.00～12.00(53.57%)、馒头弹韧性 15.00～ 17.00(58.33%)、馒头粘牙性 10.00 ～ 12.00(75.00%)、馒头气味 3.50 ～ 4.00(53.57%)。馒头色泽主要集中在 7.50～8.00(44.05%)和 8.00～8.50(46.43%)；馒头结构主要集中在 10.00～12.00(48.81%)和 12.00～14.00(48.81%)。

表 5-13　两年馒头感官品质的分布

指标	范围	品种(系)数	所占比例/%	指标	范围	品种(系)数	所占比例/%
总分(100)	<75.00	3	3.57	结构(15)	<10.00	2	2.38
	75.00～80.00	36	42.86		10.00～12.00	41	48.81
	>80.00	45	53.57		12.00～14.00	41	48.81
比容(20)	<15.00	3	3.57	弹韧性(20)	<15.00	10	11.91
	15.00～17.00	35	41.67		15.00～17.00	49	58.33
	17.00～19.00	46	54.76		17.00～19.00	25	29.76
外观形状(15)	<10.00	9	10.71	粘牙性(15)	<10.00	3	3.57
	10.00～12.00	45	53.57		10.00～12.00	63	75.00
	12.00～14.00	30	35.72		12.00～14.00	18	21.43
色泽(10)	<7.50	8	9.52	气味(5)	<3.00	2	2.38
	7.50～8.00	37	44.05		3.00～3.50	34	40.48
	8.00～8.50	39	46.43		3.50～4.00	45	53.57
					>4.00	3	3.57

(三)馒头感官品质指标的相关性分析

由表 5-14 可见，馒头总分与其他 7 个馒头感官品质指标均呈极显著正相关，其相关系数变化于 0.407**～0.764**；以馒头与外观形状相关系数最大(r=0.764**)；与粘牙性和色泽相关系数均达到 0.600**以上。馒头外观形状和色泽具有相似性，除与比容和弹韧性不相关外，与馒头其他感官品质指标均呈极显著正相关。馒头弹韧性与粘牙性、气味和总分呈极显著正相关，相关系数(r)分别为 0.425**、0.375**和 0.537**。馒头粘牙性和气味除与比容和结构不相关外，与馒头其他感官品质指标均呈极显著正相关。

表 5-14　馒头感官品质指标间的相关分析

指标	比容	外观形状	色泽	结构	弹韧性	粘牙性	气味
外观形状	0.098						
色泽	0.122	0.528**					
结构	−0.147	0.547**	0.242*				
弹韧性	−0.010	0.143	0.188	0.095			
粘牙性	0.047	0.381**	0.443**	0.181	0.425**		
气味	0.048	0.342**	0.412**	0.058	0.375**	0.597**	
总分	0.407**	0.764**	0.626**	0.488**	0.537**	0.673**	0.548**

三、参试馒头质构品质

(一)馒头质构品质评价

84 个小麦品种(系)在 2012 年和 2013 年馒头质构指标分析,结果见表 5-15。在 6 个馒头质构指标中,共有 4 个指标(硬度、黏附性、胶黏性和咀嚼性)的变异系数均大于 15.00%,其中,黏附性的变异系数表现最高,达到 174.69%(2013 年)。进一步比较内聚性在 2012 年(2.41%)和 2013 年(2.79%)和弹性在 2012 年(5.24%)和 2013 年(4.80%),说明这两项质构指标在不同年度间的变异程度比较稳定,其他质构指标相对不稳定。

表 5-15　馒头质构指标分析

年份	指标	平均值	标准差	变异系数/%	最大值	最小值	极差
2012 年	硬度/N	33.82	5.80	17.16	52.79	20.20	32.59
	黏附性/mJ	0.15	0.10	64.88	0.59	0.03	0.55
	内聚性	0.79	0.02	2.41	0.83	0.72	0.11
	弹性/mm	5.51	0.29	5.24	6.15	4.93	1.22
	胶黏性/mm	27.35	4.14	15.14	40.91	16.78	24.13
	咀嚼性/mJ	150.79	24.27	16.10	238.47	88.08	150.39
2013 年	硬度/N	33.6	7.19	21.38	59.08	21.27	37.81
	黏附性/mJ	0.50	0.87	174.69	6.35	0.09	6.27
	内聚性	0.77	0.02	2.79	0.82	0.66	0.16
	弹性/mm	5.46	0.26	4.80	6.06	4.71	1.35
	胶黏性/mm	26.76	5.57	20.80	45.43	17.24	28.19
	咀嚼性/mJ	144.82	27.20	18.78	224.46	91.58	132.88

馒头咀嚼性在 2012 年和 2013 年变幅均是最大，极差分别为 150.39mJ 和 132.88mJ；而馒头内聚性在 2012 年和 2013 年变幅均是最小，极差分别为 0.11 和 0.16。同时，馒头咀嚼性在两年的标准差也均表现为最大，分别为 24.27mJ 和 27.20mJ；馒头内聚性标准差在两年均表现为 0.02。

硬度和咀嚼性是衡量面制品品质的两个重要指标，在一定范围内，硬度和咀嚼性越小，表明制品越柔软，适口性越好[59]。依据参试材料馒头的硬度和咀嚼性，筛选出品质较好的材料有：川农 05152、09P131、中优 9507、巴优 1 号和许矮优 2004，其中，川农 05152 制作的馒头硬度和咀嚼性最小，适口性最好。同时筛选出馒头质构指标较差的材料主要有：GSM2006、衡 7228、H08-1047、潍麦 7 号和才智 97(5)，其中，小麦品种（系）GSM2006 制作的馒头硬度最大，咀嚼性较差（表 5-16）。

表 5-16　馒头质构指标较好和较差的材料

品种（系）	硬度/N	咀嚼性/mJ	黏附性/mJ	内聚性	弹性/mm	胶黏性/mm
川农 05152	23.82	107.10	0.31	0.80	5.48	19.63
09P131	24.93	110.66	0.28	0.77	5.56	19.84
中优 9507	26.37	118.52	0.40	0.77	5.69	20.80
巴优 1 号	27.37	126.32	0.15	0.80	5.64	22.41
许矮优 2004	28.46	128.87	0.21	0.80	5.51	23.46
GSM2006	50.42	207.86	0.33	0.76	5.30	39.68
衡 7228	46.74	205.67	0.36	0.77	5.57	36.76
H08-1047	44.88	196.11	0.20	0.77	5.52	35.63
潍麦 7 号	44.79	183.55	0.12	0.76	5.26	34.90
才智 97(5)	42.99	177.19	0.10	0.78	5.48	32.33

（二）馒头质构指标的分布

84 个小麦品种（系）在两年馒头质构指标的分布结果如表 5-17 所示。从整体分析来看，馒头质构每个指标也存在一个相对集中分布范围，其占总数的 90.00% 以上，主要呈现在 2 个指标，分别是馒头黏附性，76 个品种（系）在 0.10～1.00mJ；馒头内聚性，78 个品种（系）在 0.75～0.80。相比而言，其他四个指标集中分布比例稍低些，馒头胶黏性，67 个品种（系）在 20.00～30.00mm，占 79.76%；馒头硬度，53 个品种（系）在 30.00～40.00N，占 63.10%；馒头咀嚼性，50 个品种（系）< 150.00mJ，占 59.52%；馒头弹性，44 个品种（系）< 5.50mm，占 52.38%。

表 5-17　两年馒头质构指标的分布

指标	范围	品种(系)数	所占比例/%	指标	范围	品种(系)数	所占比例/%
硬度/N	<30.00	22	26.19	弹性/mm	<5.50	44	52.38
	30.00~40.00	53	63.10		5.50~5.80	35	41.67
	>40.00	9	10.71		>5.80	5	5.95
黏附性/mJ	<0.10	5	5.95	胶黏性/mm	<20.00	3	3.57
	0.10~1.00	76	90.48		20.00~30.00	67	79.76
	>1.00	3	3.57		30.00~40.00	14	16.67
内聚性	<0.75	2	2.38	咀嚼性/mJ	<150.00	50	59.52
	0.75~0.80	78	92.86		150.00~200.00	32	38.10
	>0.80	4	4.76		>200.00	2	2.38

(三)馒头质构指标相关性分析

由表 5-18 可见,馒头硬度、胶黏性、咀嚼性三者间均呈极显著正相关,相关系数均在 0.950^{**} 以上。馒头内聚性,除与弹性呈现极显著正相关($r=0.361^{**}$)外,与其他质构指标均呈极显著负相关,其相关系数变化于 $-0.576^{**}\sim-0.396^{**}$。馒头黏附性还与弹性呈显著负相关,相关系数较小($r=-0.272^{*}$)。

表 5-18　馒头质构指标间的相关分析

指标	硬度	黏附性	内聚性	弹性	胶黏性
黏附性	0.124				
内聚性	-0.576^{**}	-0.396^{**}			
弹性	-0.176	-0.272^{*}	0.361^{**}		
胶黏性	0.984^{**}	0.070	-0.499^{**}	-0.157	
咀嚼性	0.958^{**}	0.009	-0.414^{**}	0.089	0.959^{**}

四、馒头感官与质构指标的相关性分析

在馒头感官品质指标与质构指标相关分析中(表 5-19),结果表明感官品质指标中仅有比容和结构与质构指标存在密切相关性。其中,馒头比容与硬度、咀嚼性和胶黏性分别达极显著负相关,相关系数均在 -0.500^{**} 以下;馒头结构与硬度、咀嚼性和胶黏性分别达极显著正相关,与前两者的相关系数均为 0.367^{**},与后者的相关系数为 0.407^{**};馒头结构还与内聚性呈显著负相关,相关系数较小($r=-0.217^{*}$)。由此可见,感官品质指标中比容和结构与馒头质构指标品质关系更密切。

表 5-19　馒头感官品质与质构指标间的相关分析

指标	比容	外观形状	色泽	结构	弹韧性	粘牙性	气味	总分
硬度	−0.523**	0.104	0.001	0.367**	−0.148	0.026	−0.010	−0.114
黏附性	−0.070	−0.036	0.022	0.024	−0.106	−0.106	−0.054	−0.093
内聚性	0.177	−0.013	−0.079	−0.217*	0.190	0.024	0.015	0.067
弹性	0.082	0.057	0.036	−0.028	0.195	0.117	0.089	0.146
胶黏性	−0.538**	0.134	0.017	0.407**	−0.126	0.055	0.022	−0.081
咀嚼性	−0.517**	0.118	−0.010	0.367**	−0.079	0.060	0.022	−0.076

五、馒头品质与小麦磨粉品质的关系

由表 5-20 可见，在馒头感官品质中，小麦出粉率与全部感官品质指标呈现负相关，仅与馒头色泽和总分达到显著水平，其相关系数分别为 $r=-0.270^*$ 和 $r=-0.245^*$，该研究结果进一步证实出粉率越高，馒头色泽越差，馒头总分越低。因此，适当降低出粉率，可提高馒头总分。面粉灰分仅与馒头比容呈显著正相关，相关系数 $r=0.256^*$。面粉白度与馒头色泽、粘牙性和总分达极显著正相关，其相关系数变化于 $0.280^{**}\sim0.524^{**}$，说明面粉白度越白，馒头色泽越好，馒头总分越高；与馒头外观形状和气味均显著相关，其相关系数分别 $r=0.242^*$ 和 $r=0.223^*$。

表 5-20　小麦磨粉品质与馒头品质间的相关分析

	馒头品质指标	出粉率	面粉灰分	面粉白度
馒头感官品质	比容	−0.212	0.256*	0.168
	外观形状	−0.174	−0.041	0.242*
	色泽	−0.270*	0.060	0.524**
	结构	−0.086	0.032	0.169
	弹韧性	−0.011	−0.015	0.172
	粘牙性	−0.164	0.141	0.280**
	气味	−0.041	−0.085	0.223*
	总分	−0.245*	0.119	0.399**
馒头质构指标	硬度	0.222*	−0.019	−0.256*
	黏附性	−0.115	0.063	0.037
	内聚性	−0.175	−0.049	0.158
	弹性	0.154	−0.109	−0.035
	胶黏性	0.224*	−0.062	−0.217*
	咀嚼性	0.257*	−0.066	−0.269*

在馒头质构指标中，小麦出粉率与馒头硬度、胶黏性和咀嚼性均呈显著正相

关，相关系数分别为 $r=0.222^*$、0.224^* 和 0.257^*，说明可以通过提高出粉率，改良馒头硬度和咀嚼性的品质。面粉灰分与馒头质构指标间没有相关性。面粉白度与馒头硬度、胶黏性和咀嚼性呈显著负相关，其相关系数变化于 $-0.269^* \sim -0.217^*$，与其他馒头质构指标不相关。说明面粉白度越高，越不利于馒头硬度、胶黏性和咀嚼性品质的改良。

六、讨论

84 个小麦品种(系)通过在 2012 年和 2013 年馒头感官品质和质构指标分析，结果表明，在 8 个感官品质评价指标中，共有 4 个指标(比容、外观形状、粘牙性和气味)的变异系数表现大于 10.00%，康明辉等[54]研究黄淮冬麦区南部主要推广小麦品种的馒头加工品质，结果指出，馒头外观形状、粘牙性、气味、色泽、结构和弹韧性的变异系数分别为 17.30%、8.60%、17.10%、14.90%、24.00% 和 17.50%，说明本研究供试材料在冬麦区种植馒头品质表现差异比康明辉研究的馒头品质差异较小。馒头气味和粘牙性平均值分别为 3.50 和 11.72，这与范玉顶[60]研究结果很接近。在 6 个馒头质构指标中，共有 4 个指标(硬度、黏附性、胶黏性和咀嚼性)的变异系数均大于 10.00%，说明这些指标间的差异均较大，能更好地辨别出馒头品质较好的小麦品种(系)材料，为今后改良馒头品质提供可靠的理论依据。外观形状在 2012 年(14.49%)和 2013 年(14.85%)和色泽指标在 2012 年(7.05%)和 2013 年(7.18%)变异系数相近；内聚性在 2012 年(2.41%)和 2013 年(2.79%)和弹性在 2012 年(5.24%)和 2013 年(4.80%)变异系数相近，说明这 4 项馒头品质指标在不同年度间的变异程度比较稳定，评价馒头品质时更可靠准确。

在馒头感官品质中，总分指标在 2012 年和 2013 年变幅均是最大，极差分别为 32.70 和 18.61，康明辉等[54]研究结果表明，馒头总分的变幅较大，极差为 25.80，在本研究两年的极差范围内；在馒头质构指标中，咀嚼性在 2012 年和 2013 年变幅也均是最大，极差分别为 150.39mJ 和 132.88mJ。并且，两年馒头总分的标准差均也表现为最大，分别为 5.34 和 4.31；馒头咀嚼性在两年的标准差也均表现为最大，分别为 24.27mJ 和 27.20mJ；馒头内聚性标准差在两年均表现为 0.02。

馒头感官品质每个指标均存在一个相对集中分布范围，其占总数的 50.00% 以上，分别在馒头总分 >80.00(53.57%)、馒头比容 $17.00 \sim 19.00$(54.76%)、馒头外观形状 $10.00 \sim 12.00$(53.57%)、馒头弹韧性 $15.00 \sim 17.00$(58.33%)、馒头气味 $3.50 \sim 4.00$(53.57%)、馒头粘牙性 $10.00 \sim 12.00$(75.00%)。由馒头评分标准(见表 5-10)可知，有 50% 左右小麦品种(系)制作的馒头在比容、外观形状、弹韧性和气味等方面表现较良好，对馒头品质的改良工作至关重要。75.00% 小麦品种(系)制作的馒头尝时比较粘牙，因此，在提高馒头品质时对馒头粘牙性应给予重视。

硬度和咀嚼性是衡量面制品品质的两个重要指标，在一定范围内，硬度和咀嚼性越小，表明制品越柔软，适口性越好[59]，广大消费者也较喜食，进而增加小麦经济效益。84份参试材料中馒头硬度<30.00N的仅22个品种(系)，占26.19%，在30.00~40.00N有53个品种(系)，占63.10%；馒头咀嚼性有50个品种(系)<150.00mJ，占59.52%，这说明多数馒头嚼起来较吃力，口感较差，在今后馒头品质改良中，应适当降低馒头硬度和咀嚼性大小。

同时，本研究筛选出的感官品质和质构指标较好的小麦品种(系)，可为今后小麦品质育种和馒头品质改良提供优良亲本材料，较差的小麦品种(系)也可为小麦品质改良方向做参考(见表5-12和表5-16)。比如内乡03-36的馒头评分最高为86.72，川农05152的馒头硬度和咀嚼性最小，分别为23.82N和107.10mJ；尤其是中优9507的馒头感官评分和质构指标均较好，馒头总分为85.63，硬度和咀嚼性分别为26.37N和118.52mJ。这些材料适于加工高品质的手工馒头，可在小麦生产、品质改良和育种中重点应用。

相关分析结果表明，馒头总分与其他7个馒头感官品质指标均呈极显著正相关，说明这7个馒头感官品质指标都对总分有重要影响；陈东升等[57]以25个小麦品种(系)为材料，研究结果表明，除馒头外观形状与总分没有相关性外，其他指标均与馒头总分呈极显著正相关；但郭波莉等[58]以19个小麦品系为试验材料，在研究中指出，仅馒头外观形状和色泽与馒头总分呈极显著正相关，且是评价馒头感官品质的主要指标，说明馒头的外观形状和色泽越好，馒头总分越高，馒头品质越好。研究结果不一致的原因，可能是所选材料不同且数目较少，代表性可能较差。馒头弹韧性仅与粘牙性、气味和总分呈极显著正相关，相关系数(r)分别为0.425[**]、0.375[**]和0.537[**]。馒头硬度与内聚性和咀嚼性呈极显著负相关和正相关，说明馒头硬度越小，咀嚼性越好，这与吴澎等[49]研究结果基本一致。馒头比容与馒头硬度、胶黏性和咀嚼性均呈极显著负相关，相关系数均在–0.500[**]以下，这与张国权等[41]的研究结果基本相同；馒头结构与咀嚼性呈极显著正相关，张国权等[41]的研究表明，馒头结构与咀嚼性呈显著正相关，与其研究结果稍有不同；其他感官品质与质构指标的相关性均不显著。由此说明感官品质指标中的馒头比容和结构与馒头质构指标品质联系更紧密。

小麦磨粉品质与馒头品质的相关分析结果表明，小麦出粉率与全部感官品质指标呈现负相关，张艳等[12]通过研究中麦175馒头和面条品质稳定性分析，结果表明，小麦出粉率与馒头总分与馒头色泽均呈显著负相关，这与本研究结果相一致，说明出粉率越高，馒头色泽越差。因此，可适当降低出粉率，改善馒头色泽，提高馒头总分。面粉灰分与馒头比容呈显著正相关，与张庆霞等[59]的研究结果相同。面粉白度与色泽、粘牙性和总分达极显著相关，相关系数分别为r=0.524[*]，0.280[*]和0.399[*]，说明面粉白度越白，馒头色泽越好，馒头总分越高，这与前人[60-62]的研究结果基本一致。小麦出粉率和面粉白度与馒头硬度、胶黏性、咀嚼性分别呈显著正相关和负相关，可参考其中一个指标对馒头硬度、胶黏性和咀嚼性指标进行评价。针对本研究中小麦磨粉品质与馒头品质的关系，仍需进一步分析研究，这对改良馒头品质具有重大意义。

七、结论

1) 馒头外观形状、色泽、内聚性和弹性等指标在不同年度间的变异程度均比较稳定，馒头比容、外观形状、粘牙性、气味、硬度、黏附性、胶黏性和咀嚼性变异系数均大于 10.00%。

2) 经馒头感官品质比较，筛选出的馒头感官品质较好的材料有内乡 03-36、T21-6、科育 818、中优 9507 和沁南麦；比较馒头质构品质指标，馒头硬度和咀嚼性较好的材料有川农 05152、09P131、中优 9507、巴优 1 号和许矮优 2004。

3) 7 个馒头感官品质指标对馒头总分影响都很大，馒头硬度、胶黏性、咀嚼性三者联系密切，感官品质指标中比容和结构与质构指标品质关系更密切。

4) 小麦出粉率与所有感官品质指标均呈现负相关；灰分含量仅与馒头比容呈显著正相关；面粉白度与馒头色泽、粘牙性和总分达极显著正相关，与馒头外观形状和气味均显著相关。

5) 小麦出粉率与馒头硬度、胶黏性和咀嚼性等质构指标均呈显著正相关；灰分含量与馒头质构指标间没有相关性；面粉白度与馒头硬度、胶黏性和咀嚼性呈显著负相关。

第四节　67 份小麦品种(系)的面片色泽及稳定性分析

色泽是消费者对馒头、面条、水饺等蒸煮类食品的第一感官印象，高白度一直受到人们的青睐。比如，在蒸煮类面食品的感官评价中，色泽占很大比重，面条感官评价中色泽占总评分的 10%(SB/T10137—1993)；饺子感官评价中颜色、光泽、透明度各占 10%(SB/T10138—1993)；馒头感官评价中色泽和外观占总评分的 25%(SB/T10139—1993)[63]。

入磨小麦杂质含量、籽粒硬度、出粉率、灰分含量、面粉颗粒度及水分含量、黄色素、多酚氧化酶、脂肪氧化酶、蛋白质含量、直/支链淀粉含量及磨粉工艺等因素都影响着面粉色泽，进而影响面制品的色泽[64,65]。同时，面制食品在加工制作和储藏过程中经常会出现颜色加深的现象，即褐变[66]。褐变程度反映了面制品色泽稳定性的强弱，褐变不仅影响面制品的外观质量，缩短货架寿命，还会影响其内含蛋白质的营养价值，进而降低食用品质[67]。因此，明确蒸煮类食品在加工和储藏过程中色泽变化规律对延长货架寿命、提高商品价值具有重要的实践意义。

目前，关于色泽的研究大多侧重于分析探讨面制品色泽的影响因素及其相关关系[68-71]，也有关于面制品色泽在储藏及加工过程中变化规律的报道，但研究选材数量偏少。河南科技学院小麦中心以来源于国内外不同生态区的 67 个主推品种或高代品系为材料，深入探讨了鲜面片在储藏、干燥、煮熟后的色泽变化规律，及其与小麦主要品质性状间关系，以期筛选出面片色泽亮白且稳定性好的材料，为优质小麦新品种培育提供理论及材料支撑。本节研究内容待发表。

一、研究方法概述

(一)试验材料

参试材料为 67 份不同来源的小麦主推品种、地方品种或高代品系，其中国外 7 份、黄淮冬麦区 38 份、长江中下游冬麦区 9 份、北方冬麦区 8 份、西南冬麦区 5 份，所有材料均由河南科技学院小麦中心提供。

(二)试验方法

1. 面片制作

称取面粉 50g(14%湿基)，水温 25℃左右，用和面机和面 5min 后，将料坯放入容器中，在室温下醒发 20min，轧面机轧辊间距 4mm 处轧面成片后，再三折和片—三折和片—两折和片——折各一次，然后将面片逐渐轧薄至 1mm(轧距分别为 3mm、2mm、1mm，分别两折——折各两次，0.7mm 一折—两折——折)。轧出的面片表面光滑、周边完整、厚度一致。

2. 面片色泽测定

取厚度 1mm 的 10cm×10cm 的面片放入塑料封口袋或者保鲜膜中，分别在 0h、4h、8h、12h、24h 用色彩色差计测定面片的色泽，以 L^*、a^*、b^* 来表示面片色泽，其中，L^*、a^*、b^* 分别表示亮度、红度、黄度。测试时面片中心附近正反面各测 3 次，取 6 次平均。

另取相同大小的面片，自然干燥后测定干面片色泽。

取相同大小的鲜面片用 1000mL 沸水煮 8min 捞出，放入盛有 500mL 室温蒸馏水烧杯中冷却 1min，取出沥干，测煮后面片色泽。

二、67 份参试材料鲜面片色泽的总体概况

由表 5-21 可知，67 份参试材料鲜面片色泽变异丰富，品种间差异达极显著水平($P<0.01$)。面片色泽 a^* 值的变异系数最大，为 107.2%；其次是 b^* 值，变异系数为 19.2%；L^* 值的变异系数最低，仅为 1.6%。L^* 值的平均值为 85.46，变幅为 82.65~88.55；a^* 值平均为–0.55，变幅为–2.16~0.72；b^* 值平均为 18.95，变幅为

12.56~27.62。

表 5-21　参试材料面片色泽总体概况

	色泽	平均值	变幅	极差	标准差	F 值	变异系数/%
	L*	85.46	82.65~88.55	5.9	1.35	443.36**	1.6
鲜面片	a*	−0.55	−2.16~0.72	2.88	0.59	276.44**	107.2
	b*	18.95	12.56~27.62	15.07	3.64	688.54**	19.2

**表示 0.01 的显著水平

三、67 份参试材料面片色泽稳定性分析

将鲜面片在室温下分别放置 0h、4h、8h、12h、24h 后测定色泽的变化规律，从中选取 3 个代表性材料 A、B 和 C 绘制折线图（图 5-8）。统计后发现，90% 以上品种（系）面片的 L* 值均随放置时间的延长逐渐降低，24h 达到最低，且放置 8h 前 L* 值下降速度比较快（如图 5-8 中材料 B 和 C）；仅有少数品种面片放置 24h 后 L* 值有所回升（如图 5-8 中材料 A）。所有参试材料面片 a* 随放置时间变化的变化规律基本一致，均随时间延长呈逐渐升高的趋势；b* 值也呈现逐渐升高趋势，且放置 4h 前增加幅度最大，之后变化幅度较小，但 0~24h 不同材料面片的变化幅度有所不同。

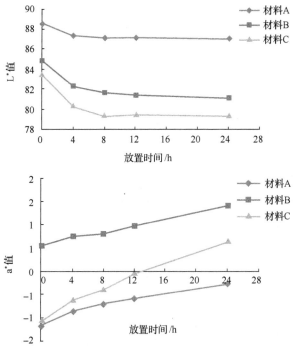

图 5-8　3 个代表性材料面片在不同放置时间下色泽的变化

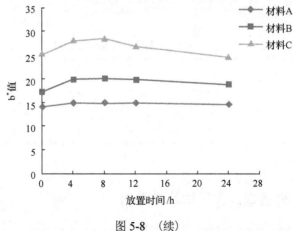

图 5-8 （续）

　　将参试材料的鲜面片分别煮熟和干燥后，分析其色泽的变化规律，发现所有参试材料煮熟后和干燥后面片的 L^* 值、a^* 值和 b^* 值均近似呈 "V" 形变化趋势，即煮熟后面片的 L^* 值、a^* 值和 b^* 值最低，但不同参数指标的变化幅度有差异（图 5-9）。

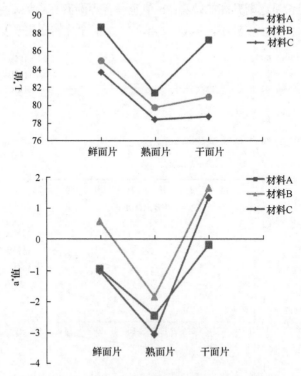

图 5-9　3 个代表性材料鲜面片煮熟和干燥后色泽的变化

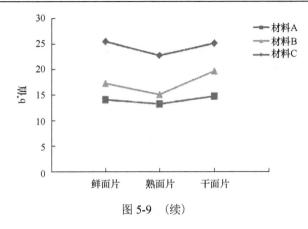

图 5-9　（续）

参试材料面片色泽的稳定性分别用鲜面片 L^* 值与放置 24h 后 L^* 值的差值（ΔL_1^*）、鲜面片与干面片 L^* 值的差值（ΔL_2^*）、鲜面片与煮后面片 L^* 值的差值（ΔL_3^*）、鲜面片 b^* 值与放置 24h 后 b^* 值的差值（Δb_1^*）、鲜面片与干面片 b^* 值的差值（Δb_2^*）及鲜面片与煮后面片 b^* 值的差值（Δb_3^*）表示。由表 5-22 可知，鲜面片放置 24h、干燥和煮后 L^* 值均会降低，但不同材料的下降幅度不一致，其变异系数较大，均高于 10%。其中，鲜面片放置 24h 后，面片 L^* 值平均降低 4.29，参试材料的变幅为 1.54～8.44，变异系数较大，为 35.52%；鲜面片干燥后，L^* 值平均降低 5.67，参试材料的变幅为 2.85～10.8，变异系数为 35.01%；鲜面片煮熟后，L^* 值平均降低 4.97，参试材料的变幅为 2.52～7.56，变异系数为 19.34%。

表 5-22　参试材料面片色泽稳定性分析

参数	平均值	变幅	变异系数/%
ΔL_1^*	4.29	1.54～8.44	32.52
ΔL_2^*	5.67	2.85～10.8	35.01
ΔL_3^*	4.97	2.52～7.56	19.34
Δb_1^*	−2.89	−6.9～0.78	49.04
Δb_2^*	−2.82	−7.82～1.88	68.67
Δb_3^*	−3.03	−3.19～1.88	71.69

鲜面片放置 24h、干燥和煮后 b^* 值均会升高，不同材料增加的幅度不一致，变异系数均较大，尤其是 Δb_3^* 的变异系数高达 71.69%。其中鲜面片放置 24h 后，b^* 值平均升高 2.89，变幅为 −6.9～0.78，变异系数为 49.04%；鲜面片干燥后，b^* 值平均升高 2.82，变幅为 −7.82～1.88，变异系数为 68.67%；鲜面片煮熟后，b^* 值平均升高 3.03，变幅为 −3.19～1.88，变异系数为 71.69%。

在参试材料中，筛选出 3 个优异材料，分别为山农 22、中育 1311 和驻麦 6 号，其面片色泽亮白，面片 L^* 值高（>86.0）、b^* 值低（<15.7），并且面片色泽稳定

性好，随放置时间延长变化幅度较小（表 5-23）。

表 5-23　3 个优异材料面片色泽及其稳定性

材料	L^*	b^*	ΔL_1^*	ΔL_2^*	ΔL_3^*	Δb_1^*	Δb_2^*	Δb_3^*
山农 22	87.37	13.68	2.75	2.85	6.66	−2.59	−1.84	0.72
中育 1311	86.67	15.70	3.47	3.51	5.86	−4.56	−4.85	0.62
驻麦 6 号	87.88	12.56	2.49	3.47	7.56	−3.50	−3.07	2.65

四、不同来源材料鲜面片色泽的总体概况

由不同麦区和来源小麦品种（系）鲜面片色泽及其方差分析（表 5-24）可看出，面片色泽 L^* 值和 b^* 值在不同麦区间差异不显著，a^* 值存在显著差异（$P<0.05$）。其中，来源于长江中下游冬麦区和北方冬麦区的面片 L^* 值最高，平均为 85.54，变幅分别为 82.89～88.55 和 82.87～86.65；国外引进品种面片的 L^* 值最低，平均为 85.27，变幅为 83.37～87.12。北方冬麦区面片的 b^* 值最高，平均为 21.25，变幅为 16.4～27.62；长江中下游冬麦区面片的 b*值最低，平均为 17.62，变幅为 13.89～21.51。国外引进品种面片的 a^* 值最高，平均为−0.64，显著高于北方冬麦区，其面片 a^* 值最低，平均为−1.10。

表 5-24　不同来源小麦品种（系）鲜面片的色泽

来源	色泽	平均值	变幅	极差	标准差
国外引进品种	L^*	85.27a	83.37～87.12	3.75	1.41
	a^*	−0.64ab	−2.16～0.08	2.24	0.75
	b^*	20.13a	14.3～27.38	13.08	4.80
长江中下游冬麦区	L^*	85.54a	82.89～88.55	5.66	1.50
	a^*	−0.32a	−0.97～0.42	1.39	0.51
	b^*	17.62a	13.89～21.51	7.62	3.00
北方冬麦区	L^*	85.54a	82.87～86.65	3.78	1.27
	a^*	−1.10b	−2.04～−0.37	1.67	0.60
	b^*	21.25a	16.4～27.62	11.22	3.56
黄淮冬麦区	L^*	85.44a	82.65～87.88	5.23	1.40
	a^*	−0.49ab	−1.45～0.72	2.17	0.55
	b^*	18.67a	12.56～26.52	13.96	3.73
西南冬麦区	L^*	85.40a	83.52～87.57	34.05	1.63
	a^*	−0.46ab	−0.83～0.57	1.4	0.59
	b^*	18.97a	14.68～22.97	8.29	3.46

注：同列不同小写字母表示处理之间在 0.05 水平存在显著性差异

五、不同来源小麦品种(系)鲜面片色泽稳定性分析

由表 5-25 可看出，所有参试材料的鲜面片在放置 24h、干燥和煮后面片色泽 L^* 值均降低，各麦区的变异系数均较大，说明不同材料间面片色泽变化程度差异很大。其中，放置 24h 国外引进品种面片后 L^* 值降低幅度最小，平均为 3.78，变幅为 2.39～6.24，变异系数为 42.76%；长江中下游冬麦区的面片 L^* 值降低幅度最大，平均为 4.47，变幅为 1.49～8.84，变异系数为 35.95%。干燥后西南冬麦区的面片 L^* 值下降幅度最小，平均为 4.16，变幅为 1.01～6.52，变异系数为 53.81%；黄淮冬麦区面片 L^* 值下降幅度最大，平均为 5.64，变幅为 1.46～10.62，变异系数为 41.06%。在煮后黄淮冬麦区面片 L^* 值下降幅度最小，平均为 4.88，变幅为 1.82～7.56，变异系数为 23.83%；长江中下游冬麦区面片 L^* 值的下降幅度最大，平均为 5.23，变幅为 4.16～7.25，变异系数为 17.62%。

表 5-25　不同来源小麦品种(系)鲜面片色泽的稳定性

来源	参数	平均值	变幅	变异系数/%
国外	ΔL_1^*	3.78	2.39～6.24	42.76
	ΔL_2^*	4.72	2.50～6.76	34.36
	ΔL_3^*	5.08	4.16～7.75	23.94
长江中下游冬麦区	ΔL_1^*	4.47	1.49～8.84	35.95
	ΔL_2^*	5.48	1.41～10.8	51.12
	ΔL_3^*	5.23	4.16～7.25	17.62
北方冬麦区	ΔL_1^*	4.05	1.54～5.61	32.53
	ΔL_2^*	4.89	3.64～7.19	29.65
	ΔL_3^*	5.07	2.64～6.17	23.04
黄淮冬麦区	ΔL_1^*	4.25	1.43～8.44	35.61
	ΔL_2^*	5.64	1.46～10.62	41.06
	ΔL_3^*	4.88	1.82～7.56	23.83
西南冬麦区	ΔL_1^*	3.94	1.06～6.21	51.46
	ΔL_2^*	4.16	1.01～6.52	53.81
	ΔL_3^*	4.98	3.86～5.96	16.33

六、面片色泽稳定性与鲜面片色泽的相关性分析

由表 5-26 可知，面片 ΔL_1^*、ΔL_2^* 和 Δb_2^* 均与鲜面片 L^* 值存在极显著负相关，与鲜面片 b^* 值存在极显著正相关；ΔL_3^* 则与鲜面片 L^* 值呈极显著正相关，与鲜面片 b^* 值呈极显著负相关；Δb_1 和 Δb_3^* 与鲜面片色泽的 L^*、a^* 和 b^* 值的相关性

均不显著。

表 5-26   面片色泽稳定性与鲜面片色泽的相关性

参数	L^*	a^*	b^*
ΔL_1^*	−0.670**	0.076	0.453**
ΔL_2^*	−0.649**	0.167	0.338**
ΔL_3^*	0.786**	0.169	−0.624**
Δb_1^*	0.088	−0.127	0.019
Δb_2^*	−0.574**	−0.085	0.335**
Δb_3^*	0.067	−0.048	−0.021

七、面片色泽与小麦主要品质性状的相关性分析

由鲜面片色泽与小麦主要品质指标的相关分析(表 5-27)得出,鲜面片 L^* 值与出粉率、粗蛋白含量、湿面筋含量及吸水率呈极显著或显著负相关,与白度、淀粉含量和面筋指数呈显著或极显著正相关;鲜面片 a^* 值与白度、面粉 a^* 值、面团形成时间、稳定时间、粉质质量指数和面筋指数呈极显著正相关,与面粉 b^* 值呈极显著负相关;鲜面片 b^* 值与白度、面粉 L^* 值、面粉 a^* 值、淀粉含量、面团稳定时间、粉质质量指数及面筋指数呈极显著或显著负相关,与面粉 b^* 值、粗蛋白含量和湿面筋含量呈极显著正相关。

表 5-27   面片色泽与小麦品质指标的相关性

面片色泽		L^*	A^*	b^*	ΔL_1^*	ΔL_2^*	ΔL_3^*	Δb_1^*	Δb_2^*	Δb_3^*
出粉率		−0.223*	0.089	0.072	0.230*	0.220*	−0.091	−0.174	0.163	−0.072
面粉色泽	白度	0.423**	0.373**	−0.692**	−0.396**	−0.350**	0.275*	−0.026	0.148	0.006
	L^*	0.198	0.076	−0.254*	−0.312**	−0.212*	0.104	−0.006	0.129	0.098
	a^*	0.072	0.681**	−0.574**	−0.083	0.017	0.066	0.108	0.166	0.131
	b^*	−0.155	−0.488**	0.541**	0.257*	0.149	−0.100	−0.170	−0.228*	−0.205*
粗蛋白含量		−0.615**	−0.102	0.508**	0.582**	0.570**	−0.616**	−0.054	0.216*	−0.111
淀粉含量		0.583**	0.101	−0.511**	−0.509**	−0.454**	0.466**	0.069	−0.165	0.104
面团粉质	吸水率	−0.254*	0.103	0.189	0.357**	0.370**	−0.078	0.039	−0.222*	−0.015
	形成时间	0.046	0.307**	−0.155	0.189	0.358**	0.135	−0.040	−0.308**	−0.005
	稳定时间	0.171	0.441**	−0.325**	0.133	0.232*	0.210*	−0.135	−0.309**	−0.095
	粉质质量指数	0.062	0.396**	−0.216*	0.216*	0.325**	0.134	−0.109	−0.293**	−0.074
面筋参数	湿面筋含量	−0.635**	−0.085	0.499**	0.580**	0.474**	−0.622**	−0.097	0.462**	−0.220*
	面筋指数	0.247*	0.337**	−0.322**	0.014	0.072	0.367**	−0.075	−0.450**	−0.031

由面片色泽 L^* 值的稳定性与小麦品质指标的相关分析（表 5-27）得出，ΔL_1^* 与出粉率、面粉 b^* 值、粗蛋白含量、吸水率、粉质质量指数和湿面筋含量呈极显著或显著正相关，与白度、面粉 L^* 值和淀粉含量呈极显著负相关关系；ΔL_2^* 与出粉率、粗蛋白含量、吸水率、形成时间、稳定时间、粉质质量指数和湿面筋含量存在显著或极显著正相关关系，与白度、面粉 L^* 值及淀粉含量存在显著或极显著负相关关系；ΔL_3^* 与面粉白度、淀粉含量、稳定时间和面筋指数呈显著或极显著正相关，与粗蛋白含量和湿面筋含量呈极显著负相关；Δb_1^* 与所有小麦品质指标的相关性均不显著；Δb_2^* 与面粉 b^* 值、吸水率、形成时间、稳定时间、粉质质量指数和面筋指数呈显著或极显著负相关，与粗蛋白含量和湿面筋含量呈显著或极显著正相关；Δb_3^* 与面粉 b^* 值和湿面筋含量呈显著负相关，与其他品质指标的相关性均不显著。

八、讨论与结论

面条、馒头等蒸煮类食品是我国的传统主食，色泽是影响该类食品的重要品质指标之一。色泽亮白的食品深受我国人民的喜爱。因此，筛选和培育面片色泽亮白、褐变程度轻的小麦新品种具有重要意义。

本研究结果表明，参试材料鲜面片色泽变异丰富，品种间差异达极显著水平（$P<0.01$）。面片色泽 a^* 值的变异系数最大（107.2%），其次是 b^* 值，L^* 值的变异系数最低（1.6%），说明 L^* 值在品种间差异较小，与张影全等[72]的研究结论基本一致。

所有参试材料的鲜面片放置 24h 后，L^* 值均显著下降，并且放置 8h 前值下降速度最快；a^* 值和 b^* 值则呈升高趋势，说明鲜面片长时间放置后，会变暗、变黄。这与前人[66,72-74]研究结果一致。另外，鲜面片在煮后 a^* 值和 b^* 值均降低，说明熟面片黄度会减弱；干燥后面片的 a^* 值和 b^* 值在不同材料间变化趋势不一致，但多数材料 b^* 值会升高，说明干燥面片会变黄。这些变化可能是由于多酚氧化酶、美拉德反应等酶促或非酶促反应造成的。本研究筛选出 3 个面片色泽好并且稳定的优异材料，分别为山农 22、中育 1311 和驻麦 6 号，可作为培育优质面条小麦的亲本加以利用。

不同麦区间比较发现，来源于长江中下游冬麦区的鲜面片 L^* 值最高、b^* 值最低，适合制作面条、馒头等蒸煮类食品；而国外引进品种鲜面片的 a^* 值最高、L^* 值最低且 b^* 值较高，面片发黄、发暗。从面片色泽稳定性来看，国外引进品种和西南冬麦区面片在放置、干燥和蒸煮后 L^* 值下降幅度均较小，说明色泽稳定。

相关分析结果表明，鲜面片 L^* 值与面粉白度呈极显著正相关，说明育种实践中可以利用面粉白度初步估测面片亮度，进而减少早期育种材料用量，加快育种进程；而鲜面片 L^* 值与粗蛋白含量呈极显著负相关，与王培慧等[68]的研究结果一致，说明在培育优质小麦新品种时，不仅要关注色泽，还要兼顾蛋白质等品质指标。鲜面片 b* 值与面粉 b* 值呈极显著正相关，与面粉白度呈极显著负相关，说明通过面粉色泽可以预测鲜面片色泽；与面团稳定时间和粉质质量指数呈显著或极显著负相关，说明选育适合制作黄碱面条的高 b* 值材料时，还需考虑面团粉质等参数。面片色泽稳定性指标 ΔL_1^* 和 ΔL_2^* 与面粉白度和面粉 L* 值均呈显著或极显著负相关，说明颜色亮白的面粉制作面片在放置和干燥后色泽变暗程度小；其与粗蛋白含量、稳定时间和湿面筋含量等呈显著正相关，说明筋力较强面粉制作的面片亮度降低幅度大。因此，在育种实践中不仅要注重选择面粉或面片颜色亮白的材料，还要兼顾面团筋力等相关指标，以期选育出色泽亮白且稳定的优质新品种。

　　本研究仅针对鲜面片色泽在储藏、干燥和蒸煮后色泽的变化规律，并初步探讨了其与小麦主要品质指标的关系。面片色泽还与小麦籽粒性状及多酚氧化酶活性等关系密切，需要进一步明确其中关系，以期为小麦品质育种提供更有力的理论支撑。

参 考 文 献

[1] 周艳华, 何中虎. 小麦品种磨粉品质研究概况[J]. 麦类作物学报, 2001, 21(4): 91-95

[2] Stenvert N L, Moss R. The separation and technological significance of the outer layers of the wheat grain [J]. Journal of the Science of Food and Agriculture, 1974, 25: 629-635

[3] 王宪泽, 李菡, 张玲. 山东推广小麦品种籽粒物理及面粉品质性状的研究[J]. 山东农业科学, 1997, 6: 6-10

[4] Baker D, Golumbic C. Estimation of flour yielding capacity of wheat [J]. Northwestern Miller, 1970, 277: 8-11

[5] 王德森, 周桂英, 张艳, 等. 北方冬麦区主要小麦亲本品质性状的研究[J]. 作物杂志, 1998, (6): 16-18

[6] 赵仁勇, Alain C. 小麦入磨水分和硬度对研磨特性的影响[J]. 中国粮油学报, 2003, 18(2): 29-32

[7] Marshall D R, Mares D J, Moss H L, et al. Effects of grain shape and size on milling yields in wheat Ⅱ. Experimental studies [J]. Australian Journal of Agricultural Research, 1986, 37: 331-342

[8] Charles S G, Patrick L F. Milling and baking qualities of some wheat developed for eastern of northwestern regions of Unite States and grown at both location [J]. Cereal Chemistry, 1996, 73(5): 521-52

[9] 李硕碧, 任志龙, 王光瑞. 小麦品种出粉率与其品质性状关系的研究[J]. 西北植物学报, 1996, 16(6): 392-398

[10] 李宗智. 冬小麦若干品质性状遗传及相关研究[J]. 作物学报, 1990, 16(1): 8-18

[11] 桑伟, 穆培源, 徐红军, 等. 新疆小麦品种籽粒性状、磨粉品质及其关系的研究[J]. 麦类作物学报, 2010, 30(1): 50-55

[12] 张艳, 陈新民, 绍凤成, 等. 中麦 175 馒头和面条品质稳定性分析[J]. 麦类作物学报, 2012, 32(3): 440-447

[13] 欧阳韶晖. 陕西关中小麦品种(品系)磨粉品质性状研究[D]. 西北农林科技大学硕士学位论文, 2003: 1-5

[14] 张彩英, 李宗智. 建国以来我国小麦主要育成品种加工品质的演变及评价[J]. 中国粮油学报, 1994, 9(3): 9-13

[15] 孙致连. 近代小麦品种籽粒品质的演变及方向[J]. 莱阳农学院学报, 1989, 6(2): 1-7

[16] 周艳华, 何中虎, 阎俊, 等. 中国小麦品种磨粉品质研究[J]. 中国农业科学, 2003, 36(6): 615-621

[17] Symes K J. The inheritance of grain hardness in wheat as measured by the particle size index [J]. Australian Journal of Agricultural Research, 1965, 16: 113-123

[18] Zhou Y H, He Z H, Yan J, et al. Distribution of grain hardness in Chinese wheat and genetic analysis [J]. Scientia Agricultura Sinica, 2002, 35(10): 1177-1185

[19] 王霖, 郭新平, 姬广臣, 等. 小麦面粉白度配合力及其与主要品质性状的相关分析[J]. 麦类作物学报, 2006, 26(1): 62-65

[20] 葛红根, 赵接红. 小麦白度检验的研究[J]. 粮食与油脂, 2002, 7: 44-45

[21] He Z H. Wheat quality requirements in China [J]. Wheat in a Global Environment, 2001, 9: 279-284

[22] 张国良, 霍中祥, 许轲. 农产品品质及检验[M]. 北京: 化学工业出版社, 2008

[23] 辛庆国, 王江春, 殷岩, 等. 高白度小麦遗传育种研究进展[J]. 山东农业科学, 2009, (2): 15-18

[24] 刘建军, 何中虎, 姜善涛, 等. 目前推广小麦品种面粉白度概况及其相关因素的研究[J].山东农业科学, 2002, (2): 10-12

[25] 张菊芳, 郭文善, 封超年, 等. 基因型与储藏时间对小麦粉白度的影响[J]. 中国粮油学报, 2007, 22(6): 142-145

[26] Zhang Y L, Wu Y P, Xiao Y Q, et al. QTL mapping for flour and noodle colour components and yellow pigment content in common wheat [J]. Euphytica, 2009, 165: 435-444

[27] 林作楫, 雷振声. 中国挂面对面粉品质的要求[J]. 作物学报, 1996,22(2): 152-155

[28] Miskelly D M. Flour components affecting paste and noodle color [J]. Journal of Agriculture and Food Chemistry, 1984, 35: 463-471

[29] 陈广凤, 宋广芝, 张坤普, 等. 小麦 DH 群体面粉色泽(白度)的遗传变异及其与主要品质性状的相关分析[J]. 山东农业科学, 2007, 5: 8-11

[30] 李宗智, 孙馥亭. 不同小麦品质性状及其相关性的初步研究[J]. 中国农业科学, 1990, 23(6): 35-41

[31] 胡瑞波, 田纪春. 小麦主要品质性状与面粉色泽的关系[J]. 麦类作物学报, 2006(3): 96-101

[32] 胡新中, 卢为利, 阮侦könig 等. 影响小麦面粉白度的品质指标分析[J]. 中国农业科学, 2007, 40(6): 1142-1149

[33] 陈锋, 李根英, 耿洪伟, 等. 小麦籽粒硬度及其分子遗传基础研究回顾与展望[J]. 中国农业科学, 2005, 38(6): 1088-1094

[34] 宋华东, 樊庆琦, 刘爱峰, 等. 面粉高白度小麦种质资源筛选及其品质分析[J]. 麦类作物学报, 2012, 32(1): 54-59

[35] 陈绍军. 小麦品种馒头品质的研究 [D]. 南京农业大学博士学位论文, 1988

[36] 何中虎, 林作楫, 王龙俊, 等. 中国小麦品质区划的研究[J]. 中国农业科学, 2002, 35(4): 359-364

[37] Park W J, Shelton D R, Peterson C J, et al. Variation in polyphenol oxidase activity and quality characteristics among hard white wheat and hard red wheat sample [J]. Cereal Chemistry, 1997, 74(1): 7-11

[38] 杨朝柱, 张磊, 司红起, 等. 小麦面粉白度研究进展[J].麦类作物学报, 2002, 22(3): 74-77

[39] 范玉顶, 李斯深, 孙海艳, 等. 利用 RIL 群体分析小麦淀粉粘度性状与馒头品质的关系[J]. 中国粮油学报, 2005, 20(1): 6-8

[40] 何中虎. 中国小麦生产与品质要求[J]. 中国农业科技导报, 2000, 2(3): 62-68

[41] 张国权, 叶楠, 张桂英, 等. 馒头品质评价体系构建[J]. 中国粮油学报, 2011, 26(7): 11-16

[42] 王宪泽, 李菡, 郭恒俊, 等. 小麦加工品质性状与馒头质量性状的相关性[J]. 中国粮油学报, 1998, 13(6): 6-8

[43] 刘爱华, 何中虎, 王光瑞, 等. 小麦品质与馒头品质的关系研究[J]. 中国粮油学报, 2000, 15(2): 10-15

[44] Zhu J, Huang S, Khan K, et al. Relationship of protein quantity, quality and dough properties with Chinese steamed bread quality [J]. Journal of Cereal Science, 2001, 33: 205-212

[45] 周显青, 曹健, 陈复生, 等. 法国小麦在中国馒头和面条中的应用初探[J]. 中国粮油学报, 2001, 16(1): 46-50

[46] Lin Z J, Miskelly D M, Moss H J. Suitability of various Australian wheats for Chinese-style steamed bread [J]. Journal of the Science of Food and Agriculture, 1990, 53(2): 203-213

[47] Huang S, Quail K, Moss R, et al. Objective methods for the quality assessment of northern-style Chinese steamed bread [J]. Journal of Cereal Science, 1995, 21: 49-55

[48] 齐兵建. 小麦粉品质与北方优质馒头品质关系的研究[J]. 中国粮油学报, 2004, 19(3): 21-25

[49] 吴澎, 周涛, 董海洲, 等. 影响馒头品质的因素[J]. 中国粮油学报, 2012, 27(5): 108-117

[50] Addo K, Pomeranz Y, Huang M L, et al. Steamed bread. II. role of protein contents and strength [J]. Cereal Chemistry, 1991, 68(1): 39-42

[51] Hou L M, Zemetra R S, Birzer D. Wheat genotype and environment effects on Chinese steamed bread quality [J]. Crop Science, 1991, 31: 1279-1282

[52] 张春庆, 李晴祺. 影响普通小麦加工馒头质量的主要品质性状的研究[J]. 中国农业科学, 1993, 26(2): 39-46

[53] Lukow O W, Zhang H, Czarnecki E. Milling rheological and end-use quality of Chinese and Canadian spring wheat cultivars [J]. Cereal Chemistry, 1990, 67(2): 170-176

[54] 康明辉, 黄峰, 王世杰, 等. 黄淮冬麦区南部主要推广小麦品种的馒头加工品质的研究[J]. 麦类作物学报, 2009, 29(4): 599-603

[55] 穆培源, 桑伟, 庄丽, 等. 新疆冬小麦品种品质性状与面包、馒头、面条加工品质的关系[J]. 麦类作物学报, 2009, 29(6): 1094-1099

[56] 范玉顶, 李斯深, 孙海艳, 等. 小麦品质性状与北方手工馒头品质指标关系的研究[J]. 中国粮油学报, 2005, 20(2): 17-20

[57] 陈东升, 张艳, 何中虎, 等. 北方馒头品质评价方法的比较[J]. 中国农业科学, 2010, 43(11): 2325-2333

[58] 郭波莉, 魏益民, 张国权, 等. 馒头品质评价方法探析[J]. 麦类作物学报, 2002, 22(3): 7-10

[59] 张庆霞, 谢海燕, 王晓曦. 小麦粉品质与北方馒头品质关系的研究[J]. 粮食加工, 2013, 30(4): 12-16

[60] 姜小苓, 董娜, 丁位华, 等. 小麦品质面粉白度的变异及其影响因素分析[J]. 麦类作物学报, 2014, 34(1): 26-131

[61] 林作楫. 食品加工与小麦品质改良[M]. 北京: 中国农业出版社, 1994: 380-383

[62] 黄峰, 殷贵鸿, 韩玉林, 等. 黄淮麦区小麦馒头加工品质影响因素的研究[J]. 粮油食品科技, 2011, 19(3): 14-18

[63] 王晓曦, 王修法, 温纪平. 小麦粉色泽与增白剂[J]. 粮食与饲料工业, 2007, 4: 9-13

[64] 张晓, 田纪春, 朱冬梅. 小麦 RIL 群体中小麦粉及面片色泽与主要品质性状的相关分析[J]. 中国粮油学报, 2009, 24(6): 1-6

[65] 华为, 马传喜, 何中虎, 等. 小麦鲜面片色泽的影响因素研究[J]. 麦类作物学报, 2007, 27(5): 816-819

[66] 王欣, 窦秉德, 叶建, 等. 小麦品种面粉色泽相关 PPO 基因的多态性分析[J]. 植物遗传资源学报, 2011, 12(4): 594-600

[67] 李军红, 蔡静平, 黄淑霞, 等. 影响面团褐变因素的研究[J]. 中国粮油学报, 2000, 15(6): 19-23

[68] 王培慧, 陈洁, 王春, 等. 面粉粗蛋白、粗淀粉、多酚氧化酶活性对鲜面片色泽的影响[J]. 河南工业大学学报（自然科学版）, 2012, 33(2): 48-51

[69] 胡瑞波, 田纪春. 鲜切面条色泽影响因素的研究[J]. 中国粮油学报, 2004, 19(6): 18-22

[70] 胡瑞波, 田纪春, 邓志英, 等. 中国白盐面条色泽影响因素的研究[J]. 作物学报, 2006, 32(9): 1338-1343

[71] 胡瑞波, 田纪春. 中国黄碱面条色泽影响因素的研究[J]. 中国粮油学报, 2006, 21(6): 22-26

[72] 张影全, 张波, 魏益民, 等. 面条色泽与小麦品种品质性状的关系[J]. 麦类作物学报, 2012, 32(2): 344-348

[73] 张智勇, 孙辉, 王春, 等. 利用色彩色差仪评价面条色泽的研究[J]. 粮油食品科技, 2013, 21(2): 55-58

[74] 陈雪, 张剑, 蒋一可, 等. 不同粉路小麦面粉粉色和面片色泽的变化[J]. 热带生物学报, 2017, 8(1): 71-77

第六章　小麦膳食纤维含量研究及优异资源筛选

近年来，由于饮食结构的改变，人们摄入粗纤维的量越来越少，肥胖症、高血压、动脉硬化等心血管疾病，以及糖尿病、癌症等发病率逐年上升，严重威胁着现代人的身体健康[1]。预防及治疗这类富贵病，首先应从膳食配餐着手，增加膳食纤维的摄入量。膳食纤维根据溶解性分为可溶性膳食纤维和不溶性膳食纤维两大类。其中不溶性膳食纤维在人体内主要起机械蠕动作用[2-4]，而可溶性膳食纤维具有较多的生理功能，起到防胆结石、排除有害金属离子、抗糖尿病、降低血脂及胆固醇、防高血压等作用[5]。

小麦是我国的主要粮食作物，是人们生活所需能量、蛋白质和膳食纤维的主要来源[6]。小麦籽粒中含 10%～14%的膳食纤维，面粉中含 2.5%～4.5% [7]，麦麸中含 35%～50% [8]。麦麸作为小麦粉的主要副产品，是重要的膳食纤维资源。同时，小麦膳食纤维安全性高，是公认的天然食物纤维，已在多种食品中添加，用来解决食品中膳食纤维不足的问题[9-10]。膳食纤维分子的游离羟基会与水发生作用，因此，添加了纤维的面团性质会发生改变[11-12]。在面粉中适量添加膳食纤维，一方面可改善我国居民面临的营养失衡和营养缺乏的现状，另一方面可对面制品的品质和风味起到一定改善作用。

第一节　小麦膳食纤维含量分析及优异资源筛选

有研究报道，英国居民 20%的膳食纤维来源于小麦制品，其中，11%来源于白面包，5%来源于全麦面包[13]。在我国，消费者对小麦粉精度和白度的要求一直较高，育种研究者也主要侧重于小麦的产量和加工品质，导致小麦粉中膳食纤维的含量越来越低[14]；目前我国人均膳食纤维的摄入量严重不足，并且随着食品精加工水平的提高呈逐步下降的趋势[15]。因此，培育高膳食纤维的优质小麦新品种是目前小麦育种的重要目标。本节研究内容待发表。

一、研究方法概述

(一)试验材料

用于小麦膳食纤维含量测定的试验材料为 79 份不同来源的小麦主推品种、地方品种或高代品系，其中，国外材料 13 份、黄淮冬麦区 39 份、长江中下游冬麦区 9 份、北方冬麦区 8 份、西南冬麦区 6 份、春麦区 4 份，均由河南科技学院小麦中心提供。

用于小麦阿拉伯木聚糖含量测定的试验材料为来源于不同种植区的 175 份小麦主推品种、地方品种或高代品系，其中，国外材料 33 份、黄淮冬麦区 87 份、长江中下游冬麦区 16 份、北方冬麦区 21 份、西南冬麦区 10 份、华南冬麦区 3 份、春麦区 5 份，均由河南科技学院小麦中心提供。

（二）试验方法

利用膳食纤维测定仪（GDE+CSF6，意大利 VELP 公司）检测小麦籽粒的总膳食纤维含量，方法参照 GB/T5009.88—2008；总阿拉伯木聚糖、水溶性阿拉伯木聚糖含量测定利用地衣酚法，参考梁恒[16]方法，略有改动；非水溶性阿拉伯木聚糖含量=总阿拉伯木聚糖含量–水溶性阿拉伯木聚糖含量。

（三）数据分析

利用 DPS7.05 数据处理软件和 Excel 进行数据分析。

二、小麦总膳食纤维含量的变异和分布

以来源于不同生态区的 79 份小麦主推品种或高代品系为试验材料，分析鉴定了小麦膳食纤维含量的变异特点及分布（表 6-1）。结果表明，膳食纤维含量的变异系数为 10.2%，方差分析结果表明，品种间存在极显著差异（$P<0.01$）。膳食纤维的平均含量为 10.03%，变幅 8.27%～12.10%，其中高膳食纤维品种是低膳食纤维品种的 1.46 倍。参试材料膳食纤维的改良潜力为 38.18%，说明通过育种途径大约可提高小麦籽粒膳食纤维含量的 0.38 倍。

表 6-1　79 份小麦品种（系）总膳食纤维含量的方差分析

变异来源	平方和	自由度	均方	F 值	P 值	平均值/%	变异幅度/%	变异系数/%
品种间	162.7259	78	2.0862	106.678	0.0001	10.03	8.27～12.10	10.2
随机误差	1.545	79	0.0196					
总变异	164.2708	157						

由图 6-1 可看出，总膳食纤维含量主要集中在 9.00%～11.00%，约有 53 个品种（系）处在此范围，占总数的 67.1%；高于 11.00%的有 14 个品种（系），分别为来自江苏的徐麦 31、NAU617、扬麦 18，来自福建的夏大春-1，来自四川的 MR168，来自贵州的毕 2008-1，来自河南的丰德存 1 号、温麦 6 号、偃师 4110、郑麦 379、平原 50 和百农 3217 及引自国外的品种（系）非黑土地 24 和山前麦 2 号，其中毕 2008-1 和丰德存 1 号的总膳食纤维含量最高，分别为 12.10%和 12.05%；低于 9.00%的仅有 12 个品种（系），分别为来自河北的衡观 35、来自新疆的新春 9 号、来自河南的天民矮早八 A 系及引自国外的品种（系）CL0401 和硬质博莱特等，其中品

系 CL0401 的总膳食纤维含量最低，为 8.27%。

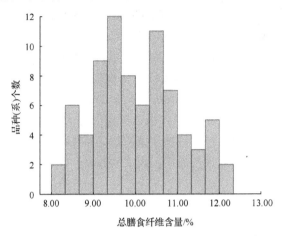

图 6-1　79 份小麦品种(系)膳食纤维含量的频数分布图

三、小麦阿拉伯木聚糖含量变异及分布

由表 6-2 可看出，总阿拉伯木聚糖(total arabinoxylan，TOT-AX)、水溶性阿拉伯木聚糖(water-extractable arabinoxylan，WE-AX)和非水溶性阿拉伯木聚糖含量(water-unextractable arabinoxylan，WU-AX)的变异系数均较大，分别为 12.06%、26.88% 和 14.62%；方差分析结果表明，3 个目标性状在品种间均存在极显著差异($P<0.01$)。其中，TOT-AX 的平均含量为 3.77%，变幅 2.50%～4.90%，其中高 TOT-AX 品种是低 TOT-AX 品种的 1.96 倍，改良潜力为 63.7%，说明通过育种途径大约可提高小麦 TOT-AX 含量 0.64 倍；WE-AX 平均为 0.49%，变幅为 0.16%～1.14%；WU-AX 平均为 3.28%，变幅为 1.93%～4.38%。

表 6-2　份小麦品种(系)阿拉伯木聚糖含量的方差分析

AX	变异来源	平方和	自由度	均方	F 值	P 值	平均值/%	变幅/%	变异系数/%
TOT-AX	品种间	72.1094	174	0.4144	12.195**	0.0001	3.77	2.50～4.90	12.06
	随机误差	5.9473	175	0.034					
	总变异	78.0567	349						
WE-AX	品种间	6.1395	174	0.0353	8.853**	0.0001	0.49	0.16～1.14	26.88
	随机误差	0.6975	175	0.004					
	总变异	6.837	349						
WU-AX	品种间	80.0724	174	0.4602	13.311**	0.0001	3.28	1.93～4.38	14.62
	随机误差	6.0501	175	0.0346					
	总变异	86.1226	349						

**表示 1% 相关显著性。下同

由图 6-2 可看出，总阿拉伯木聚糖含量主要集中在 3.00%～4.50%，约有 155 个品种(系)处在此范围，占总数的 88.6%；高于 4.50% 的有 8 个品种(系)，分别为来自北京的农大 8P297、CP07-14-1-1F7，来自河北的邯郸 6172 矮系(辐射)，来自陕西的陕优 225-47，来自河南的沁南麦、偃师 4110 和百农矮抗 58 及引自国外的品种(系)阿大学 AGT，其中沁南麦的总阿拉伯木聚糖含量最高，为 4.90%；低于 3.00% 的仅有 12 个品种(系)，分别为来自山东的济麦 22 和鲁麦 14，来自湖北的汉北麦，来自江苏的杨糯麦 1 号，来自福建的夏大春-1，来自河南的矮早 781 和温麦 6 号及引自国外的品种(系)硬质博莱特、KPL-3、CL0401 等，其中品种硬质博莱特的总阿拉伯木聚糖含量最低，为 2.50%。

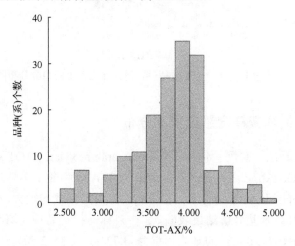

图 6-2　175 份小麦品种(系)总阿拉伯木聚糖含量的频数分布图

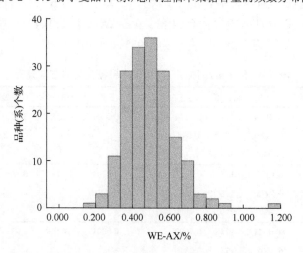

图 6-3　175 份小麦品种(系)水溶性阿拉伯木聚糖含量分布

　　由图 6-3 可看出，水溶性阿拉伯木聚糖含量主要集中在 0.30%～0.70%，约有 159 个品种（系）处在此范围，约占材料总数的 90.9%；高于 0.70%的有 8 个品种（系），全部来自河南，分别为科育 818、郑麦 7698、郑 9023、中育 1429、百农 160、天民矮早八 A 系、花培 5 号和 TMF2，其中 TMF2 的水溶性阿拉伯木聚糖含量最高，为 1.14%；低于 0.30% 的仅有 8 个品种（系），分别为来自北京的 CP03-10-41-1F_{11}、CP03-28-1-1-1-1-4-1F_{11}、中植 1 号、普冰 201，来自河南的周麦 11，来自陕西的陕 122-1-5-2 和抗赤 6 号及来自墨西哥的墨 176，其中小麦品系 CP03-10-41-1F_{11} 的水溶性阿拉伯木聚糖含量最低，仅为 0.16%。

　　由图 6-4 可看出，非水溶性阿拉伯木聚糖含量主要集中在 2.50%～4.00%，约有 153 个品种（系）处在此范围，占总数的 87.4%；高于 4.00%的有 8 个品种（系），分别为来自北京的农大 8P297 和普冰 201，来自河北的邯郸 6172，来自河南的沁南麦，来自陕西的陕优 225-47 及引自国外的品种（系）阿大学 AGT 等，其中沁南麦的非水溶性阿拉伯木聚糖含量最高，为 4.38%；低于 2.50%的有 14 个品种（系），分别为来自山东的济麦 22 和鲁麦 14，来自湖北的汉北麦，来自江苏的扬糯麦 1 号，来自福建的夏大春-1，来自河南的矮早 781、花培 5 号、丰德存 1 号和温麦 6 号及引自国外的品种（系）硬质博莱特、KPL-3、NSR-5、Jaggar-1 和 CL0401，其中小麦品系硬质博莱特的非水溶性阿拉伯木聚糖含量最低，为 1.93%。

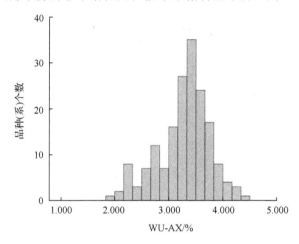

图 6-4　175 份小麦品种（系）非水溶性阿拉伯木聚糖含量分布

四、优异高膳食纤维种质材料的筛选

　　在 79 份试验材料中，筛选出膳食纤维含量高于 11.5%的种质材料 9 个，分别为来自江苏的扬麦 18，来自贵州的毕 2008-1，来自河南的丰德存 1 号、偃师 4110、郑麦 379、平原 50 和百农 3217 及引自国外的品种（系）非黑土地 24 和山前麦。其中毕 2008-1 和丰德存 1 号的膳食纤维含量最高,分别为 12.10%和 12.05%(表 6-3)。

表 6-3　高膳食纤维材料及其来源

品种(系)	来源	膳食纤维含量/%
毕 2008-1	贵州	12.10
丰德存 1 号	河南	12.05
平原 50	河南	11.95
百农 3217	河南	11.95
扬麦 18	江苏	11.85
山前麦	苏联	11.80
郑麦 379	河南	11.80
偃师 4110	河南	11.60
非黑土地 24	俄罗斯	11.50

对筛选出的 9 份高膳食纤维材料进行品质分析(表 6-4),发现毕 2008-1、丰德存 1 号、百农 3217、非黑土地 24、山前麦、郑麦 379 的品质较好,稳定时间均≥10min。特别是毕 2008-1 和丰德存 1 号,稳定时间特别长,分别为 39.2min 和 20.0min,并且其面粉白度也较高,分别为 80.9 和 77.6。因此,毕 2008-1 和丰德存 1 号可作为培育优质高膳食纤维小麦新品种的亲本材料加以利用。

表 6-4　高膳食纤维含量材料的品质特性

名称	吸水率/%	形成时间/min	稳定时间/min	粉质量量指数	湿面筋含量/%	面筋指数/%	蛋白含量/%	面粉白度
毕 2008-1	49.3	2.0	39.2	343	26.2	96.4	10.1	80.9
丰德存 1 号	57.6	15.7	20.0	253	30.5	65.2	10.3	77.6
百农 3217	48.8	3.0	13.5	124	30.0	65.2	9.6	79.5
非黑土地 24	59.5	6.2	11.5	171	34.6	75.8	10.2	67.8
山前麦	57.1	8.5	10.5	153	29.9	50.9	10.6	70.7
郑麦 379	64.0	8.5	10.0	130.5	27.6	63.1	10.5	66.7
偃师 4110	50.9	2.7	3.6	47	25.2	40.2	8.9	78.2
扬麦 18	52.1	1.5	2.3	32	24.8	76.2	9.2	80.6
平原 50	65.4	1.4	1.5	26	39.4	35.3	11.8	70.9

五、不同来源小麦品种(系)膳食纤维含量比较分析

由不同来源小麦品种(系)膳食纤维和阿拉伯木聚糖含量的方差分析(表 6-5)可看出,总膳食纤维和水溶性阿拉伯木聚糖含量在不同麦区间差异不显著,而总阿拉伯木聚糖和非水溶性阿拉伯木聚糖含量存在显著差异($P<0.05$)。其中,长江中下游冬麦区的总膳食纤维含量最高,平均为 10.54%,变幅为 9.13%~11.85%;

春麦区的总膳食纤维含量最低，平均为 9.49%，变幅为 8.43%～10.55%；北方冬麦区的总阿拉伯木聚糖含量最高，平均为 3.93%，变幅为 3.35%～4.72%，显著高于华南冬麦区($P<0.05$)；国外引进种质和黄淮冬麦区的水溶性阿拉伯木聚糖含量最高，平均为 0.52%，变幅分别为 0.36%～0.70%和 0.25%～1.14%；北方冬麦区的不溶性阿拉伯木聚糖含量最高，平均为 3.51%，变幅为 2.70%～4.27%，显著高于华南冬麦区($P<0.05$)。另外，从变异系数来看，所有麦区膳食纤维含量的变异系数普遍偏低，西南东麦区的变异系数最高(13.45%)；阿拉伯木聚糖在不同麦区的变异系数均较高，说明阿拉伯木聚糖含量变异丰富，其中北方冬麦区水溶性阿拉伯木聚糖的变异系数最高，为 31.48%。

表 6-5　不同来源小麦品种(系)膳食纤维含量

麦区	性状	平均值/%	最小值/%	最大值/%	变异系数/%
国外	DF	9.89a	8.27	11.80	11.79
	TOT-AX	3.55ab	2.50	4.75	15.19
	WE-AX	0.52a	0.36	0.70	18.67
	WU-AX	3.03ab	1.93	4.05	18.20
北方冬麦区	DF	10.27a	9.02	10.85	5.85
	TOT-AX	3.93a	3.35	4.72	9.66
	WE-AX	0.42a	0.16	0.65	31.48
	WU-AX	3.51a	2.70	4.27	11.92
黄淮冬麦区	DF	9.91a	8.32	12.05	10.26
	TOT-AX	3.87a	2.70	4.90	10.73
	WE-AX	0.52a	0.25	1.14	28.98
	WU-AX	3.35a	2.20	4.38	13.35
长江中下游冬麦区	DF	10.54a	9.13	11.85	8.01
	TOT-AX	3.64ab	2.77	4.37	11.63
	WE-AX	0.45a	0.34	0.59	15.21
	WU-AX	3.19ab	2.32	3.84	13.90
西南冬麦区	DF	10.39a	8.76	12.10	13.45
	TOT-AX	3.80a	3.29	4.13	8.11
	WE-AX	0.42a	0.33	0.51	13.73
	WU-AX	3.38a	2.77	3.71	9.89
华南冬麦区	DF	—	—	—	—
	TOT-AX	3.38b	2.58	3.89	20.90
	WE-AX	0.48a	0.44	0.53	9.66
	WU-AX	2.90b	2.14	3.42	23.34
春麦区	DF	9.49a	8.43	10.55	9.17
	TOT-AX	3.56ab	3.10	4.07	10.30
	WE-AX	0.45a	0.33	0.56	19.55
	WU-AX	3.12ab	2.65	3.51	10.41

注：同列不同字母表示在 0.05 水平存在显著差异

六、小麦膳食纤维含量指标间的相关性分析

由膳食纤维与阿拉伯木聚糖含量间的相关性(表 6-6)可看出,非水溶性阿拉伯木聚糖含量与总膳食纤维和总阿拉伯木聚糖含量存在显著或极显著正相关,而与水溶性阿拉伯木聚糖含量存在极显著负相关;其他参数间的相关性均不显著。

表 6-6　小麦膳食纤维含量与阿拉伯木聚糖含量的相关性

参数	总戊聚糖	水溶性阿拉伯木聚糖	非水溶性阿拉伯木聚糖
总膳食纤维	0.192	−0.076	0.200[*]
总阿拉伯木聚糖		−0.058	0.972[**]
水溶性阿拉伯木聚糖			−0.291[**]

*和**分别表示 5%和 1%相关显著性。下同

七、讨论

小麦是我国的重要粮食作物,是提供蛋白质、淀粉及膳食纤维的主要来源。目前国内外学者对小麦蛋白质和淀粉做了大量研究,得出了很多具有指导价值的结论,但有关膳食纤维的研究报道比较少。另外,迄今有关膳食纤维的研究报道主要侧重于其结构、提取及其对面制品品质的影响,缺乏小麦种质资源膳食纤维含量方面的内容。随着当今小麦品种更新换代速度的加快,生产上出现大量的小麦新品种,进一步了解其品质现状对今后优质小麦新品种的培育具有重要的理论和实践指导意义。

本研究结果表明,79 份参试材料膳食纤维含量的变异系数为 10.2%,品种间存在极显著差异($P<0.01$);175 个小麦品种(系)的总阿拉伯木聚糖、水溶性阿拉伯木聚糖和非水溶性阿拉伯木聚糖含量在品种间也存在极显著差异($P<0.01$),与前人研究结果基本一致。

八、结论

1)参试材料膳食纤维含量的变异系数为 10.2%,品种间存在极显著差异($P<0.01$);膳食纤维平均含量为 10.03%,变幅 8.27%～12.10%;67.1%材料的膳食纤维含量分布在 9.00%～11.00%;筛选出毕 2008-1、丰德存 1 号、百农 3217、非黑土地 24、山前麦 2 号、郑麦 379 等膳食纤维含量高的优异种质材料可作为培育优质高膳食纤维小麦新品种的亲本材料加以利用。

2)总阿拉伯木聚糖、水溶性阿拉伯木聚糖和非水溶性阿拉伯木聚糖含量的变异系数分别为 12.06%、26.88%和 14.62%,品种间存在极显著差异($P<0.01$);筛

选出一批阿拉伯木聚糖含量高的优异种质材料。

3) 总膳食纤维和水溶性阿拉伯木聚糖含量在不同麦区间差异不显著，而总阿拉伯木聚糖和非水溶性阿拉伯木聚糖含量存在显著差异($P<0.05$)。

4) 非水溶性阿拉伯木聚糖含量与总膳食纤维和总阿拉伯木聚糖含量存在显著或极显著正相关，而与水溶性阿拉伯木聚糖含量存在极显著负相关

第二节　响应面法优化麦麸膳食纤维提取条件

提取膳食纤维的方法主要有酶法、化学法、酶-化学法、发酵法等。其中，发酵法制备膳食纤维条件很难控制，且后期的分离纯化也较困难；而酶法简便易行，膳食纤维得率高，且条件温和，对环境污染也较小[17-18]，但成本较高。邵佩兰等[19]比较分析了不同提取方法对麦麸膳食纤维感官性状和物理特性的影响，结果表明，酶-化学法、酶法提取的膳食纤维的持水性、溶胀性及得率均优于化学法，但酶法提取的成本相对较高且得率也较酶-化学法低，建议提取麦麸膳食纤维以酶-化学法为宜。

因此，河南科技学院小麦中心采用酶-化学法提取麦麸中的膳食纤维，即先用α-淀粉酶将麸皮中的淀粉水解成糊精和低聚糖，再用糖化酶进一步将糊精、低聚糖水解为葡萄糖，进而溶于有机溶剂，最后用碱除去蛋白质。该试验利用响应面法(二次回归旋转组合设计)优化提取工艺，进而确定最佳提取条件，为麦麸膳食纤维的有效利用及增加小麦附加值提供科学依据。

一、研究方法概述

(一)材料与仪器

麦麸：实验室自制；高温α-淀粉酶(酶活为4000U/g)、糖化酶(酶活为100 000U/g)、柠檬酸：北京索莱宝科技有限公司；氢氧化钠、过氧化氢、95%乙醇试剂：均为分析纯，天津市天力化学试剂有限公司。

HH-S4恒温水浴锅　上海普渡生化科技有限公司；DHG-9240A电热恒温鼓风干燥箱：上海精宏实验设备有限公司；BS223S电子分析天平：北京赛多利斯仪器系统有限公司；SHZ-DⅢ型循环水真空泵：郑州市亚荣仪器有限公司；FW-80高速万能粉碎机：北京市永光明医疗仪器有限公司；FE20 pH计：梅特莉-托利多仪器(上海)有限公司。

(二)试验方法

1. 工艺流程

麸皮清理→分解植酸→干燥→粉碎过 20 目筛→混合酶水解→碱水解→过氧

化氢脱色→95%乙醇沉淀→洗涤抽滤→干燥粉碎→麦麸膳食纤维。

2. 原料预处理

将麸皮分散水中(麸皮：水=1：7)浸泡 15min，以 3000r/min 离心脱水 10min，用 30 倍水洗涤，除去部分淀粉和蛋白质，以免影响提取物的纯度，收集纯净的湿麦麸备用。将清理后所得湿麦麸(麸皮：水=1：10)在 pH 5.5，55℃条件下保持 4h，利用内源植酸酶分解植酸，然后水洗至中性，于电热鼓风干燥箱 50℃干燥 8h，收集干燥后的麦麸，水分含量为 10%，粉碎过 20 目筛得到预处理麦麸。

3. 单因素试验

(1)考察混合酶添加量对膳食纤维得率的影响

准确称取预处理麦麸 1g，按料液比 1：10 将麸皮分散于水中，按质量分数分别添加 1%、1.25%、1.5%、1.75%、2%混合酶(α-淀粉酶：糖化酶=1：1)，pH 6.5，60℃反应 60min，100℃灭酶 10min，将温度降到 60℃，加 4% 1mol/L NaOH 反应 40min，调节 pH 为 9.0，加 5% H_2O_2，55℃脱色 2h，用 4 倍体积 95%的乙醇沉淀 1h，用 78%和 95%的乙醇洗涤 3 次，真空抽滤，将抽滤后的滤渣干燥、粉碎即得小麦麸皮膳食纤维。将膳食纤维的得率作为最终的评价指标，每个处理 3 次重复。膳食纤维得率的计算公式为膳食纤维得率(%)=所得膳食纤维质量/样品质量×100。

(2)考察混合酶酶解时间对膳食纤维得率的影响

准确称取预处理麦麸 1g，按料液比 1：10 将麸皮分散于水中，添加 1.5%混合酶(α-淀粉酶：糖化酶=1：1)，pH6.5，60℃反应 30min、40min、50min、60min、70min，其他步骤同(1)。以膳食纤维得率为评价指标进行试验，每个水平重复 3 次。

(3)考察碱添加量对膳食纤维得率的影响

准确称取预处理麦麸 1g，按料液比 1：10 将麸皮分散于水中，按质量分数添加 1.5%混合酶(α-淀粉酶：糖化酶=1：1)，pH 6.5，60℃反应 50min，灭酶后，冷却到 60℃，按质量分数分别加 2%、3%、4%、5%、6% 1 mol/L NaOH 反应 40min，其他步骤同(1)。以膳食纤维得率为评价指标进行试验，每个水平重复 3 次。

(4)考察碱解时间对膳食纤维得率的影响

准确称取预处理麦麸 1g，按料液比 1：10 将麸皮分散于水中，按质量分数添加 1.5%混合酶(α-淀粉酶：糖化酶=1：1)，pH 6.5，60℃反应 50min，灭酶后，冷却到 60℃，按质量分数加 4% 1 mol/L NaOH 反应 10min、20min、30min、40min、50min，其他步骤同上。以膳食纤维得率为评价指标进行试验，每个水平重复三次。

4. 麦麸膳食纤维提取响应面法优化设计

综合单因素试验，利用 Design-Expert 7.0 软件中的 Central Composite Design (CCD)响应面分析设计原理，采用 4 因素 3 水平的分析方法，确定酶-化学法提取麦麸膳食纤维的最佳工艺条件。相关因素及水平设计见表 6-7。

表 6-7　响应面分析因素及水平

水平	因素			
	X_1 酶添加量/%	X_2 酶解时间/min	X_3 碱添加量/%	X_4 碱解时间/min
−1	1.25	40	3	20
0	1.5	50	4	30
1	1.75	60	5	40

(三)数据处理

数据采用 Excel 2010 处理，结果取 3 次重复的平均值。使用 Design-Expert 7.0 软件中的 Central Composite Design(CCD)中心组合实验对数据进行处理分析。

二、酶-化学法提取麦麸膳食纤维单因素试验结果

(一)混合酶添加量对膳食纤维得率的影响

由图 6-5 可看出，混合酶添加量显著影响膳食纤维的得率。随混合酶添加量的增加，得率呈现先增加后降低的趋势，当添加量为 1.5%时膳食纤维得率达到最高；随后，随着酶添加量的增加，膳食纤维得率急剧下降，当添加量为 2.0%时，得率降到最低。原因可能是酶浓度过低，麦麸表面覆盖的淀粉可能水解不完全；若酶浓度太高，膳食纤维中的半纤维素等生理活性物质容易溶出而使得率降低[20]，所以混合酶添加量以 1.5%最宜。

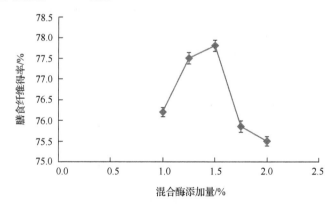

图 6-5　酶添加量对膳食纤维得率的影响

(二)混合酶酶解时间对膳食纤维得率的影响

由图 6-6 可知，酶解时间对麦麸膳食纤维的影响也较大。主要表现在：随混合酶作用时间的延长，膳食纤维得率呈先增加后降低的趋势，当作用时间为 50min

时，得率达到最高；随后得率迅速下降。可能是由于混合酶作用时间与麦麸原料颗粒大小及淀粉与原料结合的紧密度有关，结合越紧密，酶反应时间越长；同时，随酶解时间延长，部分可溶性膳食纤维会流失，致使得率下降。因此，混合酶作用时间以 50min 为宜。

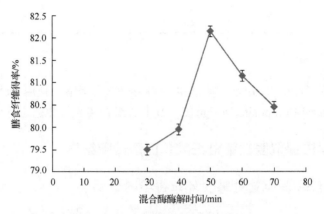

图 6-6　酶解时间对膳食纤维得率的影响

(三)碱添加量对膳食纤维得率的影响

由图 6-7 可知，碱添加量对麦麸膳食纤维得率的影响也很大。随碱添加量的增加，膳食纤维得率也呈先增后减的趋势；当碱添加量为 4%时，得率最高；而碱添加量超过 4%时，得率反而减少。原因可能是碱液浓度在低于 4%时可较充分溶解蛋白质；而当碱液浓度过大时，纤维和半纤维素会发生轻度水解[21]，导致膳食纤维得率降低，且膳食纤维色泽加深，故碱添加 4%为宜。

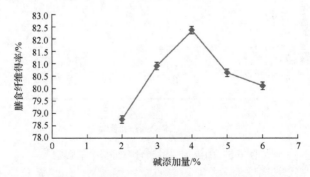

图 6-7　碱添加量对膳食纤维得率的影响

(四)碱解时间对膳食纤维得率的影响

由图 6-8 可知，随碱解时间延长，膳食纤维得率呈先增后降趋势，当碱解时间为 30min 时，得率最高，随后急剧下降。原因可能是碱解时间过短，水解不完全导致得率较低；而碱解时间过长，膳食纤维发生软化，甚至有的部分发生轻度水解，最终会造成得率降低[22]，故碱解以 30min 为宜。

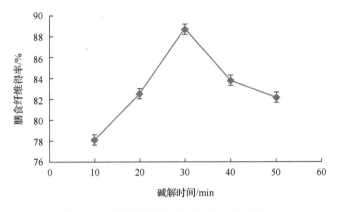

图 6-8　碱解时间对膳食纤维得率的影响

三、酶-化学法提取麦麸膳食纤维的响应面试验结果

(一)模型的建立及显著性检验

本试验利用 CCD 中心组合试验设计原理，综合单因素试验结果，选取 X_1、X_2、X_3 和 X_4 为响应因素，小麦麸皮膳食纤维得率为响应值 Y，响应面试验设计方案及结果见表 6-8。试验设计共 29 个试验点，其中 5 个为重复零点试验，以估计误差。

表 6-8　响应面试验设计及结果

序号	X_1	X_2	X_3	X_4	得率/%	预测值/%
1	−1	0	1	0	80.2	80.9
2	−1	−1	0	0	79.1	78.8
3	1	0	1	0	83.9	84.1
4	−1	0	0	−1	81.2	81.2
5	1	0	0	−1	85.8	86.4
6	−1	1	0	0	80.2	80.4
7	0	0	0	0	87.9	87.2
8	0	0	0	0	87.6	87.2
9	1	1	0	0	82.2	82.3
10	0	0	−1	−1	82.8	83.8
11	0	−1	0	1	84.8	85.3

续表

序号	X_1	X_2	X_3	X_4	得率/%	预测值/%
12	0	0	1	−1	86.2	86.1
13	0	0	0	0	87.1	87.2
14	0	1	−1	0	85.6	85.0
15	0	0	0	0	87.3	87.2
16	0	0	0	0	86.1	87.2
17	−1	0	0	1	84	83.5
18	1	0	0	1	85.6	85.8
19	0	1	0	−1	84.6	84.2
20	0	0	1	1	86.2	85.0
21	1	0	−1	0	84.8	84.2
22	0	−1	0	−1	85.2	84.2
23	0	1	1	0	80.4	80.0
24	0	−1	0	0	85	85.7
25	1	−1	0	0	84.9	84.5
26	0	−1	−1	0	79.4	79.9
27	−1	0	−1	0	80.2	80.0
28	0	1	0	1	83.6	84.7
29	0	0	−1	1	86.7	86.6

　　将表 6-8 试验数据进行二次多元回归拟合，统计分析后得到麦麸膳食纤维得率预测值 Y 为目标函数的二次回归方程：

$$Y=87.20+1.86X_1-0.15X_2+0.20X_3+0.42X_4-3.03X_1^2-2.67X_2^2-1.87X_3^2+0.046X_4^2-0.95X_1X_2-0.22X_1X_3-0.75X_1X_4-2.70X_2X_3-0.15X_2X_4-0.98X_3X_4$$

　　由表 6-9 可知，失拟项不显著（P 值为 0.3439，大于 0.05），回归模型极显著（$P<0.0001$），说明该模型对试验拟合程度高。为了进一步提高方程的拟合效果，手动优化去掉不显著交互项 X_2X_4（其 P 值较大，为 0.7292），使得 R^2 达到 0.9483，说明该模型预测性较好，能解释响应值 Y 变化的 94.83%。进而得到新的方程为：

$$Y=87.20+1.86X_1-0.15X_2+0.20X_3+0.42X_4-3.03X_1^2-2.67X_2^2-1.87X_3^2+0.046X_4^2-0.95X_1X_2-0.22X_1X_3-0.75X_1X_4-2.70X_2X_3-0.98X_3X_4$$

　　可获得更好的拟合效果。同时，CV=0.98，精密度（14.59）大于 4，也表明用该模型对酶-化学法提取小麦麸皮膳食纤维的过程进行优化是合适的。显著性检验表明一次项 X_1（混合酶添加量），平方项 X_1^2（混合酶添加量）、X_2^2（酶解时间）、X_3^2（碱添加量）及交互项 X_2X_3 表现出了高度显著水平，对膳食纤维得率具有极显著影响。交互项 X_1X_2、X_3X_4 对膳食纤维得率有显著影响。

表 6-9 回归方程方差分析表

方差来源	平方和	自由度	均方	F 值	$P>F$
模型	187.02	13	14.39	21.18	<0.0001
X_1	41.44	1	41.44	61.02	<0.0001
X_2	0.27	1	0.27	0.40	0.5378
X_3	0.48	1	0.48	0.71	0.4137
X_4	2.17	1	2.17	3.19	0.0942
X_1^2	59.52	1	59.52	87.64	<0.0001
X_2^2	46.13	1	46.13	67.92	<0.0001
X_3^2	22.60	1	22.60	33.28	<0.0001
X_4^2	0.01	1	0.01	0.02	0.8892
X_1X_2	3.61	1	3.61	5.32	0.0358
X_1X_3	0.20	1	0.20	0.30	0.5931
X_1X_4	2.25	1	2.25	3.31	0.0887
X_2X_3	29.16	1	29.16	42.93	<0.0001
X_3X_4	3.80	1	3.80	5.60	0.0319
残差	10.19	15	0.68		
失拟项	8.31	11	0.76	1.61	0.3439
净误差	1.88	4	0.47		
总离差	197.21	28			
			AdjR^2=0.9036		
			R^2=0.9483		

注：$P<0.05$，差异显著；$P<0.01$，差异极显著

(二)响应面分析

任何两个因素的交互作用对得率的影响程度可以通过图 6-9 中的响应曲面图及等高线图进行分析评价，进而得到最佳的因素水平范围。因素间交互效应的强弱则可从等高线的形状看出，其形状越接近圆形，说明交互作用越不显著；越接近椭圆形，表明因素间的交互作用越显著，且椭圆排列的紧密程度可反映因素对响应值变化的影响程度[23-25]。由以上响应曲面图可知，极值条件出现在等高线的圆心处。在交互项对得率的影响中，酶解时间(X_2)与碱添加量(X_3)的交互作用对膳食纤维得率的影响达极显著水平；混合酶添加量(X_1)与酶解时间(X_2)、碱添加量(X_3)与碱解时间(X_4)的交互作用对得率的影响达显著水平。

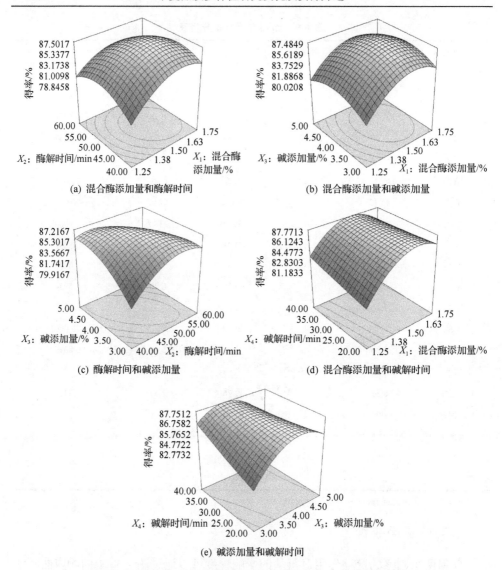

图 6-9　各因素交互作用对膳食纤维得率影响的响应面和等高线图

(三)提取工艺条件优化

采用软件中 Optimization 的 Numerical 功能，进行参数最优化分析，得最优理论工艺条件为，混合酶添加量 1.65%，混合酶解时间 47.01min，碱添加量 4.32%，碱解时间 38.16min，在此条件下麦麸膳食纤维的理论得率为 87.8576%。为了检验试验结果的可靠性，根据以上试验结果进行验证试验，考虑到可操作性，将提取工艺参数修正为混合酶添加量 1.5%，混合酶解时间 45min，碱添加量 4%，碱解时间 35min，在此条件下进行 3 次平行试验，实际的平均得率值(87.84%)与理论预测值的相对误差较小(约为 0.02%)。因此，该数学模型对优化酶-化学法提取麦麸膳食纤维的工艺是可行的。

四、结论

本试验采用酶-化学法提取小麦麸皮膳食纤维，在单因素试验的基础上采用了 CCD 中心组合设计方法设计响应面试验，建立数学模型，得到较优提取工艺。结合响应面分析数据并进行试验验证，得到最佳提取工艺条件为混合酶添加量 1.5%，混合酶酶解时间 45min，碱添加量 4%，碱解时间 35min，此条件下麸皮膳食纤维得率可达到 87.84%。并得到膳食纤维得率与各因素变量的二次方程模型，该模型回归极显著，对试验拟合较好，有一定应用价值。

第三节　麦麸膳食纤维对小麦粉糊化及凝胶质构特性的影响

迄今，有关膳食纤维对面团流变学特性及面食制品品质影响方面的研究较多，但结论不一，原因可能是膳食纤维的来源、特性或试验材料、试验方法不同所致。陶颜娟等[26]和 Sudha 等[27]研究认为，膳食纤维可增加面团吸水率、形成时间和面团拉伸比，降低面团延展性；Peressini 和 Sensidoni[28]则认为，膳食纤维可延长和面时间和稳定时间，降低吸水率；张华等[29]研究表明，随膳食纤维添加量的增加，面团稳定时间呈先上升后下降趋势；豆康宁等[30]研究认为，不同溶解性的膳食纤维对面团流变学特性的影响不同，不溶性小麦膳食纤维对面团面筋具有恶化作用，而可溶性小麦膳食纤维对面团面筋具有改良作用。陈建省等[10]研究表明，麦麸纤维能降低面团的峰值高度、8min 尾高、峰值面积，增加峰值时间和 8min 带宽；而 Bonnand 等[31]认为，膳食纤维可降低峰值时间，增加峰值宽度。Yadav 等[32]表明，添加麦麸会降低面包的黏附性、咀嚼性和感官评分；Garófalo 等[33]认为添加膳食纤维能显著增加面包体积。

淀粉是小麦的主要组成成分，占小麦籽粒的 60%～70%，是人类膳食重要的能量来源。糊化特性是淀粉品质的重要指标，且对馒头、面条等面制品的品质具有重要影响[34]。目前，关于膳食纤维对淀粉糊化特性的影响已有相关报道，但有关糊化凝胶质构方面的研究较少。河南科技学院小麦中心以 2 种不同筋力的小麦粉为材料，分析研究麦麸膳食纤维添加量对小麦粉糊化特性及凝胶质构特性的影响，并通过场发射扫描电子显微镜进一步观察膳食纤维面团及糊化凝胶的内部微观结构，以期探讨膳食纤维对小麦粉糊化和凝胶质构的影响机制，为小麦制品的品质改良及麦麸膳食纤维在食品中的应用提供参考。

一、研究方法概述

(一)材料与仪器

麦麸膳食纤维:实验室自提;不同筋力的小麦粉 A(强筋)、B(弱筋)由河南科技学院小麦中心提供,参试面粉品质特性见表 6-10。

表 6-10　参试材料的品质特性

小麦粉	白度	粗蛋白/%	总淀粉/%	湿面筋/%	面筋指数/%	吸水率/(mL/100g)	形成时间/min	稳定时间/min	粉质质量指数
A	69.5	12.4	69.7	36.6	81.3	64.7	10.0	11.0	165
B	78.8	9.0	73.5	25.3	38.9	51.3	1.8	1.5	23

RVA4500 快速黏度分析仪:瑞典 Perten 公司;TMS-PRO 质构仪:美国 FTC 公司;ALPHA1-4LSC 冷冻干燥机:德国 Christ 公司;SU8010 场发射扫描电子显微镜:日本日立公司;BS223S 电子分析天平:北京赛多利斯仪器系统有限公司。

(二)试验方法

1. 麦麸膳食纤维制备

利用酶-化学法从麦麸中提取膳食纤维,具体方法参照姜小苓等[35]。最终制品膳食纤维含量为 85.0%(不溶性膳食纤维 80.35%,可溶性膳食纤维 4.65%),经干燥粉碎后,过 100 目筛,4℃冷藏备用。

2. 麦麸膳食纤维的添加

将麦麸膳食纤维分别按照 2.5%、5.0%、7.5%、10.0%、12.5%和 15.0%的比例(*m/m*)加入小麦粉 A 和 B,制成配粉。

3. 糊化特性测定

利用 RVA4500 快速黏度分析仪,测定小麦粉及配粉的糊化特性,方法参照 AACC76—21。

4. 凝胶质构特性测定

将上述方法中糊化后的凝胶样品在铝筒内趁热摇匀至表面平整,在 4℃下放置 48h。利用质构仪对凝胶进行物性测试,采用 75mm 圆盘挤压探头进行 TPA 压缩模式测试。测前速度 50mm/min,测试速度 30mm/min,测后速度 50mm/min,起始力 0.8N,形变量 30%,保持时间 1s,最终获得硬度、黏附性、弹性等参数,每个试验重复 3 次。

TPA(texture profile analysis)凝胶质构测试通过模拟人口腔的咀嚼运动,对样品连续压缩两次,获得相应的质构测试曲线,进而从中分析凝胶的硬度(hardness)、黏附性(adhesiveness)、胶黏性(gumminess)、内聚性(cohesiveness)和弹性(springiness)等参数。其中,硬度是指样品压缩到一定形变程度所需的力,是衡量制品品质的一个重要指标,硬度值越小,表明制品越柔软,适口性越好。弹性是指形变样品去除挤压力后恢复原条件下的高度,值越大,制品的内部结构越好,弹性越好;黏附性是指克服制品表面同其他物质表面接触之间的吸引力所需的能量,值越高,表示制品黏度越高。咀嚼度为硬度、弹性和黏附性的乘积,表示咀嚼样品需要的能量。

5. 扫描电镜观察

方法参照刘国琴等[36],略有改动:将参试面粉和配粉分别按 5g∶2.4mL 比例加水,和面 5min,制成面团。将面团和糊化凝胶在–20℃条件下预冻 10h,用保鲜膜包裹置于冷冻干燥机,冷冻干燥 48h。将冻干的样品切成 1cm×1cm×0.5cm 的方块,喷金固定于载物台上,利用场发射扫描电子显微镜观察面团及凝胶体系的微观结构。

(三)统计分析

利用 DPS7.05 和 Excel 2010 进行试验数据的统计分析。

二、麦麸膳食纤维对小麦粉糊化特性的影响

由图 6-10 可知,两种不同筋力小麦粉添加麦麸膳食纤维后,峰值黏度、低谷黏度、稀懈值、最终黏度和回生值等特征糊化参数随添加量的增加均呈逐渐下降趋势。进一步分析发现,淀粉糊化特征参数(除糊化时间和糊化温度外)在不同添加量间均存在显著差异($P<0.05$)。两种筋力小麦粉各黏度参数的下降幅度基本相同,但小麦粉 A 的黏度参数多数高于小麦粉 B(除回生值和糊化温度外)。添加 15%的麦麸膳食纤维后,小麦粉 A 的峰值黏度、低谷黏度、稀懈值、最终黏度和回生值分别下降了 1145cP、857cP、288cP、1462cP 和 605cP,与原小麦粉相应参数对比下降了 27.7%、31.7%、20.1%、33.6%和 36.7%;添加 15%的麦麸膳食纤维后,小麦粉 B 的峰值黏度、低谷黏度、稀懈值、最终黏度和回生值分别下降了 1096cP、585cP、511cP、1355.5cP 和 770cP,下降幅度相当于原小麦粉相应参数的 30.4%、27.1%、35.4%、31.5%和 36.0%。

添加膳食纤维后,小麦粉的糊化特征参数降低的原因可能是:添加膳食纤维使糊化体系中淀粉的相对含量减少,浓度降低,进而导致糊化参数的下降;另外,膳食纤维的吸水能力远高于小麦粉中的淀粉和蛋白质,减少了糊化体系中可利用水的转运,进而阻碍了淀粉颗粒吸水糊化,同时也会不同程度地增大糊化体系中

淀粉/水的比例[37,38]。因此，糊化参数的变化主要取决于这两个方面的共同作用。从本试验的结果来看，膳食纤维对糊化体系淀粉浓度的稀释作用可能要大于由其吸水能力导致的淀粉/水比例的升高作用。

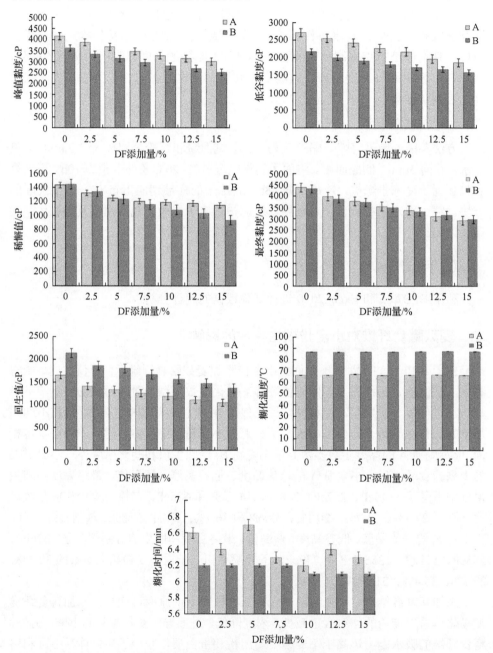

图 6-10　麦麸膳食纤维添加量对小麦粉糊化特性的影响

　　两种小麦粉添加膳食纤维后，糊化时间的变化趋势没有规律性，小麦粉 A 糊化时间的变化幅度大于小麦粉 B；而小麦粉 B 的糊化时间基本没有变化。另外，两种筋力小麦粉的糊化温度受膳食纤维的影响也较小，且小麦粉 A 的糊化温度低于小麦粉 B。说明糊化时间和糊化温度基本不受膳食纤维的影响。

三、麦麸膳食纤维对糊化凝胶质构特性的影响

　　糊化淀粉冷却后，会形成具有一定弹性和强度的半透明凝胶，凝胶的质构特性对最终食品的品质具有重要影响，它可以间接反映出小麦制品的品质，如形态、质构、口感、货架期等[39,40]。由表 6-11 可知，小麦粉 A 凝胶的硬度、黏附性、弹性、胶黏性等指标均低于小麦粉 B，说明淀粉凝胶的质构特性与品种特性有关。另外，小麦粉 A 糊化的峰值黏度高于小麦粉 B（图 6-10），这与峰值黏度与凝胶硬度呈极显著负相关的结论一致[40]。添加麦麸膳食纤维后，两种小麦粉凝胶的质构参数变化趋势基本一致，均呈现下降趋势。其中，两种凝胶的硬度和黏附性均随膳食纤维添加量的增加逐渐降低，凝胶 B 下降幅度较凝胶 A 大；内聚性、弹性和胶黏性下降幅度随膳食纤维添加量增加没有一致的规律性，总体呈下降趋势；除凝胶 A 的胶黏性在不同添加量间差异不显著外（$P>0.05$），其他所有质构参数在部分添加量间均存在显著差异，其中添加 15%膳食纤维均显著低于未添加膳食纤维的凝胶。进一步分析发现，加入膳食纤维后，凝胶的咀嚼度随之降低，且随添加量的增加，呈逐步下降趋势。

表 6-11　麦麸膳食纤维添加量对糊化凝胶质构特性的影响

	DF 添加量/%	硬度/N	黏附性/mJ	内聚性	弹性/mm	胶黏性/N	咀嚼度
A	0	4.27±0.16a	0.25±0.02a	0.84±0.01a	4.14±0.31a	3.51±0.26a	4.41±0.09a
	2.5	4.20±0.16a	0.18±0.01b	0.82±0.00a	3.93±0.01a	3.40±0.08a	3.02±0.09b
	5	3.93±0.54a	0.11±0.00c	0.82±0.01a	3.98±0.40a	3.13±0.62a	1.71±0.45c
	7.5	3.63±0.50ab	0.07±0.01d	0.80±0.00b	3.98±0.07a	3.39±0.16a	1.02±0.22d
	10	3.06±0.04bc	0.05±0.00de	0.77±0.01c	3.71±0.08ab	2.99±0.13a	0.53±0.01e
	12.5	2.71±0.28cd	0.03±0.00e	0.73±0.01d	3.45±0.00b	2.90±0.08a	0.30±0.05ef
	15	2.05±0.08d	0.01±0.00f	0.72±0.01d	3.40±0.01b	2.89±0.13a	0.05±0.00f
B	0	5.00±0.02a	0.40±0.00a	0.81±0.00a	4.46±0.06a	3.89±0.15a	9.02±0.18a
	2.5	4.73±0.24ab	0.29±0.00b	0.76±0.01b	4.11±0.30ab	3.42±0.42ab	5.66±0.71b
	5	4.40±0.32bc	0.17±0.03c	0.73±0.02cd	3.72±0.18ab	2.98±0.16bc	2.86±0.57c
	7.5	4.08±0.00c	0.13±0.05cd	0.74±0.02bc	3.80±1.19ab	2.47±0.68c	1.85±0.20d
	10	3.57±0.11d	0.11±0.02cd	0.71±0.01d	3.13±0.20b	2.25±0.30c	1.20±0.20de
	12.5	2.80±0.27e	0.08±0.01d	0.71±0.01d	3.35±0.04ab	2.53±0.13c	0.75±0.11e
	15	2.11±0.12f	0.05±0.06d	0.71±0.01d	3.01±0.11b	2.18±0.11c	0.37±0.45e

注：同列同筋力小麦粉不同小写字母表示差异显著（$P<0.05$），相同字母表示差异不显著

糊化凝胶是一种非均匀相的混合体系，主要由淀粉分子间相互作用及蛋白质的网络结构聚集而成的致密有序的超分子聚集体[39]，其质构特性与淀粉组成和含量、蛋白质含量及分子结构有关[40,41]。膳食纤维导致两种小麦粉糊化凝胶质构参数值减小的原因可能是：膳食纤维的加入减少了体系中蛋白质和可糊化淀粉的比例，削弱了它们之间的交联作用，影响了蛋白质网络结构的形成；此外，膳食纤维较强的吸水性[29]也使淀粉、蛋白质分子与水分子的结合减少，并且膳食纤维分子侧链上的羧基、羟基等活性基团也会与其发生相互作用，进而降低其交联程度，使糊化凝胶的硬度降低[26]。另外，膳食纤维的糊化曲线近似是一条黏度为零的直线，冷却后也不会凝聚，说明膳食纤维不会发生糊化，只是对糊化体系中淀粉和蛋白质的浓度及淀粉、蛋白质分子间的交联产生影响[41]。

四、DF 对小麦粉面团及凝胶内部结构的影响

通过观察面团的显微结构，小麦粉 B 及其配粉面团和凝胶的显微结果与小麦粉 A 类似，所以此处只列出小麦粉 A 的结果，结果见图 6-11 和图 6-12。观察发现未添加膳食纤维的面团中单位体积的淀粉颗粒较多，颗粒间空隙较大，且多数游离在面筋蛋白网络结构之外；添加 15%膳食纤维后，面团体系中淀粉颗粒的总浓度降低，多数淀粉颗粒被紧密包裹、镶嵌在面筋蛋白质网络结构中，只有少数淀粉颗粒游离在面筋蛋白的网络结构外，并且淀粉颗粒间的孔隙减小，说明膳食纤维可增加面团结构的紧致性。糊化过程中淀粉颗粒吸水膨胀进而破裂并与面筋蛋白形成复合物，经过冷藏放置后，淀粉分子发生重排，组成结构致密的聚集体。未添加膳食纤维的糊化凝胶结构致密、均匀，添加 15%膳食纤维后，形成的网络结构出现断裂，未发生糊化的膳食纤维清晰可见，说明未糊化的膳食纤维会影响凝胶结构的形成，降低其致密性和均匀性，这与添加膳食纤维导致糊化凝胶质构参数降低的结果一致。

 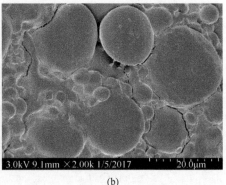

(a)　　　　　　　　　　　　　　(b)

图 6-11　小麦粉 A 及其配粉面团的显微结构

(a)未添加膳食纤维；(b)添加 15%膳食纤维，图 6-12 同

图 6-12　小麦粉 A 及其配粉凝胶的显微结构

五、结论

添加膳食纤维会显著降低小麦粉的峰值黏度、低谷黏度、稀懈值、最终黏度和回生值等糊化特征参数，但对糊化时间和糊化温度的影响不显著；并且还会显著降低糊化凝胶的硬度、黏附性和咀嚼度等凝胶质构参数；不同筋力小麦粉的糊化和凝胶质构参数随膳食纤维添加量增加的变化规律基本一致；膳食纤维会改变小麦面团和糊化凝胶的结构。

参 考 文 献

[1] 韩俊俊, 邓瑾, 刘长虹. 碱法提取石磨小麦麸皮可溶性膳食纤维工艺研究及其在馒头中的应用[J]. 粮食加工, 2015, 40(6): 27-29

[2] 刘成梅, 李资玲, 梁瑞红, 等. 膳食纤维的国内外研究现状与发展趋势[J]. 粮食与食品工业, 2003, (4): 25-27

[3] Eshak E S, Iso H, Date C, et al. Dietary fiber intake is associated with reduced risk of mortality from cardiovascular disease among Japanese men and women [J]. The Journal of Nutrition, 2010, 140(8): 1445-1453

[4] 王金亭, 李伟. 玉米麸皮膳食纤维的研究与应用现状[J]. 粮食与油脂, 2016, 20(10): 12-17

[5] 包怡红, 冯雁波. 响应面试验优化红松松仁膳食纤维制备工艺及其理化性质分析[J]. 食品科学, 2016, 37(14): 11-17

[6] 周玉瑾, 李梦琴, 李超然, 等. 麦麸水溶性膳食纤维和水不溶性膳食纤维对面条性状指标的影响及其扫描电镜的观察[J]. 食品与发酵工业, 2015, 41(6): 128-133

[7] Shewry P R, Saulnier L, Kurt G, et al. Genomics of Plant Genetic Resources. Chapter 19: Optimising the content and composition of dietary fibre in wheat grain for end-use quality [M]. Berlin: Springer, 2014: 455-466

[8] 郭祯祥, 李利民, 温纪平. 小麦麸皮的开发与利用[J]. 粮食与饲料工业, 2003, (6): 43-45

[9] 孙颖, 朱科学, 钱海峰, 等. 小麦麸膳食纤维脱色工艺的研究[J]. 食品工业科技, 2008, 29(6): 242-244, 247

[10] 陈建省, 崔金龙, 邓志英, 等. 麦麸添加量和粒度对面团揉混特性的影响[J]. 中国农业科学, 2011, 44(14): 2990-2998

[11] Rosell C M, Rojas J A, Benedito B. Influence of hydrocolloids on dough rheology and bread quality [J]. Food Hydrocolloids, 2001, 15(1): 75-81

[12] Teng Y, Liu C, Bai J, et al. Mixing, tensile and pasting properties of wheat flour mixed with raw and enzyme treated rice bran [J]. Journal of Food Science and Technology-Mysore, 2015, 52(5): 3014-3021

[13] Steer T, Thane C, Stephen A, et al. Bread in the diet: consumption and contribution to nutrient intakes of British adults [J]. Proceedings of the Nutrition Society, 2008, 67: E363

[14] Sands D C, Morris C E, Dratz E A, et al. Elevating optimal human nutrition to a central goal of plant breeding and production of plant-based foods[J]. Plant Science, 2009, 177: 377-389

[15] 范华. 小麦膳食纤维功能应用及生产技术[J]. 粮食问题研究, 2014, (2): 45-48

[16] 梁恒. 小麦戊聚糖含量的 QTL 定位及迟熟 α-淀粉酶鉴定[D]. 四川农业大学硕士学位论文, 2011

[17] 胡晓平, 王成忠. 双酶法提取小麦麸皮膳食纤维及应用研究[J]. 粮食加工, 2012, 37(4): 20-23

[18] 吴文睿, 汤有宏, 李兰. 小麦麸皮不溶性膳食纤维提取工艺研究[J]. 食品工业, 2016, 37(7): 183-185

[19] 邵佩兰, 李雯霞, 徐明. 不同提取方法对麦麸膳食纤维特性的影响[J]. 食品科技, 2003, (11): 98-100

[20] 郑红艳, 范超敏, 钟耕, 等. 小米麸皮膳食纤维提取工艺的研究[J]. 食品工业科技, 2011, (3): 262-269

[21] 王欢, 周益平, 郭明. 当归提取剩余物中提取膳食纤维的工艺研究[J]. 河北化工, 2012, 35(7): 20-22

[22] 陶永霞, 周建中, 武运, 等. 酶碱法提取枣渣可溶性膳食纤维的工艺研究[J]. 食品科学, 2009, 30(20): 118-121

[23] 余勃. 枯草芽孢杆菌发酵豆粕生产大豆活性多肽的研究[D]. 南京农业大学博士学位论文, 2006

[24] 陈燕, 王文平, 邱数毅, 等. 响应面法优化超声波强化提取薏苡仁酯[J]. 食品科学, 2010, 31(8): 46-50

[25] 王明艳, 鲁加峰, 王晓顺, 等. 响应面法优化天冬多糖的提取工艺[J]. 食品科学, 2010, 31(6): 91-95

[26] 陶颜娟, 钱海峰, 朱科学, 等. 麦麸膳食纤维对面团流变学性质的影响[J]. 中国粮油学报, 2008, 6(23): 28-32

[27] Sudha M L, Vetrimani R, Leelavathi K. Influence of fiber from different cereals on the rheological characteristics of wheat flour dough and on biscuit quality [J]. Food Chemistry, 2007, 100: 1365-1370

[28] Peressini D, Sensidoni A. Effect of soluble dietary fibre addition on rheological and breadmaking properties of wheat doughs [J]. Journal of Cereal Science, 2009, 49(2): 190-201

[29] 张华, 张艳艳, 李银丽, 等. 竹笋膳食纤维对冷冻面团流变学特性、水分分布和微观结构的影响[J]. 食品科学, 2016: 12-20

[30] 豆康宁, 张臻, 李素萍. 小麦膳食纤维对面粉流变学特性的影响[J]. 粮食加工, 2014, 39(5): 16-17

[31] Bonnand-Ducasse M, Della Valle G, Lefebvre J, et al. Effect of wheat dietary fibres on bread dough development and rheological properties [J]. Journal of Cereal Science, 2010, 52(2): 200-206

[32] Yadav D N, Rajan A, Sharma G K, et al. Effect of fiber incorporation on rheological and chapatti making quality of wheat flour [J]. Journal of Food Science and Technology-mysore, 2010, 47(2): 166-173

[33] Garófalo L, Vazquez D, Ferreira F, et al. Wheat flour non-starch polysaccharides and their effect on dough rheological properties [J]. Industrial Crops and Products, 2011, 34(2): 1327-1331

[34] 罗舜菁, 李燕, 杨榕, 等. 氨基酸对大米淀粉糊化和流变性质的影响[J]. 食品科学, 2017, 15(38): 178-182

[35] 姜小苓, 李小军, 李淦, 等. 响应面法优化麦麸膳食纤维提取条件[J]. 食品工业科技, 2017, 38(6): 158-162

[36] 刘国琴, 柳小军, 李琳, 等. 冻藏时间对小麦湿面筋蛋白结构和热性能的影响[J]. 河南工业大学学报(自然科学版), 2011, 32(5): 1-5

[37] 姜小苓, 李小军, 冯素伟, 等. 蛋白质和淀粉对面团流变学特性和淀粉糊化特性的影响[J]. 食品科学, 2014, 35(1): 44-49

[38] 陈建省, 邓志英, 吴澎, 等. 添加面筋蛋白对小麦淀粉糊化特性的影响[J]. 中国农业科学, 2010, 43(2): 388-395

[39] 刘佳, 陈玲, 李琳, 等. 小麦 A、B 淀粉凝胶质构特性与分子结构的关系[J]. 高校化学工程学报, 2011, 25(6): 1033-1038

[40] 梁灵, 魏益民, 张国权, 等. 小麦淀粉凝胶质构特性研究[J]. 中国食品学报, 2004, 4(3): 33-38

[41] 付蕾, 田纪春. 抗性淀粉对小麦粉凝胶质构特性的影响[J]. 中国粮油学报, 2012, 27(9): 40-48

第七章　BNS 型杂交小麦品质研究

随着世界人口持续增长及耕地面积不断减少，粮食安全问题显得尤为重要。小麦是我国的主要粮食作物，提高单产是当前小麦育种的首要目标。杂交水稻的成功创育及大面积的推广利用，促使我们把小麦育种突破的希望寄托在杂种优势利用即杂交小麦上。同时，随着农业生产的发展、人民生活水平的提高及优质小麦需求的增加，小麦品质日益引起人们的关注，小麦品质改良也已成为小麦育种学家的一个重要育种目标。

迄今为止，国内外学者对常规小麦品质做了大量研究，得出了许多有指导意义的结论，但有关杂交小麦品质方面的研究甚少。BNS(Bainong sterility，百农不育系)是河南科技学院茹振钢教授发现并选育的新型小麦温(光)敏雄性不育系，经多年培育和改良，在我国的黄淮小麦主产地区表现出不育性好、转换容易、有特定恢复性的优良特性，且抗低温能力强，早熟，丰产性好，是一个非常有利用价值的可用于杂交小麦的不育系材料，实现了我国黄淮麦区杂交小麦研究的新突破。目前已利用该不育系培育出杂交小麦新品系 5 个，大田生产均表现出高产稳产的优良特性。

第一节　BNS 型杂交小麦磨粉各出粉点面粉的品质特性

不同面制品因加工工艺和产品质量等方面的差异，对小麦粉性能和质量的要求各不相同。小麦粉的性能和质量主要取决于小麦籽粒品质和制粉方法[1]，这就对制粉工艺提出了更高的要求。小麦制粉是将清理干净的籽粒，经破碎后，尽可能地刮取麸皮上的胚乳，分离出混在面粉中的细小麸皮，将胚乳研磨到一定的粗细度，并按照不同的质量要求，搭配成多种不同质量等级的面粉[2]。面粉生产的粉路一般分为皮磨、心磨、渣磨、尾磨系统，不同系统面粉的蛋白质含量、面团流变学特性、淀粉特性等均存在差异[3-7]。马冬云等[8]研究表明，在皮磨粉和心磨粉中蛋白质含量、吸水率和多酚氧化酶(PPO)活性分别随出粉点后移而增大，三道心磨粉的小麦粉色泽 a^* 值和 b^* 值随出粉点后移均呈升高趋势，而小麦粉亮度 L^* 值、面团稳定时间、直链淀粉含量、峰值黏度、稀懈值和反弹值随出粉点后移有下降趋势；李巍[9]也得出了相似的结论。罗勤贵等[10]的研究表明心磨系统、渣磨系统和重筛系统小麦粉糊化温度相对较低，起始糊化时间短，峰值黏度高，蛋白质含量适中；不同粉路中小麦粉的水分、蛋白质、起始糊化时间和糊化温度变化不大。河南科技学院小麦中心以 BNS 型低温敏感雄性不育系衍生的杂交种为材料，研究了不同出粉点面粉的干面筋和湿面筋含量、面团流变学特性及淀粉糊化特性等方面的差异，以期为完善小麦磨粉工艺、调配生产多种满足面制食品加工需要的面粉原料及杂交小麦的进一步推广应用提供理论依据。

一、研究方法概述

（一）试验材料

试验材料为 BNS 低温敏感雄性不育系衍生的两个杂交小麦（百杂 1 号和百杂 2 号）和常规小麦品种百农矮抗 58，由河南科技学院小麦中心提供。

（二）试验方法

1. 磨粉

每个参试材料取籽粒 2kg，根据籽粒水分含量和硬度（3 个参试材料的籽粒硬度指数均大于 60）调整润麦加水量，把样品的水分都调整至 16%，润麦 12h。利用实验磨粉机（LRMM8040-3-D，江苏无锡锡粮机械制造有限公司）磨粉，分为皮磨和心磨，每个磨粉系统有 3 个磨辊，根据出粉点及碾磨次数分为皮磨（B）、1 心（1M）、2 心（2M）和 3 心（3M）。

2. 面粉水分测定

依据 GB5009.3—1985 方法测定面粉水分含量。

3. 品质指标测定

利用微型粉质仪（micro-dough LAB，澳大利亚 NEWPORT 公司）测定面团的吸水率、形成时间和稳定时间等粉质参数。参照 GB/T5506.1—2008 测定湿面筋含量，参照 GB/T5506.3—2008 测定干面筋含量。利用快速黏度分析仪（RVA 4500，瑞典 Perten 公司），参照 AACC76—21 方法测定淀粉糊化特性。利用数显白度仪（SBDY-1，上海悦丰仪器仪表有限公司）测定面粉白度。利用损伤淀粉测定仪（SD matic，法国肖邦公司）测定损伤淀粉含量。参照 GB/T5505—2008 方法测定面粉的灰分含量。利用全自动凯氏定氮仪（UDK159，意大利 VELP 公司）测定面粉的含氮量。

（三）数据分析

各品质指标均是 3 次重复的平均值，利用 DPS7.05 软件进行差异显著性检验。

二、不同出粉点面粉的灰分含量、破损淀粉含量及白度

由表 7-1 可见，供试材料不同出粉点面粉的灰分含量、破损淀粉含量及白度

之间的差异均达到极显著水平（$P<0.01$），并且杂交小麦和常规小麦均表现同样的变化趋势。皮磨粉的灰分含量高于 1M 粉，低于 2M 粉和 3M 粉；心磨粉中，随着碾磨次数的增加，灰分含量逐渐增加，说明小麦籽粒中越靠近皮层的部分，灰分含量越高。皮磨粉的破损淀粉含量显著低于心磨粉（$P<0.01$），并且心磨粉中随着碾磨次数的增加，破损淀粉含量显著增加，说明碾磨次数越多，对淀粉粒的破坏程度越大。不同出粉点面粉白度之间比较，杂交小麦跟常规小麦表现出同样的规律，皮磨粉的白度显著低于 1M 粉，但显著高于 2M 和 3M 粉（$P<0.01$）；心磨粉中，随着出粉点的后移，面粉的白度逐渐降低，说明越接近小麦籽粒皮层的部分白度越低，这与灰分含量的变化规律相反。

表 7-1　不同出粉点面粉的灰分含量、破损淀粉含量及白度

材料	出粉点	灰分/%	破损淀粉/%	粗蛋白/%	白度	湿面筋/%	干面筋/%
百农矮抗 58	B	0.73cC	5.17dD	10.26cC	67.1bB	37.87aA	12.59aA
	1M	0.58dD	6.49cC	10.42cC	70.83aA	30.27bB	9.99bB
	2M	1.97bB	8.36bB	11.92bB	66.5cB	29.84bB	9.42cB
	3M	3.45aA	8.63aA	16.19aA	58.07dC	25.19cC	7.59dC
百杂 1 号	B	0.83cC	5.18dD	10.22cC	67.43bB	47.69aA	15.24aA
	1M	0.63dD	6.92cC	10.35cC	73.93aA	35.87bB	11.18bB
	2M	1.25bB	7.40bB	12.16bB	63.3cC	34.88bB	10.63bB
	3M	1.90aA	8.84aA	17.04aA	51.27dD	24.66cC	7.36cC
百杂 2 号	B	0.92cC	5.08dD	10.31cC	64.6bB	65.21aA	19.44aA
	1M	0.67dD	6.76cC	10.38cC	69.93aA	49.64bB	14.21bB
	2M	2.39bB	8.45bB	15.28bB	58.8cC	43.57cC	12.74bB
	3M	3.90aA	8.88aA	19.17aA	47.20dD	29.54dD	9.22cC

注：每列小写字母不同者表示差异达显著水平（$P<0.05$）；每列大写字母不同者表示差异达极显著水平（$P<0.01$）。下同

三、不同出粉点面粉的粗蛋白和干、湿面筋含量

由表 7-1 可知，供试材料不同出粉点的粗蛋白含量间存在显著差异，均表现为皮磨粉略低于 1M 粉，但差异不显著（$P>0.05$）；心磨粉随着出粉点后移，粗蛋白含量逐渐增加，且差异性达到极显著水平（$P<0.01$），说明越接近皮层部分，粗蛋白含量越高。

杂交小麦不同出粉点干、湿面筋含量的变化规律与常规小麦基本一致，均随着出粉点的后移，面筋含量逐渐减少。其中，皮磨粉的干、湿面筋含量均极显著高于心磨粉（$P<0.01$）；心磨粉中，随着碾磨次数的增加，干、湿面筋含量逐渐降低，说明越接近小麦籽粒胚乳中心部分，谷蛋白和醇溶蛋白的含量越高。不同材料间比较，百杂 2 号各出粉点的干、湿面筋含量均最高，百杂 1 号各出粉点的干、

湿面筋含量也均高于百农矮抗 58。

四、不同出粉点面粉的粉质特性

由表 7-2 可看出，杂交小麦各出粉点面团粉质特性变化规律与常规小麦基本一致。3 个供试材料中，皮磨粉的面粉吸水率均极显著低于心磨粉（$P<0.01$）；心磨粉中，随着碾磨次数的增加，面粉吸水率也逐渐升高，并且差异均达到极显著水平（$P<0.01$），这与不同出粉点蛋白质和破损淀粉含量的变化规律一致。不同出粉点面团形成时间的变化规律大体为随着出粉点后移，心磨粉的面团形成时间逐渐增加，部分差异达到了极显著水平（$P<0.01$），说明越接近小麦籽粒皮层部分形成面筋网络结构的醇溶蛋白和谷蛋白越少，越不容易形成面团；其中常规小麦品种百农矮抗 58 和百杂 1 号皮磨粉的面团形成时间显著大于 1M 粉，但显著小于3M 粉；百杂 2 号皮磨粉的面团形成时间仅大于 1M，但小于 2M 粉和 3M 粉。杂交小麦和常规小麦面团稳定时间在各出粉点的变化规律一致，皮磨粉的面团稳定时间最高，显著高于心磨粉（$P<0.05$）；心磨粉中，随着碾磨次数的增加，面团稳定时间逐渐减小，这与不同出粉点面筋含量变化趋势一致。3 个供试材料不同出粉点面团弱化度的变化趋势一致，皮磨粉面团的弱化度最低，心磨粉中，随着出粉点的后移，面团弱化度逐渐升高。总体来说，皮磨粉的面团粉质特性相对较好，心磨粉随着碾磨次数的增加，粉质特性越来越差。

表 7-2　不同出粉点面粉的粉质特性

材料	出粉点	吸水率/%	形成时间/min	稳定时间/min	弱化度/FU
矮抗 58	B	59.13dD	2.70bB	3.67aA	50.00dC
	1M	60.60cC	1.80cC	2.33bB	86.67cB
	2M	65.07bB	1.77cC	2.07bcBC	100.00bB
	3M	73.53aA	3.83aA	1.73cC	116.67aA
百杂 1 号	B	62.30dD	2.73bB	2.90aA	63.33cC
	1M	63.60cC	2.20cC	2.43aAB	81.67cC
	2M	71.47bB	2.63bBC	1.80bBC	118.3bB
	3M	80.90aA	3.87aA	1.47bC	161.57aA
百杂 2 号	B	64.70dD	1.87bcAB	1.33aA	95.00bA
	1M	66.30cC	1.53cB	1.17abAB	110.00abA
	2M	76.50bB	2.07abAB	1.07bB	123.27abA
	3M	83.00aA	2.30aA	1.01bB	139.93aA

五、不同出粉点面粉的淀粉糊化特性

由表 7-3 可见，供试材料不同出粉点面粉的淀粉糊化特性间存在差异，部分差异达到极显著水平($P<0.01$)，杂交小麦和常规小麦的总体趋势一致，但个别性状间略有差异。常规小麦品种百农矮抗58皮磨粉的峰值黏度和低谷黏度最高，均极显著高于心磨粉($P<0.01$)，并随着碾磨次数的增加，心磨粉的峰值黏度显著降低；两个杂交小麦不同出粉点峰值黏度和低谷黏度的变化规律与常规小麦略有不同，皮磨粉的峰值黏度和低谷黏度均显著低于1M粉($P<0.01$)，但又显著高于2M粉和3M粉($P<0.01$)。3个供试材料在不同出粉点淀粉糊化的稀懈值、最终黏度和回生值的变化趋势与峰值黏度和低谷黏度一致，也是随着碾磨次数的增加，逐渐降低。百农矮抗58皮磨粉的糊化时间晚于心磨粉，随着出粉点的后移，心磨粉的糊化时间极显著降低($P<0.01$)；两个杂交小麦的1M粉的糊化时间最高，皮磨粉次之，3M粉最低。3个供试材料不同出粉点淀粉的糊化温度变化的大体趋势均为随着出粉点的后移，糊化温度升高，但差异不显著($P>0.05$)。

表 7-3　不同出粉点面粉的淀粉糊化特性

材料	出粉点	峰值黏度/cP	低谷黏度/cP	稀懈值/cP	最终黏度/cP
矮抗58	B	1177.67aA	872.67aA	305.00aA	1720.00aA
	1M	1140.33bB	847.33bB	293.00bA	1692.33bA
	2M	923.67cC	691.00cC	232.67cB	1374.33cB
	3M	424.67dD	381.33dD	43.33dC	737.00dC
百杂1号	B	747.67bB	355.33bB	392.33aA	761.33bB
	1M	806.00aA	413.33aA	392.67aA	892.00aA
	2M	522.33cC	218.00cC	304.33bB	453.33cC
	3M	256.33cC	173.33dD	83.00cC	359.67dD
百杂2号	B	886.00bB	722.33aA	163.67bA	1445.33aA
	1M	903.67aA	728.33aA	175.33aA	1459.00aA
	2M	465.00cC	356.33bB	108.67cB	663.33bB
	3M	236.00dD	192.00cC	44.00dC	327.33cC

材料	出粉点	回生值/cP	糊化时间/min	糊化温度/℃
矮抗58	B	847.33aA	5.91aA	89.05aA
	1M	845.00aA	5.84aA	88.57aA
	2M	683.33bB	5.67bB	89.10aA
	3M	355.67cC	5.35cC	89.40aA
百杂1号	B	406.00bB	5.07bB	86.12bB
	1M	478.67aA	5.20aA	86.35bB
	2M	235.33cC	4.95cC	86.72bB
	3M	186.33dD	4.38dD	87.63aA
百杂2号	B	723.00aA	5.73aA	89.67aA
	1M	730.67aA	5.82aA	89.63aA
	2M	307.00bB	5.33bB	90.10aA
	3M	135.33cC	5.33bB	90.72aA

六、讨论与结论

本研究表明，不同出粉点的灰分含量、破损淀粉含量的差异均达到极显著水平($P<0.01$)，并且皮磨粉低于心磨粉，心磨粉中随着出粉点后移逐渐增加，这与昝香存和王步军[11]的研究结果一致，原因是在制粉过程中，随出粉点后移，高灰分的外层胚乳和糊粉层逐渐被磨到面粉中，所以灰分含量随出粉点后移呈增加趋势。然而，不同出粉点面粉白度的变化趋势正好与之相反，皮磨粉的白度值最高，随出粉点后移，心磨粉的白度值逐渐降低，可能是心粉中较多的麸星、较高的蛋白质含量和 PPO 活性所致[8,12]。

皮磨粉的湿面筋含量远高于心磨粉，1M、2M、3M 的湿面筋含量逐渐降低，说明面筋蛋白只存在于胚乳中，且由内向外逐步升高，糊粉层和麦胚中蛋白质含量虽然很高，但不能形成面筋。心磨粉中随出粉点后移糊粉层比例增大，蛋白质含量呈上升趋势，而湿面筋含量却明显下降，这与昝香存和王步军[7]的研究结果一致。

本研究表明，皮磨粉的吸水率高于心磨粉，且心磨粉随出粉点后移逐渐升高，这与破损淀粉含量的变化趋势是一致的；皮磨粉的面团稳定时间显著高于心磨粉，1M、2M 和 3M 粉也是逐渐降低，但之间的差异不显著($P>0.05$)；3M 粉的面团形成时间最长，皮磨粉次之，心磨粉中，随着研磨道数增加，面团形成时间逐渐增加，说明越接近小麦胚乳中心部分的小麦粉越容易形成面筋网络结构，且面团揉混特性越好。

淀粉糊化是小麦淀粉的主要品质，淀粉糊化特性与小麦粉的加工性能、食品的口感及储藏老化特性等密切相关[13]。本研究表明，常规小麦品种百农矮抗 58 皮磨粉的峰值黏度、低谷黏度、稀懈值、最终黏度和回生值均最高，1M、2M 和 3M 粉逐渐降低；而两个杂交小麦 1M 粉的峰值黏度、低谷黏度、稀懈值、最终黏度和回生值最高，皮磨粉次之，说明百农矮抗 58 皮磨粉的加工性能较好，而两个杂交小麦 1M 粉的加工性能较好。

综上所述，三个供试材料在不同出粉点的面粉品质性状间存在差异，说明各出粉点的加工性能也不同，通过各出粉点的取舍混配可配置多种专用粉。皮磨粉的灰分含量少、白度值高、面筋含量高、稳定时间长、峰值黏度、最终黏度、回生值等均最高，适合生产面包专用粉，1M 粉的加工性能较皮磨粉次之，可用来生产馒头专用粉。杂交小麦不同出粉点品质的变化趋势与常规小麦基本一致。

第二节　添加面筋蛋白对 BNS 型杂交小麦面团粉质特性的影响

小麦面团流变学特性测试已成为当今评价小麦粉及其制品品质的一种必不可少的手段。迄今，研究者对常规小麦面团流变学特性做了大量研究[14-19]，但有关杂交小麦品质特别是蛋白质对面团流变学特性影响方面的研究尚未见报道。鉴于此，河南科技学院小麦中心以不同品质类型的2个常规小麦品种和2个BNS杂交小麦为试验材料，研究了添加面筋蛋白对小麦面团粉质特性的影响，以期为面筋蛋白在食品加工中的应用及杂交小麦品质改良提供理论依据。

一、研究方法概述

(一)材料与仪器

1. 供试材料

2个不同品质类型的常规小麦品种矮抗58(A1)和绵阳33(A2)以及2个BNS杂交小麦百杂1号(B1)和百杂2号(B2)均由河南科技学院小麦中心提供。其中，A1和B1面团筋力相近，较弱；A2和B2面团筋力相近，较强。

2. 仪器

实验磨粉机(LRMM8040-3-D，江苏无锡锡粮机械制造有限公司)，微型粉质仪(micro-dough LAB，瑞典波通仪器公司)，冷冻干燥机(ALPHA1-4LSC，德国CHRIST仪器公司)。

(二)试验方法

1. 磨粉

用实验磨粉机LRMM8040-3-D磨取面粉，出粉率约为65.0%。

2. 面筋蛋白的制备及添加

利用手洗法(参考GB/T5506.1—2008)分别制取各参试材料的湿面筋，然后利用冷冻干燥机得到干面筋；研磨成粉，过250μm筛，按质量比5∶95、10∶90、15∶85分别添加到各自材料中(A1、A2、B1、B2)，制成面筋蛋白添加量为5%、10%、15%的配粉。

3. 面粉水分测定

依据GB5009.3—1985进行。

4. 粉质参数测定

利用微型粉质仪(面粉用量4g，转速63r/min)测定面团的吸水率、形成时间、稳定时间和弱化度。吸水率表示每100g面粉加水揉和后，面团达到标准稠度所需的加水量，与原面粉的水分、蛋白质含量和损伤淀粉含量有关；面团形成时间表示从加水和面到面团达到最大稠度所需的时间；面团稳定时间表示面团的耐搅性和面筋筋力强弱；弱化度表示面团在过度搅拌后面筋变弱程度，弱化度大，面团变软发黏，不易加工且面粉烘焙质量差。

（三）数据分析

各数据均是 3 次重复的平均值，差异性检验利用 DPS 7.05 软件进行分析，并采用 LSD 法进行多重比较。

二、添加面筋蛋白对小麦面团吸水率的影响

由图 7-1 可以看出，随着面筋蛋白添加量的增加，参试材料的面团吸水率均呈增加趋势，但不同材料的变化幅度不同。添加 10%或 15%面筋蛋白后，常规小麦 A1、杂交小麦 B1 和 B2 的吸水率均分别显著高于原面粉（$P<0.05$）；添加 5%面筋蛋白与 15%面筋蛋白的 A1 面团间存在显著差异（$P<0.05$）；添加 10%和 15%面筋蛋白的 B1 面团吸水率均显著高于添加 5%面筋蛋白的面团吸水率；杂交小麦 B2 不同面筋蛋白添加量间差异均达到显著水平（$P<0.05$）；对于常规小麦 A2，添加 5%、10%和 15%面筋蛋白后，吸水率均显著高于原面粉（$P<0.05$），但不同面筋蛋白添加量间差异不显著（$P>0.05$）。添加面筋蛋白后，杂交小麦面团吸水率的总体变化趋势与常规小麦一致。

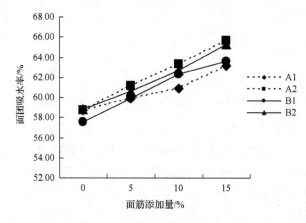

图 7-1　添加面筋蛋白对常规小麦和杂交小麦面团吸水率的影响

三、添加面筋蛋白对小麦面团形成时间的影响

由图 7-2 可以看出，随着面筋蛋白添加量的增加，参试材料的面团形成时间均呈增加趋势，筋力相近材料的变化趋势基本一致，但筋力较强的常规小麦 A2 和杂交小麦 B2 面团形成时间的增加幅度较大。与原面粉相比，添加面筋蛋白对常规小麦 A1 面团形成时间无显著影响，不同面筋蛋白添加量之间也没有显著差异（$P>0.05$）；添加 5%、10%和 15%面筋蛋白均能显著增加常规小麦 A2 面团形成时间（$P<0.05$），但不同面筋蛋白添加量间差异均不显著（$P>0.05$）；添加 15%面

筋蛋白后，杂交小麦 B1 和 B2 面团形成时间均显著长于原面粉($P<0.05$)，其中 B1 各面筋蛋白添加量间的差异均达显著水平($P<0.05$)，B2 添加 15%面筋蛋白的形成时间显著高于添加 10%和 5%($P<0.05$)。添加面筋蛋白后，杂交小麦面团形成时间的总体变化趋势与常规小麦一致。

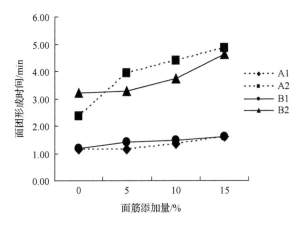

图 7-2　添加面筋蛋白对常规小麦和杂交小麦面团形成时间的影响

四、添加面筋蛋白对小麦面团稳定时间的影响

由图 7-3 可以看出，随着面筋蛋白添加量的增加，参试材料的面团稳定时间均呈增加趋势。与原面粉相比，添加 5%、10%和 15%面筋蛋白均能显著增加参试材料的面团稳定时间($P<0.05$)，且不同面筋蛋白添加量间也均存在显著差异($P<0.05$)。添加面筋蛋白后，筋力相近材料的面团稳定时间变化趋势基本一致，筋力较弱的常规小麦 A1 和杂交小麦 B1 面团稳定时间的增加幅度较小，而筋力较强的常规小麦 A2 和杂交小麦 B2 的增加幅度较大，但杂交小麦面团稳定时间的变化趋势与常规小麦一致。

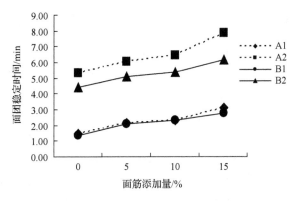

图 7-3　添加面筋蛋白对常规小麦和杂交小麦面团稳定时间的影响

五、添加面筋蛋白对小麦面团弱化度的影响

由图 7-4 可以看出，随着面筋蛋白添加量的增加，参试材料面团弱化度均呈降低趋势。筋力较弱的常规小麦 A1 和杂交小麦 B1 面团弱化度的变化趋势相同；而筋力较强的常规小麦 A2 和杂交小麦 B2 的变化趋势波动较大，相比较而言，常规小麦 A2 面团弱化度的下降幅度更大。与原面粉相比，添加 10% 和 15% 面筋蛋白后，常规小麦 A1 和杂交小麦 B1 面团弱化度均显著低于原面粉（$P<0.05$），但 A1 不同面筋蛋白添加量间差异不显著（$P>0.05$）；B1 添加 15% 面筋蛋白后面团弱化度显著低于添加 5% 面筋蛋白（$P<0.05$）；常规小麦 A2 添加 15% 面筋蛋白后，弱化度显著低于原面粉（$P<0.05$），也显著低于其他面筋蛋白添加量（$P<0.05$）；添加面筋蛋白后，杂交小麦 B2 面团的弱化度变化不明显，且不同面筋蛋白添加量间也不存在显著差异（$P>0.05$）。杂交小麦面团弱化度的总体变化趋势与常规小麦基本一致。

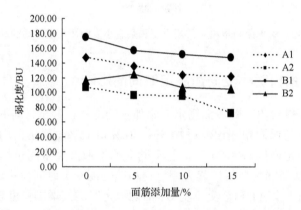

图 7-4　添加面筋蛋白对常规小麦和杂交小麦面团弱化度的影响

六、讨论与结论

面筋蛋白是生产小麦淀粉时的副产物，具有优良的黏弹性、吸水性、延伸性等物理性质，作为一种食品添加剂，在食品加工中具有广阔的应用前景。明确面筋蛋白对杂交小麦面团粉质特性的影响，对指导面筋蛋白在食品加工中的应用及改良小麦品质具有重要意义。面团吸水率、形成时间、稳定时间和弱化度等面团粉质特性是面粉蛋白质和面筋质量的综合表现。成军虎等[20]研究表明，随着面筋蛋白添加量的增加，面团的吸水率、形成时间和稳定时间基本都呈增长趋势，面团的弱化度呈下降趋势。Sissons 等[21]研究表明，提高面粉蛋白质含量可以提高面团的稳定时间。本研究结果表明，常规小麦和杂交小麦面团吸水率、形成时间和

稳定时间均随面筋蛋白添加量的增加而增加，面团弱化度随之逐渐降低，这与前人研究结果基本一致。本研究结果还表明，杂交小麦面团的上述粉质特性变化规律与常规小麦基本一致，面团筋力相近材料具有相似的变化趋势。由此可见，适度添加面筋蛋白可改善杂交小麦粉的面团流变学特性。

第三节　收获期对 BNS 型杂交小麦粉和馒头品质的影响

小麦品质除受品种遗传特性影响外，也易受栽培措施和环境条件的影响[22-24]。目前关于栽培措施和环境条件对小麦品质影响的研究大多集中于施肥[25]、灌水[26-27]、播期和播量[28]及种植环境[29]等方面。事实上，收获期也是影响小麦产量和品质的重要因素[30-31]。小麦籽粒灌浆过程中，胚乳组成成分不断变化，产量和品质逐步形成，收获过早，籽粒灌浆不足；收获过晚，易发生穗发芽。目前关于收获期对小麦品质的影响研究报道较少，王东等[31]认为，随收获时期的延迟，籽粒产量、粗蛋白含量及沉降值升高，蜡熟末期达到最大值，是优质强筋小麦产量和品质协调发展并逐步形成的关键时期，此时期收获，面团稳定时间和断裂时间较长，可以实现优质强筋小麦籽粒产量和品质的统一；过早或过迟收获均会造成产量损失并导致蛋白质含量降低，品质变劣。陶海腾等[30]认为，小麦品质最佳收获期因品种不同而异，通过收获期的选择可在一定程度上提高现有小麦品种的品质。因此，在小麦收获期不仅需关注产量这一重要性状，还应关注小麦品质，从而确定小麦品质最适收获期。

为此，河南科技学院小麦中心以 BNS 型低温敏感雄性不育系衍生的杂交种为材料，研究收获时期对 BNS 型杂交小麦品质的影响，旨在确定适宜的收获时期，为制定 BNS 杂交小麦优质高产高效栽培技术及其进一步推广应用提供理论依据。

一、研究方法概述

（一）试验材料

试验材料为生育进程一致的 3 个 BNS 杂交小麦：百杂 1 号、百杂 2 号和百杂 3 号，由河南科技学院小麦中心提供。

（二）试验设计

试验于 2011～2012 年于河南科技学院乔谢试验基地（河南省新乡市，35°17′12.83″N，113°56′28.10″E）进行。每份材料种植 8 行，行距 25cm，行长 4m，每行播种 80 粒，田间管理同一般大田。分别于 5 月 27 日（蜡熟初期）、5 月 31 日（蜡熟末期）和 6 月 4 日（完熟期）收获，脱粒，晾晒，室温储藏备用。利用实验磨粉机(LRMM8040-3-D,江苏无锡锡粮机械制造有限公司)磨粉,出粉率约65%。

(三)测定项目与方法

1. 面粉水分测定

依据 GB5009.3—1985 标准方法测定面粉水分含量。

2. 品质指标测定

利用粉质仪(820604,德国 Brabender 公司)测定面团的吸水率、形成时间和稳定时间等粉质参数。参照 GB/T5506.1—2008 标准方法测定湿面筋含量,参照 GB/T5506.3—2008 标准方法测定干面筋含量。利用快速黏度分析仪(RVA 4500,瑞典 Perten 公司),参照 AACC76—21 标准方法测定淀粉糊化特性。利用数显白度仪(SBDY-1,上海悦丰仪器仪表有限公司)测定面粉白度。利用全自动凯氏定氮仪(UDK159,意大利 VELP 公司)测定面粉的含氮量。

3. 馒头制作和评分

馒头制作和评分参照 SB/T10139—1993 的附录 A 中标准方法进行。称取 100g 小麦粉,加入含有 1g 干酵母的温水(38℃)约48mL,用玻璃棒或筷子混合成面团后,手工揉 3min,于 38℃恒温箱中醒发 1h,取出再揉 3min 成型。在室温放置 15min,放入已煮沸并垫有纱布的铝蒸锅屉上蒸 20min(冒气起计时)。取出,盖上干纱布冷却 40min 后进行评分和物性指标检测。

4. 馒头的物性指标检测

利用质构仪(TMS-PRO,美国 FTC 公司)对馒头进行物性测试,方法参照付蕾等[32]。将制作好的馒头纵切成厚度为 25mm 的均匀薄片,利用 75mm 圆盘挤压探头进行 TPA 压缩模式测试。测前速度 50mm/s,测试速度 30mm/s,测后速度 50mm/s,起始力 0.8 N,形变量 30%。测试指标主要有硬度、黏附性、内聚性、弹性、胶黏性和咀嚼性。

(四)数据处理

利用 DPS 7.05 软件进行数据处理和差异显著性检验(LSD 法,显著性水平设定为 0.05)。

二、不同收获时期对小麦白度、蛋白质含量和干、湿面筋含量的影响

由表 7-4 可知,随收获期推迟,不同杂交小麦的面粉白度、蛋白质含量、干面筋和湿面筋含量的变化趋势略有不同。百杂 1 号面粉的白度、蛋白质含量和干面筋含量均随收获期的推迟逐渐增加,湿面筋含量呈现先降低后升高的趋势,6

月 4 日收获，白度、蛋白质、干面筋和湿面筋含量均达到最大值，且部分差异达到显著水平。百杂 2 号面粉的白度随收获期的推迟，呈"高—低—高"的变化趋势，蛋白质和干湿面筋含量呈"低—高—低"的变化趋势，且部分差异达到显著水平；6 月 4 日收获的白度值最高，5 月 31 日收获的蛋白质和干、湿面筋含量最高。随收获期的推迟，百杂 3 号的白度呈先升高后降低的趋势，5 月 31 日收获的白度值最大；蛋白质和湿面筋含量呈逐渐升高的趋势。

表 7-4　不同收获时期对 BNS 杂交小麦白度、蛋白质、干面筋和湿面筋含量的影响

材料	收获时期(月-日)	白度	蛋白质含量/%	湿面筋含量/%	干面筋含量/%
百杂 1 号 Baiza 1	05-27	70.47b	10.78b	31.12ab	10.17a
	05-31	70.60b	11.81b	30.76b	10.18a
	06-04	71.93a	12.50a	34.23a	10.39a
百杂 2 号 Baiza 2	05-27	69.93a	11.68b	32.59b	10.87a
	05-31	66.97b	12.63a	36.01a	10.91a
	06-04	70.10a	10.99c	32.76b	10.31a
百杂 3 号 Baiza 3	05-27	69.97b	11.58b	30.82c	10.40ab
	05-31	71.70a	12.15a	34.89b	10.26b
	06-04	71.37a	12.54a	36.42a	11.21a

注：同列同一品种不同字母表示差异显著($P<0.05$)。下同

三、不同收获时期对 BNS 杂交小麦面团流变学特性的影响

由表 7-5 可知，随收获期的推迟，不同杂交小麦的面团流变学指标及不同指标的变化趋势均不相同。百杂 1 号的面团吸水率、形成时间、粉质质量指数、延伸度、峰值高度均呈"低—高—低"的变化趋势，5 月 31 日收获达到最大值；面团稳定时间、峰值时间、峰值面积和 8min 尾高均呈逐渐下降的趋势，5 月 27 日收获的参数值显著高于其他收获期；拉伸曲线面积、最大拉伸阻力、最大拉伸比例呈先下降后升高的趋势，部分差异达到显著水平。百杂 2 号的面团形成时间、稳定时间、粉质质量指数、延伸度、峰值面积和 8min 尾高均呈逐渐下降的趋势；拉伸曲线面积、最大拉伸阻力、峰值时间和最大拉伸比例均呈"高—低—高"的变化趋势；吸水率呈逐渐增加的变化趋势；峰值高度呈"低—高—低"的变化趋势；5 月 27 日收获的面团形成时间、稳定时间、粉质质量指数、拉伸曲线面积、延伸度、最大拉伸阻力、峰值时间、峰值面积和 8min 尾高均达到最大值，且多数显著高于其他收获期。百杂 3 号的吸水率、峰值时间和峰值面积均随收获期的推迟逐渐降低，且 5 月 27 日收获的参数值均显著高于其他收获期；拉伸曲线面积和延伸度呈"高—低—高"的变化趋势；形成时间、粉质质量指数、最大拉伸阻力和最大拉伸比例均呈"低—高—低"的变化趋势；稳定时间、峰值高度和 8min 尾高

均呈逐渐升高的变化趋势，6 月 4 日收获时达到最大值。

表 7-5　不同收获时期对 BNS 杂交小麦面团流变学指标的影响

指标	百杂 1 号			百杂 2 号			百杂 3 号		
	05-27	05-31	06-04	05-27	05-31	06-04	05-27	05-31	06-04
吸水率/%	61.00a	61.20a	59.90b	62.10c	63.00b	63.60a	63.40a	62.20b	61.10c
形成时间/min	4.05b	4.70a	4.50ab	6.70a	4.40b	4.10b	3.45b	4.10a	3.95a
稳定时间/min	5.15a	4.35b	4.25b	10.85a	5.10b	4.60b	3.25b	3.60ab	3.90a
粉质质量指数	72.50a	78.00a	76.00a	152.00a	94.50b	85.00b	54.00b	73.00a	68.00ab
拉伸曲线面积/cm²	90.00a	74.00b	76.50b	72.50a	58.50b	61.50b	61.00a	53.00a	53.50a
延伸度/mm	194.00a	201.50a	184.00a	192.50a	192.50a	172.00a	246.00a	178.50b	193.00ab
最大拉伸阻力/EU	372.50a	294.00c	338.50b	303.50a	239.00c	276.00b	193.50a	214.00a	210.00a
最大拉伸比例	1.90a	1.50a	1.90a	1.55ab	1.25b	1.60a	0.75a	1.20a	1.05a
峰值时间/min	3.61a	3.04b	2.73b	3.64a	2.53c	2.60b	2.99a	2.34b	2.06c
峰值高度/%	46.53a	47.68a	46.41a	48.41c	52.46a	50.94b	46.73c	48.44b	51.62a
峰值面积/(%*TQ*min)	140.68a	116.34b	101.22b	145.88a	105.51b	104.63b	110.53a	88.46b	83.97b
8min 尾高/%	39.55a	37.49b	36.87b	40.19a	39.27a	38.10b	29.93c	34.85b	35.44a

四、不同收获时期对 BNS 杂交小麦淀粉糊化特性的影响

由表 7-6 可以看出，随收获期推迟，参试材料的淀粉特征黏度参数变化幅度较大，峰值时间和糊化温度变化不明显，差异均不显著。百杂 1 号的淀粉峰值黏度、低谷黏度和最终黏度均呈逐渐升高的变化趋势，且 6 月 4 日收获的参数值均显著高于 5 月 27 日收获；稀懈值呈逐渐下降的趋势，且 5 月 27 日收获的参数值显著高于其他收获期；回生值、峰值时间和糊化温度均呈"低—高—低"的变化趋势，但糊化时间和糊化温度在不同收获期间差异不显著。百杂 2 号的淀粉峰值黏度、低谷黏度、稀懈值等特征黏度参数均随着收获期的推迟呈先降低后升高的趋势，且 5 月 27 日收获的参数值显著高于其他收获期；糊化时间和糊化温度随收获期推迟的变化幅度不明显。百杂 3 号的淀粉低谷黏度和最终黏度均随着收获期推迟逐渐增加，且不同收获期间差异达显著水平；峰值黏度和回生值呈"高—低—高"的变化趋势，不同收获期间差异也均达到显著水平；稀懈值随收获期推迟呈逐渐降低的趋势，5 月 27 日收获时的参数值显著高于其他收获期；糊化时间和糊化温度的变化幅度不显著。

表 7-6　不同收获时期对 BNS 杂交小麦淀粉糊化特性的影响

材料	收获时期(月-日)	峰值黏度 (RVU)	低谷黏度 (RVU)	稀懈值 (RVU)	最终黏度 (RVU)	回生值 (RVU)	糊化时间 /min	糊化温度 /℃
百杂 1 号	05-27	88.81b	49.61c	39.19a	109.69b	60.08b	5.55a	87.22a
	05-31	91.03a	55.47b	35.55b	118.92a	63.44a	5.65a	87.43a
	06-04	91.17a	56.22a	34.94b	119.06a	62.84a	5.60a	87.27a
百杂 2 号	05-27	105.06a	65.33a	39.72a	140.78a	75.44a	5.80a	82.15a
	05-31	93.83b	60.44b	33.39b	125.44b	65.00b	5.78a	88.28a
	06-04	94.78b	61.08b	33.70b	125.44b	64.36b	5.80a	88.28a
百杂 3 号	05-27	106.75b	66.03c	39.06a	148.25c	82.22a	5.90a	89.42a
	05-31	105.61c	77.25b	28.36b	153.31b	76.06c	5.95a	89.57a
	06-04	108.95a	80.97b	27.97b	159.22a	78.25b	6.02a	89.10a

五、不同收获时期对 BNS 杂交小麦馒头质构特性的影响

硬度和咀嚼性是衡量制品品质的两个重要指标，在一定范围内，硬度和咀嚼性越小，表明制品越柔软，适口性越好。由表 7-7 可以看出，各参试材料在不同收获期的馒头评分和质构特性均不同，部分差异达显著水平(P＜0.05)，变化趋势也不同。随收获期的推迟，百杂 1 号馒头的硬度和咀嚼性呈先增大后减小的趋势，综合评分呈先降低后升高的趋势，总体来说，5 月 27 日收获的馒头综合评分最高，口感较好。随收获期的推迟，百杂 2 号馒头的硬度和咀嚼性呈逐渐降低的趋势，且 5 月 27 日收获的参数值显著高于其他两个收获期；综合评分呈逐渐升高的趋势，总体来说，6 月 4 日收获的馒头评分最好，口感最好。随收获期的推迟，百杂 3 号馒头的硬度和咀嚼性均呈先升高后降低的趋势，综合评分呈逐渐升高的趋势，总体来说，6 月 4 日收获的馒头综合评分最高，口感最好。

表 7-7　不同收获时期对 BNS 杂交小麦馒头品质的影响

材料	收获时期(月-日)	评分	硬度/N	粘附性/mJ	内聚性	弹性/mm	胶黏性/N	咀嚼性/mJ
百杂 1 号	05-27	88.63	31.77b	0.090a	0.74b	4.96a	23.56b	116.72b
	05-31	82.20	38.80a	0.035b	0.74b	5.41a	28.83a	155.51a
	06-04	85.88	28.78b	0.075a	0.81a	5.24a	23.12b	121.26b
百杂 2 号	05-27	80.30	52.59a	0.032b	0.74a	5.46b	38.96a	212.61a
	05-31	82.73	39.56b	0.070a	0.76a	6.16a	29.56b	177.19b
	06-04	88.35	38.82b	0.049ab	0.75a	5.66a	29.71b	164.48b
百杂 3 号	05-27	78.48	52.58a	0.040a	0.70a	5.15a	36.74a	189.30b
	05-31	85.30	53.93a	0.045a	0.73a	5.39a	39.03a	210.41a
	06-04	88.75	47.28b	0.047a	0.78a	5.43a	36.74a	199.35b

六、讨论

小麦收获期属于灌浆后期，蛋白质、淀粉、脂类等营养成分继续在籽粒中积累，收获的早晚会在一定程度上影响品质；而且收获季节经常出现复杂的气候变化，如持续大范围降雨、天气高温高湿等，会导致穗发芽、籽粒发霉等，同样会造成品质下降[33-35]。王东等[31]和于立河等[35]指出适时抢收对保证小麦商品品质及营养品质具有极大的作用。本研究结果表明，不同材料具有不同的品质最佳收获期，且随收获期推迟品质变化趋势也不尽相同。陶海腾等[30]通过分析济麦 17、济麦 20 和济麦 22 不同收获期的品质也得出相似结论，即品质最佳收获期因品种不同而异。

对于百杂 1 号，5 月 27 日收获的面团流变学特性最好，筋力最强，制作的馒头综合评分和口感也均较好，但 RVA 特征黏度参数值最低，因此，用于制作馒头的百杂 1 号小麦适宜收获期为 5 月 27 日，而用于制作面条时，其收获时期应适当延迟至 6 月 4 日。对于百杂 2 号，5 月 27 日收获的面团流变学特性最好，稳定时间高达 10.85min，极显著高于其他收获期，且此时收获的淀粉 RVA 特征黏度参数值也均较高，馒头的综合评分和口感也较好，因此，就品质来说，5 月 27 日为百杂 2 号的最佳收获期，并且该时期收获的百杂 2 号小麦可同时适合于馒头和面条的加工。对于百杂 3 号，6 月 4 日收获的蛋白质和干、湿面筋含量最高，面团流变学特性较好，RVA 特征黏度参数值最高，馒头的综合评分和口感也最好，因此，6 月 4 日为其最佳收获期，该时期收获的百杂 3 号较适合于馒头和面条的加工。本研究中 3 个供试材料的生育进程基本一致，由以上分析得出，百杂 1 号和百杂 2 号的最佳品质收获期为蜡熟初期，此时收获的百杂 2 号特别适合于馒头和面条的加工；百杂 3 号的品质最佳收获期应适当延迟，大约在完熟期。由此可得出，除了合理播期播量、施肥、灌溉等栽培措施外，通过收获期的选择也可以在一定程度上提高现有小麦品种的品质。

有研究表明，蜡熟末期收获小麦的千粒重和产量最高[30]，但本研究只分析了不同收获期对品质的影响，未考虑产量，因此，今后将加强研究收获期对品质和产量的双重影响，确定 BNS 杂交小麦的最佳收获期，以达到高产优质的目标，并为其进一步推广应用提供相应的参考依据。

第四节　人工老化过程中 BNS 型杂交小麦品质变化规律研究

种子自然成熟后即进入衰老过程，生活力逐渐丧失，这一过程称为种子的老化，这是种子储藏过程中普遍存在的一种现象，不但影响其萌发、幼苗生长及后期种子的产量与品质，而且对种质资源的保存、开发和利用等都产生不良影响[36-42]。小麦是我国重要的粮食作物，具有较好的耐储性，在我国粮食的战略储备中占有重要的地位。小麦作为一个生命体，在储藏过程中要进行缓慢的新陈代谢，同时还受微生物及储藏条件的影响，势必发生不同程度的变化，进而影响品质。因此研究小麦在储藏过程中的品质变化规律，对于确定储备小麦的合理轮换期具有重要的意义。

在正常条件下，小麦品质的这种变化过程极为缓慢，为相关研究工作带来一定的难度。人工加速老化是模拟自然老化过程，从影响种子活力的两个关键因素——温度和相对湿度入手，采用高温、高湿处理种子，加速衰老进程。利用人工老化技术可在较短的时间内，研究自然条件下需要很长时间才能产生的种子劣变的生理生化过程，因此人工老化技术是研究种子劣变规律的有效途径[43]。大量研究表明，利用人工老化使种子活力迅速下降，只是加速了种子内部的代谢过程，并无老化机制上的差别，因此人工老化技术是完全可以模拟自然情况下种子老化和劣变过程的[44]。

目前，关于小麦种子在人工老化过程中生理生化特性及种子活力变化的研究报道较多[45-48]，且多数研究表明，随着储藏时间增长和储藏温度升高，小麦种子的脂肪酸值增大，发芽率降低和过氧化氢酶活性降低。但关于人工老化过程中小麦品质特别是面团流变学特性和淀粉糊化特性方面的报道较少。孙辉等[49]研究了不同类型的小麦粉在储藏过程中品质的变化规律，结果表明：储藏 2 周之后，样品的淀粉酶活性急剧下降；面筋吸水量下降；面团粉质吸水率增加；吹泡 P 值增大，L 值减小，P/L 值增大；RVA 特征黏度值增大。邹凤羽[50]研究表明，新收获小麦在储藏过程中，面团形成时间、稳定时间及评价值逐渐提高；面团的最大抗拉伸阻力逐渐增大，延伸性逐渐减弱，抗拉伸强度逐渐增加，曲线面积有所提高。

目前有关杂交小麦在人工老化过程中的品质变化规律的研究尚未见报道。为此，河南科技学院小麦中心以 BNS 型低温敏感雄性不育系衍生的杂交种为材料，分析研究老化过程中杂交小麦品质的变化规律，为提高杂交小麦种子耐储藏性及杂交小麦的大面积推广应用提供一定理论依据。

一、研究方法概述

(一)材料

以 2012 年 6 月新收获的 4 个不同品质类型的小麦为材料，其中，A01 为常规小麦品种，A02、A03、A04 为 BNS 衍生的杂交小麦，由河南科技学院小麦中心提供(参试材料品质特性见表 7-8)。将参试材料的种子置于 50℃和 95%

RH 下分别处理 0 天、5 天、10 天、15 天、20 天，经过处理的种子在 4℃下储藏备用。

表 7-8　参试材料的品质特性

材料	R457 白度	蛋白质/%	湿面筋%	干面筋%	吸水率/%	形成时间/min	稳定时间/min	粉质质量指数
A01	71.8	13.1	32.8	10.4	61.5	4.2	5.0	88
A02	66.2	16.1	31.9	16.6	73.3	4.8	2.3	60.5
A03	69.6	16.2	33.4	17.2	69.6	4.9	2.4	68.5
A04	68.5	18.7	40.3	19.8	71.0	3.6	1.5	47.6

(二)试验方法

1. 磨粉

利用实验磨粉机(LRMM8040-3-D，江苏无锡锡粮机械制造有限公司)，出粉率 70%左右。

2. 水分测定

面粉水分测定依据 GB5009.3—1985 方法。

3. 品质指标测试方法

利用粉质仪(820604，德国 Brabender 公司)测定面团的吸水率、形成时间、稳定时间和粉质质量指数等参数，方法参照 GB/T14614—2006/ISO5530—1:1997。利用 National 10g 揉混仪测定和面时间、峰值面积、峰值高度和 8min 尾高等揉混参数，方法参照 AACC08—01。采用手洗法测定湿面筋含量，方法参照 GB/T5506.1—2008，干面筋含量测定参照 GB/T5506.3—2008。利用快速黏度分析仪(RVA 4500，瑞典 Perten 公司)测定淀粉糊化特性，方法参照 AACC76—21。利用数显白度仪(SBDY-1，上海悦丰仪器仪表有限公司)测定面粉白度。利用全自动凯氏定氮仪(UDK159，意大利 VELP 公司)测定含氮量。

(三)数据分析

利用 DPS7.05 和 Excel 软件进行数据分析。

二、人工老化过程中小麦籽粒蛋白质含量和面粉白度的变化规律

人工老化过程中杂交小麦和常规小麦蛋白质含量总体均呈缓慢升高的趋势，但变化幅度不大，且受品种基因型的影响(图 7-5)。筋力中等的 A02、A03 随老化时间的延长，蛋白质含量变化幅度相对较大；筋力较强的 A01 和筋力较弱 A04 籽粒蛋白质含量基本保持不变。面粉白度随人工老化天数的增加，变化幅度较大，

且受材料本身影响较大，不同筋力类型变化幅度不同，但总体呈下降趋势。筋力中等的 A02、A03 的面粉白度随老化时间的延长，下降幅度最大。

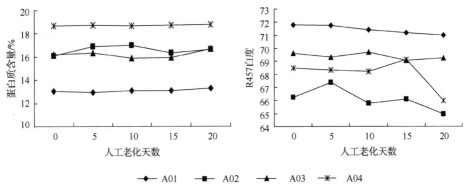

图 7-5　人工老化对小麦籽粒蛋白质含量和面粉白度的影响

三、人工老化过程中干、湿面筋含量的变化规律

人工老化过程中，杂交小麦和常规小麦粉干、湿面筋含量总体上均呈下降趋势，不同材料变化趋势略有差异(图 7-6)。其中，筋力中等的 A03 面粉干面筋含量下降幅度最大，老化 20 天后，比原面粉下降 11.0%；A01 和 A02 面粉湿面筋含量的下降幅度最大，老化 20 天后，比原来面粉分别下降了 14.5%和 18.9%。

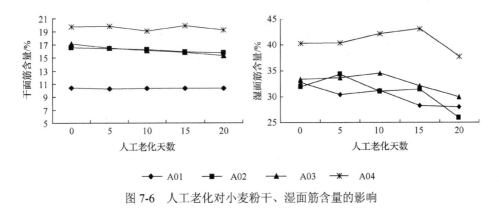

图 7-6　人工老化对小麦粉干、湿面筋含量的影响

四、人工老化过程中面团流变学特性的变化规律

(一)人工老化过程中面团粉质特性的变化规律

人工老化过程中，面团粉质参数变化趋势见图 7-7。A01、A02 和 A04 面粉吸

水率随老化天数的增加，基本保持不变；A03 面粉吸水率变化幅度较大，但变异系数也不大，仅为 1.82%。小麦粉面团形成时间随老化天数的增加，变化幅度均较大，各参试材料的变化趋势略有差异，但总体均呈升高趋势，其中筋力最弱的 A04 老化 20 天后，面团形成时间增加到原来的 66.2%。随老化天数增加，小麦粉面团稳定时间和粉质质量指数也均呈增加趋势，但变化幅度因小麦粉筋力不同有一定差异。其中，筋力最弱的 A04 小麦品种面团稳定时间和粉质质量指数随老化天数增加而增加的幅度最大，老化 20 天后，其稳定时间和粉质质量指数分别比原面粉增加了 150.0%和 70.2%。

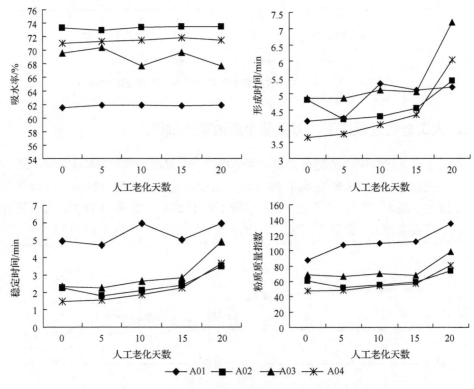

图 7-7　人工老化对小麦粉面团粉质特性的影响

(二)人工老化过程中面团揉混特性的变化规律

人工老化过程中，杂交小麦和常规小麦的和面时间、峰值高度、峰值曲线面积和 8min 带高等揉混参数的变化趋势均呈增加趋势，但不同筋力小麦粉变化幅度有一定差异，其中峰值曲线面积的增加幅度最大(图 7-8)。老化 20 天后面粉的揉混参数值均高于原面粉，筋力越弱，增加幅度越大；筋力最弱的 A04 小麦品种面粉的和面时间、峰值高度、峰值曲线面积和 8min 带高分别比原面粉增加了 77.2%、17.9%、98.7% 和 17.8%。

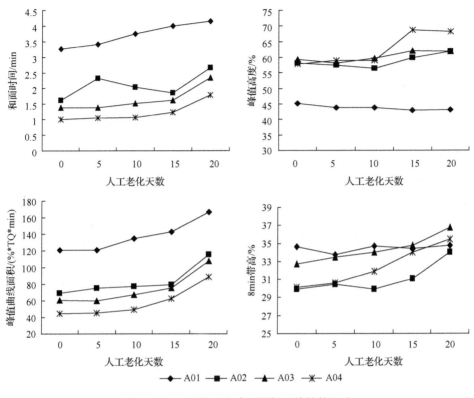

图 7-8　人工老化对小麦面团揉混特性的影响

五、人工老化过程中小麦淀粉糊化特性的变化规律

由图 7-9 可知，参试材料中，筋力较强的 A01 淀粉的峰值黏度、低谷黏度、最终黏度、稀懈值和回生值等参数均高于其他材料。人工老化过程中，小麦粉淀粉的峰值黏度、低谷黏度、最终黏度、稀懈值和回生值等参数总体上均呈增加趋势，但受原面粉筋力的影响，不同筋力小麦粉变化幅度有一定差异；老化 20 天后淀粉的糊化参数值均高于原面粉，筋力越弱，增加幅度越大；筋力最弱的 A04 小麦品种面粉的峰值黏度、低谷黏度、最终黏度、稀懈值和回生值分别比原面粉增加了 25.1%、27.9%、18.3%、24.6% 和 21.7%。随着老化天数增加，参试材料淀粉的糊化温度变化幅度不大。

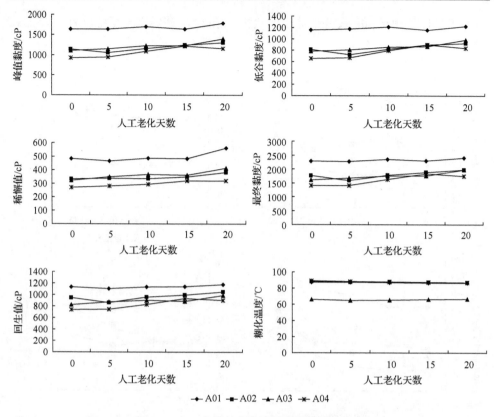

图 7-9　人工老化对小麦淀粉糊化特性的影响

六、讨论与结论

人工老化过程中，小麦籽粒蛋白质含量、面粉白度、干面筋和湿面筋含量、面团流变学特性及淀粉糊化特性均发生了一定变化，但变化幅度均与原料小麦筋力有密切关系。其中蛋白质含量略有升高趋势，可能是高温促使小麦种子发生热激反应，合成的热激蛋白可识别暴露于变性蛋白表面的疏水性区域，协助其重新折叠[51]，但干、湿面筋含量均有不同程度的下降趋势，说明种子老化过程中可溶性蛋白含量增加，贮藏蛋白含量却降低了。

面团流变学特性反映面团的筋力、弹性和延伸度等特性，随着老化时间的延长，面团稳定时间、粉质质量指数、峰值高度、峰值曲线面积和 8min 带高等指标均存在增加趋势，说明面团流变学特性有一定程度的改善，可能是由于小麦储藏过程中通过巯基氧化二硫键，使谷蛋白进一步交联，结果使高分子量的谷蛋白线性聚合物增加，低分子量的谷蛋白的线性聚合物减少，导致面团流变特性发生变化[52]，这与前人关于常规小麦的研究结果[49,50]基本一致。然而，本研究结果还指出，干、湿面筋含量存在一定程度的下降趋势，说明面筋含量虽然下降了，但面筋质量提高了，可能是由于小麦老化过程中，小麦籽粒蛋白质中各种蛋白组分比例的相对变化造成的。

小麦粉黏度特性是度量小麦粉品质和食品加工品质的主要指标，峰值黏度与面条、馒头等面制品评分间存在显著或极显著正相关，稀懈值对面条的外观、质地(主要是黏弹性)和口感均有显著的正向作用[53-56]。本研究结果表明，随着老化天数的增加，RVA 特征黏度值均有不同程度的升高趋势，与前人对常规小麦的研究结果[14]基本一致，说明适度老化后，新收获小麦的加工品质也有一定改善。

总之，新收获小麦随着老化天数的延长，小麦内在品质均会发生不同程度的变化，蛋白质含量变化不大，但蛋白质的质量发生了较大幅度的变化，并且有增加面团筋力、改善面团流变学特性的趋势，RVA 特征黏度值也均呈升高趋势。总体来看，杂交小麦和常规小麦品质变化的规律基本一致，但变化幅度受原小麦品质类型的影响。因此，适度老化可加速新收获小麦的后熟进程，并改善新收获小麦的品质状况，但人工老化对小麦内在品质影响的具体机制还需进一步研究。

第五节　BNS 型杂交小麦主要品质性状杂种优势分析

目前，小麦杂种优势利用的研究多集中于杂交小麦的产量及农艺性状优势上，缺乏对杂交小麦品质性状的研究[57]。有研究表明，作物的品质与产量性状呈负相关，因而限制了杂种优势的利用。例如，杂交高粱因品质问题限制了推广面积，杂交水稻也遇到了品质较差的问题[58]。因此，对杂交小麦品质性状的研究非常必要。

本研究以 BNS 衍生的两个杂交种及其父母本为试材，研究 BNS 杂交小麦品质性状的杂种优势，为 BNS 杂交小麦品质改良及进一步推广应用提供理论参考依据。

一、材料与方法

(一)材料

以普通小麦品种(系)绵阳 33 和山东 055525 为父本，分别与 BNS 杂交，得到杂交种 F_1，亲本及其 F_1 杂交种于 2009～2010 年种植于河南科技学院(河南省新乡市)试验田。随机区组实验设计，3 次重复，每个材料种植 2 行，行长 2m，行距 25cm，田间管理同一般大田。

(二)试验方法

1. 磨粉

用实验磨粉机(LRMM8040-3-D,江苏无锡锡粮机械制造有限公司)磨取面粉,出粉率约为 69.2%。

2. 品质指标测试方法

(1)粉质参数

利用微型粉质仪(micro-dough LAB,澳大利亚 NEWPORT 公司)测定面团的吸水率、形成时间和稳定时间等粉质参数。

(2)干、湿面筋含量

采用手洗法,湿面筋含量测定参照 GB/T5506.1—2008,干面筋含量测定参照 GB/T5506.3—2008。

(3)蛋白质、沉淀值、硬度

利用 Perten 9100 整粒谷物近红外分析仪测定供试材料的水分、蛋白质、沉淀值、硬度等品质指标。

(4)白度

利用数显白度仪(SBDY-1,上海悦丰仪器仪表有限公司)测定供试材料的白度。

(三)数据分析

各品质指标均是 3 次重复的平均值,蛋白质和沉淀值为干基,面团形成时间、稳定时间和干、湿面筋含量为 14%湿基。差异性检验利用 DPS7.05 软件进行分析。

二、杂交组合品质性状分析

杂交种及其父母本的品质指标列于表 7-9,各供试材料品质性状间存在一定差异($P<0.05$)。比较两个杂交组合,父本性状值较高,则相应的杂交种品质性状值也较高,且两个杂交种的品质性状均存在显著差异($P<0.05$)。绝大多数品质性状值处于两亲本中间值,仅有几个性状出现超亲现象。杂交种 1 的面团形成时间和白度均高于父母本,其他性状处于两亲本中间值。杂交种 2 的面团吸水率、形成时间、弱化度和干面筋含量均高于父母本,其他性状处于两亲本中间值。

比较杂交种与对照品种(百农矮抗 58)得出,除硬度外,两个杂交种品质性状均优于对照。比较两个杂交种(杂交种 1 和杂交种 2)得出,杂交种 1 的面团形成时间、面团稳定时间、弱化度、白度等优于杂交种 2,这与其父本相应品质性状较高相一致。

表 7-9　杂交种及亲本的品质指标

品质性状	组合 1			组合 2			对照
	父本 1	母本	杂交种 1	父本 2	母本	杂交种 2	
吸水率/%	58.70b	61.53a	58.87b	59.57b	61.53a	61.90a	59.63ab
形成时间/min	2.35b	1.30c	3.22a	1.89bc	1.30c	1.91bc	1.47c
稳定时间/min	5.37a	1.73e	4.44b	2.94c	1.73e	2.48d	2.43d
弱化度/FU	96.67bc	115.00b	88.33c	91.67c	115.00b	135.00a	140.00a
湿面筋含量/%	28.16e	44.17a	34.95c	41.17b	44.17a	43.48a	30.59d
干面筋含量/%	10.57c	13.50ab	12.67c	13.87b	13.50ab	14.52a	10.59c
白度	68.80a	68.60a	71.43a	70.83a	68.60a	69.80a	69.23a
蛋白质含量/%	13.83c	15.53a	14.87b	15.37ab	15.53a	15.27a	13.47c
沉淀值/mL	34.00d	45.33a	37.33c	33.67d	45.33a	40.33b	31.67d
硬度	57.00b	61.00a	57.67b	50.33c	61.00a	58.00b	60.33ab

注：组合 1 为 BNS/绵阳 33，组合 2 为 BNS/山东 055525，对照为百农矮抗 58；每行中字母不同者表示差异达显著水平（$P<0.05$）

三、杂交种品质性状的优势表现

由表 7-10 得出，杂交种各品质性状均有一定的优势表现，但不同性状存在一定差异。不同组合间各性状的杂种优势也存在着较大的差异，优势越强的性状，组合间的差异越大。除湿面筋和沉淀值外，其他品质性状均有正向中亲优势，其中面团形成时间的中亲优势最强，平均达 48.04%；其次是面团稳定时间（平均中亲优势为 15.70%）。杂交种 1 和杂交种 2 比较，杂交种 1 的面团形成时间、稳定时间和白度的中亲优势均高于杂交种 2。

表 7-10　杂交种品质性状的中亲优势、超亲优势和超标优势

杂种优势	杂交种	吸水率	形成时间	稳定时间	弱化度	湿面筋	干面筋	白度	蛋白质	沉淀值	硬度
中亲优势/%	杂种 1	−2.08	76.42**	25.19**	−16.54	−3.35	5.30	3.98**	1.25*	−5.88	−2.26
	杂种 2	2.23**	19.67	6.22**	30.65**	1.89**	6.11	0.12	−1.19	2.11**	4.19**
超亲优势/%	杂种 1	−4.33	37.07	−17.27	−23.19	−20.87	−6.12	3.83**	−4.29	−17.65	−5.46
	杂种 2	0.60*	1.06	−15.66	17.39**	−1.57**	4.69*	−1.46	−1.72	−11.03**	−4.92
超标优势/%	杂种 1	−1.29	119.32**	82.47**	−36.90	14.26	19.72	3.18*	10.40	17.89	−4.42
	杂种 2	3.80**	30.00	1.78	−3.57**	42.13**	37.17	0.82	13.37**	27.37*	−3.87

*表示两个杂交种品质性状的杂种优势达到显著水平（$P<0.05$）；**表示两个杂交种品质性状的杂种优势达到极显著水平（$P<0.01$）

除面团形成时间和白度具有正向的超亲优势外，其他品质性状不存在超亲优势。杂交种 1 面团形成时间和白度的超亲优势均高于杂交种 2，分别为 37.07%和 3.83%。除弱化度和硬度外，其他品质性状均有正向超标优势，其中形成时间的超标优势最强，平均达 74.66%；其次是面团稳定时间（平均超标优势为 42.12%）。杂交种 1 和杂交种 2 比较，杂交种 1 的面团形成时间、稳定时间和白度的超标优势高于杂交种 2。

　　不同性状间比较，平均中亲优势大小顺序为形成时间＞稳定时间＞弱化度＞干面筋＞白度＞硬度＞吸水率＞蛋白质＞湿面筋＞沉淀值，面团形成时间和稳定时间的中亲优势最强，分别为 48.04%和 15.70%。同时，除蛋白质、湿面筋和沉淀值外，大多数品质性状的中亲优势为正向的，且不同组合间存在显著差异，为利用品种间杂种优势选育优质小麦品种提供了可能。

四、讨论与结论

　　多年来，小麦杂种优势利用的研究多集中于杂交小麦的产量及农艺性状优势上，而对品质性状的研究较少[57]，同时关于小麦品质性状杂种优势的研究结果也不尽相同。宋希云等[58]研究表明：与农艺性状相比，品质性状杂种优势要低得多，蛋白质含量、沉淀值和湿面筋含量表现正向优势，而干面筋含量表现负向优势，认为利用杂种优势改良小麦品质具有一定的困难。柏峰等[59]对两个由杀雄剂技术选育的杂种小麦及其亲本品质分析研究表明：杂种小麦不仅具有较高的产量优势，而且还有明显的品质优势，认为利用杂种优势可以同时提高小麦产量和改良小麦品质。因此，不同的遗传材料及在不同环境条件下，各性状的杂种优势表现并不完全一致，对试验结果应做具体分析。

　　多数研究表明，小麦籽粒蛋白质含量存在负值或极小的正向杂种优势，但不同的组合间变幅很大，通过适当选择亲本可利用杂种优势，使蛋白质含量提高[60]。本研究中，蛋白质含量的中亲优势和超亲优势也均为负值，但超标优势为正值，且组合间达到显著差异水平。同时，除蛋白质、湿面筋含量和沉淀值外，其他品质性状的中亲优势均为正值，且存在一定的超亲优势；并且不同组合间的杂种优势有较大差异，通过适当选择亲本可利用杂种优势，改良小麦品质。因此，BNS 型杂交小麦的品质性状可以通过选配优良父本、配制强优势组合进行改良。

参 考 文 献

[1] 吴孟. 面包糕点饼干工艺学[M]. 北京: 中国商业出版社, 1994: 1

[2] 杨福伟, 张小侠. 农产品加工学[M]. 西北农业大学食品科学系油印, 1992: 10

[3] 杨月, 陈晓明. 不同粉路中的小麦粉及其淀粉性质测定[J]. 食品工业科技, 2010, 31(3): 177-180

[4] 欧阳韶晖, 张国权, 罗勤贵, 等. 小麦制粉粉路多酚氧化酶活性分布研究[J]. 中国粮油学报, 2011, 26(4): 11-14

[5] 罗勤贵, 欧阳韶晖, 郭波莉, 等. 不同粉路小麦面粉糊化特性的研究[J]. 粮食加工, 2004, 5: 14-17

[6] Prabhasankar P, Sudha M L, Haridas R P. Quality characteristics of wheat flour milled streams [J]. Food Research International, 2000, 33: 381-386

[7] 昝香存, 王步军. 强筋小麦磨粉各出粉点的面粉品质特性研究[J]. 作物学报, 2007, 33(12): 2028-2033

[8] 马冬云, 郭天财, 张剑, 等. 不同筋力小麦磨粉各出粉点小麦粉品质特性分析[J]. 中国粮油学报, 2010, 25(7): 11-20

[9] 李巍. 制粉工艺中不同出粉点的品质特性分析[J]. 面粉通讯, 2005, 3: 12-16

[10] 罗勤贵, 欧阳韶晖, 张国权. 制粉系统各粉路面粉的糊化特性[J]. 麦类作物学报, 2005, 25(3): 85-87

[11] 昝香存, 王步军. 六个强筋小麦品种不同出粉点面粉和面片的色泽及其褐变特点[J]. 麦类作物学报, 2011, 31(4): 672-678

[12] Crosbie G B, Miskelly D W, Dewan T. Wheat quality for the Japanese flour milling and noodle industries [J]. Journal of Agriculture of Western Australia, 1990, 31(3): 83-88

[13] 陈建省, 田纪春, 谢全刚, 等. 麦麸添加量和粒度对小麦淀粉糊化特性的影响[J]. 中国粮油学报, 2010, 25(11): 18-24

[14] 蔚然. 面团流变学特性品质分析方法比较与研究[J]. 中国粮油学报, 1998, 3(3): 10-12

[15] 李永强, 翟红梅, 田纪春. 蛋白质和淀粉含量对小麦面团流变学特性的影响[J]. 作物学报, 2007, 33(6): 937-941

[16] 司学芝, 周长智, 王金水. 麦谷蛋白和醇溶蛋白对小麦粉面团流变学特性影响的研究[J]. 河南工业大学学报（自然科学版）, 2006, 27(5): 22-25

[17] 潘丽, 谷克仁. 磷脂对面团流变学性质影响的研究[J]. 粮油加工, 2007, (7): 102-104

[18] 陈海华, 许时婴, 王璋, 等. 亚麻籽胶对面团流变性质的影响及其在面条加工中的应用[J]. 农业工程学报, 2006, 22(4): 166-169

[19] 朱在勤, 陈霞. 食盐对面团流变学特性及馒头品质的影响[J]. 食品科学, 2007, 28(9): 40-43

[20] 成军虎, 周显青, 张玉荣. 面筋对冷冻面团品质的影响[J]. 食品研究与开发, 2010, 33(4): 153-156

[21] Sissons M J, Egan N E, Gianibelli M C. New insights into the rule of gluten on durum pasta quality using reconstitution method [J]. Cereal Chemistry, 2005, 82: 601-608

[22] 曹广才, 王绍中. 小麦品质生态[M]. 北京: 中国科学技术出版社, 1994

[23] 姚大年, 刘广田, 朱金宝, 等. 基因型和环境对小麦品种籽粒性状及馒头品质的影响[J]. 中国粮油学报, 2000, 15(2): 1-5

[24] 邓志英, 田纪春, 胡瑞波, 等. 基因型和环境对小麦主要品质性状参数的影响[J]. 生态学报, 2006, 26(8): 2757-2763

[25] 张定一, 党建友, 王姣爱, 等. 施氮量对不同品质类型小麦产量、品质和旗叶光合作用的调节效应[J]. 植物营养与肥料学报, 2007, 13: 535-542

[26] 徐凤娇, 赵广才, 田奇卓, 等. 灌水时期和比例对不同品种小麦产量及加工品质的影响[J]. 核农学报, 2011, 25: 1255-1260

[27] 姚凤娟, 贺明荣, 李飞, 等. 花后灌水次数对强筋小麦籽粒产量和品质的影响[J]. 应用生态学报, 2008, 19: 2627-2631

[28] 杨桂霞, 赵广才, 许轲, 等. 播期和密度对冬小麦籽粒产量和营养品质及生理指标的影响[J]. 麦类作物学报, 2010, 30: 687-692

[29] 赵春, 宁堂原, 焦念元, 等. 基因型与环境对小麦籽粒蛋白质和淀粉品质的影响[J]. 应用生态学报, 2005, 16: 1257-1260

[30] 陶海腾, 王文亮, 程安玮, 等. 收获期对小麦粉面团流变学特性的影响[J]. 麦类作物学报, 2011, 31: 1089-1093

[31] 王东, 于振文, 张永丽, 等. 收获时期对优质强筋冬小麦籽粒产量和品质的影响[J]. 山东农业科学, 2003, 5: 6-8

[32] 付蕾, 田纪春, 孙振. 抗性淀粉对北方馒头加工品质的影响[J]. 中国粮油学报, 2010, 25(7): 53-56

[33] 高焕文, Moore G-A. 不及时收获引起的小麦品质损失[J]. 北京农业工程大学学报, 1991, 11(1): 6-14

[34] 廖先静, 邱冬云, 陈慧芳, 等. 收获期降雨对强筋小麦品质的影响[J]. 安徽农业科学, 2010, 38: 7988, 8132

[35] 于立河, 刘德福, 郭伟, 等. 收获期降雨对春小麦品质的影响[J]. 麦类作物学报, 2007, 27: 658-660

[36] 卢新雄, 曹永生. 作物种质资源保存现状与展望[J]. 中国农业科技导报, 2001, 3(3): 43-47

[37] 韦志彦, 王金水, 李兴军, 等. 新收获小麦在储藏过程中品质变化的研究[J]. 农产品加工·学刊, 2009, 6: 92-95

[38] 刘明久, 王铁固, 陈士林, 等. 玉米种子人工老化过程中生理特性与种子活力的变化[J]. 核农学报, 2008, 22(4): 510-513

[39] 张加强, 田树云, 李晓辉. 人工老化过程中玉米种子活力与一些生理指标变化的研究[J]. 种子, 2007, 26(6): 46-48

[40] Shah W H, Rehman Z U, Kausar T, et al. Storage of wheat with ears[J]. Pakistan Journal of Scientific and Industrial Research, 2002, 17(3): 206-209

[41] Rehman Z U. Storage effects on nutritional quality of commonly consumed cereals [J]. Food Chemistry, 2006, 95(1): 53-57

[42] Onigbinde A O, Akinycle I O. Biochemical and nutritional changes in corn (Zea mays) during storage at three temperatures [J]. Journal of Food Science, 1988, 53(1): 117-120

[43] 孔治有, 刘叶菊, 覃鹏. 人工老化处理对小麦种子生理生化特性的影响[J]. 亚热带植物科学, 2010, 39(1): 17-20

[44] Delouche J. Accelerated aging techniques for predicting the relative storability of seed lots [J]. Seed Science and Technology, 1973, 2: 427-452

[45] 万忠民, 吴琳. 不同储藏温度下小麦的品质劣变[J]. 粮油食品科技, 2005, 6(13): 6-7

[46] 刘丽杰, 李喜宏, 李仲群, 等. 不同处理对小麦储藏品质影响的研究[J]. 食品科技, 2010, 35(3): 153-156

[47] 展海军, 李建伟, 金华丽, 等. 小麦储藏期间品质变化的研究[J]. 郑州工程学院学报, 2002, 23(2): 41-43

[48] 杨剑平, 唐玉林, 王文平. 小麦种子衰老的生理生化分析[J]. 种子, 1995, 2: 13-14

[49] 孙辉, 姜薇莉, 田晓红, 等. 小麦粉储藏品质变化规律研究[J]. 中国粮油学报, 2005, 20(3): 77-82

[50] 邹凤羽. 新收获小麦粉流变学特性和食用品质变化[J]. 粮食科技与经济, 2002, 1: 41-43

[51] 马旭俊, 朱大海. 植物超氧化物歧化酶(SOD)的研究进展[J]. 遗传, 2003, 25(2): 225-231

[52] Uthayakumaran S, Gras P W, Stoddard F L. Effect of Varying Protein Content and Glutenin-to-gliadin Ratio on the Functional Properties of Wheat Dough [J]. Cereal Chemistry, 1999, 76(3): 389-394

[53] 阎俊, 张勇, 何中虎. 小麦品种糊化特性研究[J]. 中国农业科学, 2001, 34(1): 9-13

[54] 姚大年, 李保云, 朱金宝, 等. 小麦品种主要淀粉性状及面条品质预测指标的研究[J]. 中国农业科学, 1999, 32(6): 84-88

[55] Huang S, Yun S H, Quail K, et al. Establishment of flour quality guidelines for northern style Chinese steamed bread [J]. Journal of Cereal Science, 1996, 24(2): 179-185

[56] 栗现芳, 马守才, 张改生, 等. 杂交小麦品质改良技术体系的建立[J]. 西北植物学报, 2007, 27(9): 1759-1766

[57] 李桂萍. 杂种小麦品质性状遗传规律的研究[D]. 西北农林科技大学硕士学位论文, 2003: 1-2

[58] 宋希云, 张爱民, 黄铁城, 等. 杂种小麦强优势组合选配规律的研究[J]. 北京农业大学学报, 1993, 19(增刊): 37-51

[59] 柏峰, 刘植义, 沈银柱, 等. 两个 CHA 杂种小麦及其亲本的品质分析[J]. 河北师范大学学报, 1998, 22(2): 71

[60] 赵永国, 孙兰珍, 高庆荣, 等. 杂交小麦子粒品质研究进展[J]. 湖北农业科学, 2005, 5: 108-111